DIE ALCHEMIE DES GEBER

ÜBERSETZT UND ERKLÄRT

VON

DR. ERNST DARMSTAEDTER

MIT 10 LICHTDRUCKTAFELN

BERLIN
VERLAG VON JULIUS SPRINGER
1922

ISBN 978-3-642-51946-8 ISBN 978-3-642-52008-2 (eBook)
DOI 10.1007/978-3-642-52008-2

SOFTCOVER REPRINT OF THE HARDCOVER 1ST EDITION 1922

DEM ANDENKEN MEINER ELTERN

JULIUS UND BERTA DARMSTAEDTER

IN DANKBARKEIT UND TREUE

GEWIDMET

Vorwort.

Im Laufe der letzten hundert Jahre etwa sind einige zusammenfassende Veröffentlichungen erschienen, die sich teilweise oder ausschließlich mit dem Gebiete der Alchemie beschäftigen. Ich nenne nur die Werke von Gmelin, Schmieder, Kopp, Berthelot und Edmund von Lippmann, besonders sein Buch über die „Entstehung und Ausbreitung der Alchemie", Berlin 1919.

Wer sich mit der Geschichte der Naturwissenschaften und besonders der Chemie und Alchemie befaßt, wird in diesen Büchern einen ausgezeichneten Überblick über die genannten Gebiete und wertvolle Aufklärungen über Ursachen und Zusammenhänge finden. Wer aber in die oft fremdartig erscheinende Gedankenwelt der Alchemie weiter eindringen will, muß sich in die Werke der alten Meister und Forscher selbst vertiefen.

Da nun die meisten alchemistischen Abhandlungen in lateinischer Sprache geschrieben und auch sonst nicht leicht zugänglich sind, so wollte ich ein für das Wesen der Alchemie bedeutsames Werk übersetzen und erklären.

Ich wählte für diesen Zweck eine ziemlich frühe Arbeit, in der die alchemistischen Gedanken ursprünglicher, reiner und weniger verwischt erscheinen als in späterer Zeit, und ich fing schon vor mehr als zehn Jahren an einige Bücher zu übertragen, die, vom Mittelalter bis in die neuere Zeit, ganz besonders geschätzt wurden und, auf Grund ihres Alters und Inhaltes, als hervorragend ehrwürdige und wertvolle Erzeugnisse des alchemistischen Schrifttumes galten.

Es sind dies die in lateinischer Sprache geschriebenen Werke des „Geber", die früher, mit Unrecht, als Übersetzungen arabischer Schriften, z. B. des Alchemisten Dschabir Ibn Hajjan (der etwa um die Zeit des 9. Jahrhunderts lebte), angesehen wurden, die aber heute als Arbeiten eines lateinischschreibenden Verfassers (oder vielleicht auch mehrerer Verfasser) bezeichnet werden können und etwa im 12. bis 13. Jahrhundert, vielleicht in Süditalien oder in Spanien entstanden sind. Dies gilt besonders für das hier in deutscher Übertragung vorliegende Hauptwerk, die „Summa perfectionis".

Es muß ausdrücklich betont werden, daß ich mit dem Namen „Geber" nur den einstweilen noch unbekannten Verfasser der „summa perfectionis" bezeichne, und nie einen Araber, z. B. Dschabir Ibn Hajjan, dessen Werke von Berthelot herausgegeben worden sind (vgl. La chimie au moyen âge, Paris 1893).

Nach einer langen Unterbrechung habe ich, durch Herrn Professor Dr. E. v. Lippmann dazu angeregt, diese Arbeit wieder aufgenommen und nun zu einem gewissen Abschlusse gebracht. Die Dunkelheit, die über der Persönlichkeit des „Geber" und der Entstehung seiner Schriften liegt, kann auch heute noch nicht erhellt werden; aber die vorliegende Arbeit soll eine Grundlage für weitere Forschungen bilden, indem sie die Alchemie des Geber erschließt und untersucht (vgl. auch Kopp, Beiträge z. Gesch. d. Chemie, 3. Teil, und E. v. Lippmann, Alchemie, über Dschabir und Geber). Im Zusammenhange damit wollte ich vor allem versuchen, soweit es im Rahmen dieser Veröffentlichung möglich war, ein Bild von der Denkweise, den Arbeiten und Ergebnissen eines mittelalterlichen Chemikers und Alchemisten zu entwerfen und zwar auf Grund eingehenden Quellenstudiums, bei dem, außer den Geber-Schriften, auch andere wichtige alchemistische Werke berücksichtigt wurden. In meinen ausführlichen Erklärungen findet der Leser einerseits Nachweise über alchemistische Lehren und ihre Zusammenhänge mit griechischen, besonders aristotelischen, philosophischen Anschauungen, andererseits aber auch praktisch-chemische Erörterungen über Gebers Ausgangsstoffe, Arbeitsweisen und -Ergebnisse. Ganz eindeutige Erklärungen sind allerdings nicht immer möglich, und zwar infolge der wenig genauen Art alter Forscher, Stoffe und Versuche zu beschreiben, und ihrer Neigung manches absichtlich nur unklar darzustellen. Ich hoffe aber, daß es mir gelungen ist den Sinn der alchemistischen Lehren, die, ähnlich wie jene der Astrologie, im geistigen Leben des Mittelalters und noch späterer Jahrhunderte einen wichtigen Platz einnehmen, unserem Verständnis näherzubringen und damit einen Beitrag zur Kulturgeschichte zu liefern.

Es ist nicht leicht, die Anschauungen, Ziele und Leistungen vergangener Zeiten unbefangen zu würdigen. H. Kopp schrieb: „Die Geschichte der Alchemie ist die Geschichte eines Irrtums" und sprach in diesem Zusammenhange auch von „Exzessen in der Verirrung des menschlichen Geistes" (Beiträge zur Geschichte der Chemie 1, S. 17 und „Die Alchemie in älterer und neuerer Zeit", 1. Teil, Vorrede).

Diese Auffassung ist sicher einseitig. Die alchemistischen Lehren waren ursprünglich wohldurchdacht und wurzelten in philosophischen Gedanken über die Materie. Wer annahm, daß die Metalle keine einheitlichen, sondern zusammengesetzte Körper seien, konnte ganz folgerecht ihre Veränderung und Umwandlung, z. B. durch künstliche Umstellung ihrer, angenommenen, Bestandteile, für möglich halten und konnte versuchen, die „Metallveredlung" auszuführen. Diese einfache Überlegung, die merkwürdigerweise den Geschichtsschreibern und Kritikern der Alchemie bisher offenbar fremd war, macht es erst möglich, die geistigen Grundlagen dieses auch heute noch zu wenig bekannten Wissensgebietes vorurteilslos zu werten und die Alchemisten und ihr Werk gerecht zu beurteilen.

Es war sicher nicht immer nur der primitive Wunsch „Gold zu machen", der zu alchemistischen Arbeiten veranlaßte, sondern oft, und offenbar auch bei Geber, das Verlangen, den Geheimnissen der Natur, den letzten Ursachen der Dinge, näher zu kommen. Griechische, besonders Aristotelische, später erweiterte und ausgebaute philosophische Begriffe waren die Voraussetzungen und der Rahmen für jene Arbeiten. Abgesehen von anderen, später hier erörterten Zusammenhängen, scheint mir z. B. der Begriff der „φθορά", „corruptio", ein wichtiger, bisher nicht genügend beachteter Ausgangspunkt alchemistischer Lehren und Bestrebungen zu sein.

In diesem Sinne ist die Alchemie angewandte und weitergeführte, in erster Linie Aristotelische, Philosophie. Daneben finden sich, besonders in späterer

Zeit, mystische und theosophische Gedanken, die ich an anderer Stelle ausführlich untersuchen will. Andererseits hat es neben Forschern mit wissenschaftlichen Bestrebungen, auch auf alchemistisch-medizinischem Gebiete, und neben technischen Fachleuten, die alchemistisch-chemische Erfahrungen auf Metallbearbeitung u. dgl. anwandten, auch Laboranten gegeben, die nichts wollten, als „Gold machen", von Abenteurern und Betrügern gar nicht zu reden. Unfug, Betrug und „Exzesse" kamen nicht selten vor, und die Alchemie verlor dadurch immer mehr an Ansehen. Es kam dazu, daß, seit dem 17. Jahrhundert, die Aristotelische Auffassung der „Elemente" und die alchemistische Lehre von den Grundstoffen, (Quecksilber, Schwefel und — später — Salz) bekämpft, und durch Jungius, Boyle und später Lavoisier, durch neuere Anschauungen ersetzt wurde. Von dem Augenblick an, in dem man die Metalle als unzerlegbare, einheitliche „Elemente" ansah, — was Boyle selbst übrigens noch nicht in vollem Umfange getan hatte —, konnte man an Metallumwandlungen natürlich nicht mehr denken. Diese neuen Ansichten entwickelten sich zu einer so festen, anscheinend unantastbaren Lehre, daß im 19. Jahrhundert kaum jemand an ihr zu zweifeln wagte, obwohl mit vollkommener Sicherheit eigentlich nur das eine behauptet werden konnte, daß es der Chemie bisher nicht gelungen war „Elemente" zu zerlegen. Aber selbst die sicherste Schulmeinung kann auf die Dauer nicht ohne Nachprüfung, Widerspruch und Änderung bleiben. Bisweilen kommen dabei alte Anschauungen in neuer Form wieder zur Geltung. So wurde der alte Gedanke eines Urstoffes wieder aufgenommen, als Prout im Jahre 1815 den Wasserstoff als Urmaterie aller „Elemente" ansah. Die Aufstellung des periodischen Systems (Chaucourtois, Newlands, Lothar Meyer, Mendelejeff), mehr als 50 Jahre später, mußte dazu veranlassen, über die Beziehungen der Elemente zu einander nachzudenken, und die Ergebnisse der Forschungen über die Radioaktivität in der neuesten Zeit machten es nötig, den Begriff des chemischen Elementes überhaupt zu überprüfen. Es ist bemerkenswert, wenn K. Fajans („Radioaktivität und die neueste Entwicklung der Lehre von den chemischen Elementen", Braunschweig 1920 und 3. Aufl. 1921) bei der Beurteilung der möglichen Betrachtungsweisen der Isotopen schreibt: „Das Element hört also auf, ein bestimmter Bestandteil der Stoffe zu sein, der vollkommen eindeutige Eigenschaften besitzt; er wird nur zum Träger von gewissen Eigenschaften (die wir Typuseigenschaften genannt haben). Wir hätten also einen vollkommen neuen Elementbegriff, der im Grunde genommen mehr Gemeinsames mit dem Elementbegriff von Aristoteles als mit dem von Boyle hätte ..." (a. a. O. S. 90).

Man kann über diese Dinge denken wie man will, soviel ist sicher, daß auch unser heutiges Wissen, auch das von der Materie, nur unvollkommen und wandelbar ist, und daß die Anschauungen vergangener Zeiten wert sind, beachtet und gewürdigt zu werden.

Ich komme nun auf die hier vorliegenden Werke des „Geber" zurück. Es wurden, schon um Vergleiche zu ermöglichen, verschiedene Schriften übersetzt (mit nur geringen Kürzungen unwichtiger Stellen, z. B. oft wiederholter Redewendungen, am Anfange und Schlusse von Kapiteln) und erklärt, die im Laufe der Jahrhunderte unter dem Namen Gebers verbreitet worden sind, und zwar: Das Hauptwerk, die „Summa perfectionis", dann „Liber de investigatione", ferner „Liber de inventione veritatis", „Liber fornacum" und schließlich das

„Testamentum“. Ich habe besonderen Wert darauf gelegt, Stil und Eigenart der lateinischen Texte wiederzugeben, soweit dies überhaupt möglich ist.

Als ein frühes Werk, etwa des 12. bis 13. Jahrhunderts, können wir mit Sicherheit, wie hier schon bemerkt werden soll, nur die „Summa perfectionis“ bezeichnen, da wir nur von ihr Handschriften aus dieser Zeit (in München und Paris) kennen. Die drei weiteren Schriften werden zwar in der „Summa perfectionis“ genannt; ob aber die uns bekannten und hier vorliegenden Abhandlungen mit den dort erwähnten identisch sind, können wir nicht mit Bestimmtheit sagen. Das „Testamentum“ schließlich ist, wohl ohne Zweifel, anderen Ursprungs wie die „Summa perfectionis“.

Bei der Übersetzung der vier ersten Schriften wurde besonders die Ausgabe Nürnberg 1541 benutzt; aber auch die anderen, unter „Handschriften und Drucke“ genannten, wurden, soweit sie erreichbar waren, verglichen. Das „Testamentum“ wurde nach den Ausgaben Venedig 1542 und Danzig 1682 übersetzt. Die Münchener Handschrift (cod. lat. 353) wurde durchgesehen und an vielen Stellen mit den Texten der verschiedenen Drucke verglichen, wobei sich keine größeren Abweichungen zeigten. Eine Vergleichung und philologisch genaue Bearbeitung wenigstens einiger der später genannten Handschriften, besonders der „Summa perfectionis“, und der Abdruck eines dadurch gewonnenen lateinischen Textes wäre mir, und vielleicht auch manchem Leser, erwünscht gewesen. Nach reiflicher Überlegung mußte aber leider, in der jetzigen Zeit, darauf verzichtet werden, um die Veröffentlichung der vorliegenden Arbeit nicht zu sehr zu erschweren und zu verzögern. Ich muß mich also zunächst auf diese Veröffentlichung beschränken, und ich hoffe, eine eingehende Textvergleichung und weitere Untersuchungen, auch solche über die Persönlichkeit des „Geber“ und über die Entstehung seiner Schriften, später bringen zu können.

Das beigegebene, von mir in der Hauptsache auf Grund der vorliegenden Schriften des „Geber“ bearbeitete, Verzeichnis alchemistischer Ausdrücke soll das Studium dieser und auch anderer alchemistischer Bücher erleichtern und auch in kurzer Form einen Überblick über wichtige Lehrmeinungen und Arbeitsverfahren der Alchemie geben.

Für freundliche Anregungen und Auskünfte möchte ich Herrn Professor Dr. Edmund von Lippmann in Halle, Herrn Prälat P. Ehrle in Rom, Herrn Professor Dr. Leidinger, Vorstand der Handschriftenabteilung der Staatsbibliothek in München, Herrn Professor Dr. Paul Lehmann und Herrn Professor O. Süßheim in München auch an dieser Stelle herzlich danken; ebenso der Verlagsbuchhandlung Julius Springer für das freundliche Interesse, das sie für meine Arbeit hatte.

München, September 1922.

Ernst Darmstaedter.

Inhaltsverzeichnis.

Erster Teil.

Zweiter Teil.

Verzeichnis der Tafeln.

Die Tafeln I, II, III, IV, VI, IX sind nach der Geber-Ausgabe Nürnberg 1541 wiedergegeben.

ERSTER TEIL

„Geber“ und seine Schriften.

Jahrhundertelang, bis in die neuere Zeit, wurden die Werke des „Geber“ als besonders hervorragende Erzeugnisse des alchemistischen Schrifttums angesehen und wurden verbreitet, abgedruckt, gelesen und gerühmt. Über den Verfasser dieser Bücher aber herrschte von jeher größte Unklarheit, die bis in unsere Zeit anhielt. Seit langem hatte man sich daran gewöhnt, „Geber“ als Araber zu bezeichnen und ihn als identisch mit dem arabischen Alchemisten Dschabir Ibn Hajjan anzusehen. Später fing man an, die Schriften des „Geber“ gründlicher zu betrachten und zu bezweifeln, daß die Araber schon so gründliche Kenntnisse gehabt hätten (Beckmann, Kopp, Steinschneider).

Als nun die Prüfung arabischer Handschriften von Werken des Dschabir Ibn Hajjan, durch E. Wiedemann (1878) und später durch Berthelot (La chimie au moyen âge, Paris 1893) ergab, daß sie anderen Inhalt haben und von ganz anderer Art sind, wie die lateinischen Schriften des „Geber“, z. B. wie die „Summa perfectionis“, fing man an, „Geber“ als „Pseudo-Geber“, ja sogar als Fälscher, zu bezeichnen. Es ist nicht meine Absicht, alles zu wiederholen, was über Dschabir Ibn Hajjan und „Geber“ geschrieben worden ist, und ich verweise auf die Bücher von Kopp, besonders Beiträge zur Gesch. d. Chem. 3. Stück, und auf die Zusammenfassung bei E. von Lippmann, Alchemie, S. 485 ff. Ich will aber folgendes dazu bemerken: Wenn man „Geber“ als Pseudo-Geber bezeichnet, so ist dies unrichtig. Man müßte ihn zum mindesten Pseudo-Dschabir nennen, da man dem lateinischen „Geber“ die Absicht unterschiebt, die Rolle des arabischen Dschabir zu spielen. Daß er diese Absicht tatsächlich hatte, ist aber ganz zweifelhaft. Wir wissen nicht, ob der Verfasser der „Summa perfectionis“ selbst den Namen „Geber“ führte, oder vielleicht als Pseudonym gebrauchte, wobei es immer noch fraglich wäre, ob sich der Name „Geber“ auf „Dschabir“ bezieht, und ob der Verfasser der „Summa perfectionis“ den Dschabir Ibn Hajjan und seine Schriften kannte. Wir können auch vorerst nicht beurteilen, ob vielleicht erst etwas spätere Abschreiber oder Bearbeiter der vielleicht anonym erschienenen Schrift den Namen „Geber“ eingeführt haben, und ob dieser Name unter allen Umständen auf einen arabischen „Dschabir“ (Gabir) zurückgehen muß, bzw. daran erinnern soll, oder ob er vielleicht eine andere Bedeutung hat. Soviel ist sicher: Offenbar in keiner Handschrift, und in keinem Drucke vor 1541 (Nürnberg, Petreius) wird „Geber“ als Araber bezeichnet. Die Münchener Handschrift z. B. bringt keine Angabe über den Verfasser, sondern nur den Anfang: „Incipit lib, (er) geb, (er) de transmutatione metallorum“; ähnlich am Schlusse.

Die vatikanische Handschrift hat den Titel: „Geberis Philosophi Perspicatissimi Summa Perfectionis Magisterii etc.", bezeichnet also „Geber" ebenfalls nicht als Araber. Ebensowenig die St. Galler Handschrift und die übrigen später genannten Handschriften, soweit die Angaben in den entsprechenden Katalogen es erkennen lassen. Im 15. Jahrhundert finden sich allerdings einige, sozusagen exotische Bezeichnungen für „Geber". So in einer, später genannten, Oxforder Handschrift des 15. Jahrhunderts, in der von einem „Liber practicus Geberis philosophi regis Persarum" gesprochen wird. Man kann dies vielleicht als eine dunkle Erinnerung an die persischen Feueranbeter, bzw. Zoroasterpriester, auffassen, die „Geber" genannt wurden. Es soll hier nicht untersucht werden, ob diese Erinnerung vielleicht bei dem Gebrauche des Namens „Geber" etwa als Pseudonym auch sonst eine Rolle spielte.

Eine ähnliche Bemerkung findet sich in dem ältesten Drucke, der den Namen „Geber" trägt, von 1473 (Hain 7504). Hier lautet der Schluß: „Opus maximi Philosophi ac regis Indiae Geberi . . . etc." Vielleicht sollten solche Bemerkungen auch nur eine Art Reklame sein und eine Wirkung auf die Käufer ausüben. Übrigens hat der Verfasser jener Schrift mit „Geber" dem Verfasser der „Summa perfectionis" sicher nichts zu tun, da der Inhalt ein ganz anderer und recht primitiver ist.

Erst in der Ausgabe Nürnberg (Petreius) 1541 wird „Geber" als Araber bezeichnet und von da an allerdings wohl in allen folgenden. In welcher Weise die Herausgeber und Drucker in späterer Zeit dabei verfahren sind, zeigt ein Vergleich der Ausgabe Venedig 1542 und Danzig 1682. In dem ersteren Drucke, der nach der Vatikanischen Handschrift bearbeitet wurde, wird Geber nur „Philosophus perspicatissimus" genannt. In der Danziger Veröffentlichung dagegen, die ebenfalls den Text dieser Handschrift wiedergibt, bzw. wohl ein Abdruck der Ausgabe von 1542 ist, wird Geber „König der Araber" genannt.

Folgende Tatsache gibt vielleicht eine Erklärung für diese Dinge: Im Jahre 1534 erschien in Nürnberg, bei Petreius, eine lateinische Übersetzung der Astronomie des Gabir Ibn Aflah al Îsbili (Sevilla), zusammen mit einer Schrift des Apian (Bennewitz, Bienewitz), unter dem Titel: „Instrumentum primi mobilis a Petro Apiano. Accedunt Gebri Filii Afla Hispalensis libri IX de Astronomia . . . per Girardum Cremonensem . . ." Norimb. 1534[1]). Man sieht also, daß der arabische Name „Gabir" mit „Geber" wiedergegeben wurde. Umgekehrt hat man dann „Geber" den Verfasser der „Summa perfectionis" als Araber bezeichnet, als einige Jahre später, ebenfalls bei Petreius in Nürnberg, dieses Werk, mit anderen alchemistischen Schriften zusammen, herausgegeben wurde. Ob man damals glaubte, daß Gabir Ibn Aflah, der Astronom, und „Geber", der Alchemist, eine und dieselbe Person sei, oder ob Verwechslung, Zufall, oder eine bestimmte, andere Absicht die Ursache war, wissen wir nicht, können aber feststellen, daß seit dem Erscheinen der genannten Nürnberger Ausgabe „Geber" immer als Araber bezeichnet wurde. Wenn die Dinge so oder ähnlich liegen, kann der Verfasser der „Summa perfectionis" natürlich nicht dafür verantwortlich gemacht werden, wenn man ihn nach Jahrhunderten für einen Araber ausgab, und wenn man noch später mit vieler Mühe beweisen mußte, daß er dies nicht war.

Für die Annahme, daß der Urheber der „Summa perfectionis" ein Araber gewesen sei, liegen tatsächlich keine Gründe vor. Der lateinische Text macht auch nicht den Eindruck einer Übersetzung aus dem Arabischen, sondern den einer selbständigen lateinischen Schrift des 12. bis 13. Jahrhunderts, die in Süditalien, oder vielleicht in Spanien, entstanden sein kann.

Wir kommen nun zu dem Inhalt dieser Bücher. Bei der Beurteilung der Schriften des „Geber", z. B. der „Summa perfectionis", erkennt man, daß der Verfasser ein Lehrbuch der Alchemie schreiben wollte. Der ganze Aufbau des Buches beruht auf der Voraussetzung der Möglichkeit der Metallumwandlung, und der ganze Inhalt dient systematisch dieser Idee. Ein Blick auf die Einteilung, z. B. auf die Inhaltsangabe, die ich nach der Ausgabe Nürnberg Petreius 1541 bringe, zeigt dies sofort.

Da Geber der Ansicht ist, daß man zunächst einmal die „Grundstoffe", die Mineralien und alle chemischen Operationen kennen müsse, um die „Kunst" ausüben zu können, so verbreitet er sich ausführlich über alle diese Dinge. Die Schriften Gebers, mindestens die „Summa perfectionis", geben daher die ganzen chemischen Kenntnisse der damaligen Zeit, d. h. etwa des 12. bis 13. Jahrhunderts wieder und sind eben dadurch von so großem Interesse für uns. Daß diese Schriften alle älteren, z. B. griechischen, syrischen und arabischen alchemistischen Werke weitaus übertreffen, daß sie viel reicheren Inhalt haben und viel klarer und methodischer in ihrem Aufbau sind, hat man schon früher erkannt (z. B. Kopp, und später Berthelot, La chimie au moyen âge). Wahrscheinlich ist die „Summa perfectionis" die erste wirklich systematische Zusammenfassung chemischer und alchemistischer Kenntnisse und Erfahrungen, und man kann verstehen, daß dieses Werk Jahrhunderte hindurch hoch geschätzt wurde.

Vor allem sind die Arbeitsmethoden Gebers von Interesse, deren Anfänge man zum Teil weit zurück, aber auch bis in unsere Zeit vorwärts verfolgen kann, und zwar teilweise unter den gleichen Bezeichnungen. So findet sich z. B. der seltenere Ausdruck „Descension" in gleicher Bedeutung noch in unserer Zeit, nämlich in der Metallurgie des Zinks, z. B. in England.

Gebers Bemerkungen über Metalle und andere Substanzen, sowie über chemische Veränderungen, zeigen oft eine gute Beobachtungsgabe. — Daß der alte Autor bei der Betrachtung und Verarbeitung von Mineralien u. dgl. andere Vorstellungen hatte und haben mußte wie ein moderner Chemiker, ist ja selbstverständlich. Geber hatte noch viele, heute dem Fernerstehenden zunächst sonderbar erscheinende, Ideen von seinen Vorgängern übernommen, er hat aber auch manche, gewissermaßen modernere, Anschauungen, die für seine Zeit bemerkenswert sind. So spricht er sich z. B. mit so großer Deutlichkeit über die Notwendigkeit der Naturerforschung im Gegensatz zum Bücherstudium aus, daß man an das Wort Roger Bacons erinnert wird: „Positis radicibus sapientiae Latinorum penes Linguas et Mathematicam et Perspectivam nunc volo revolvere radices a parte Scientiae Experimentalis, quia sine experientia nihil sufficienter sciri potest. Duo enim sunt modi cognoscendi, scilicet per argumentum et experimentum" („The Opus Majus" of Roger Bacon edited by John Henry Bridges, London 1900, 2. Band, p. 167, Pars sexta, Cap. 1)[2]).

Geber sagt fast noch schärfer (Summa perfectionis Kap. 38): „Der Jünger der Wissenschaft soll also nicht verzweifeln: Wenn er das Wissen sucht, wird er es finden und zwar nicht durch Bücherstudium, sondern durch das Erforschen der Natur . . .".

Die hier wiedergegebenen Schriften Gebers, besonders die „Summa perfectionis", zeigen, wie sehr der Autor seine Auffassung praktisch durchgeführt hat. Das Buch ist nicht nur eine Zusammenfassung älterer Kenntnisse, sondern es bringt ohne Zweifel auch eigene Erfahrungen und Versuche des Verfassers und kann daher mit den im Mittelalter sehr beliebten, zusammenfassenden Werken, wie z. B. dem „Speculum majus", bzw. einem Teil davon, dem „Speculum naturale" des Vincenz von Beauvais, oder dem Werke des Bartholomaeus Anglicus „De Proprietatibus Rerum"[3]) und anderen, großen, zusammenfassenden Werken, z. B. des Albertus Magnus [1193(1206)—1280], kaum verglichen werden. Vincentius Bellovacensis (1190—1264), wie der lateinische Name lautet, suchte in seinem „Speculum majus" alle Gebiete menschlichen Wissens, und in einer Abteilung dieses Werkes, dem „Speculum naturale", die naturwissenschaftlichen Kenntnisse seiner Zeit zusammenzufassen. Vincentius konnte natürlich nicht auf allen diesen Gebieten Meister sein. Tatsächlich stützt er sich auch durchweg auf alte Autoren und zitiert sie auch, wie z. B. Plinius, und von späteren S. Isidorus andauernd. Das Werk des Vincentius ist eine rein zusammenfassende Arbeit; viele Steine und Pflanzen, über die er z. B. schreibt, hat er wahrscheinlich nie gesehen. Für Albertus Magnus trifft dies nicht in diesem Maße zu. Auch er stützt sich zwar zum großen Teile auf ältere Schriftsteller, aber auch auf eigene Erfahrungen. Gerade in bezug auf naturwissenschaftliche Dinge spricht sich Albertus darüber selbst in bemerkenswerter Weise aus und sagt, daß er Gelegenheit gehabt habe manches aus eigener Anschauung kennenzulernen[4])[5]).

Bei Geber tritt, wie gesagt, die eigene Erfahrung noch weit mehr in den Vordergrund, in dem Sinne etwa, daß er, auf theoretischen Voraussetzungen fußend, Laboratoriumsversuche anstellte, deren letzter Zweck die Metallverwandlung und „Veredlung" sein sollte. Viele eigene praktische, technische Erfahrungen, etwa im Bergbau und in der Hüttenkunde, wird Geber kaum gehabt haben. Er hätte sonst wohl mehr Wert auf genauere Beschreibungen von Mineralien und ihren Vorkommen gelegt. Der Unterschied zwischen Geber und etwa Roger Bacon, oder Albertus Magnus, besteht zunächst darin, daß Geber ein besonderes Gebiet, die Alchemie, als Fachmann theoretisch und praktisch bearbeitete. Man könnte sich vorstellen, daß etwa Roger Bacon, bei eingehender Beschäftigung mit der besonderen Aufgabe, ein ähnliches Buch geschrieben hätte.

Sehr merkwürdig ist es, daß Geber, im Gegensatz zu allen anderen Autoren seiner Zeit, keinen einzigen Namen, nicht einmal den des Aristoteles, oder den eines arabischen Forschers, nennt. Ebenso merkwürdig ist es, daß über die Persönlichkeit des Verfassers selbst, und über die Herkunft und Entstehung seiner Schriften, trotz ihrer ungeheuren Schätzung während langer Jahrhunderte, bis auf den heutigen Tag nie etwas Sicheres bekannt geworden ist. Der Urheber der „Summa perfectionis" wird wohl gewichtige Gründe für seine Zurückhaltung gehabt haben. Vielleicht befürchtete er ein Eingreifen der Kirche. Bemerkenswert ist es auch, daß Gebers Schriften weder von Albertus Magnus, noch von Roger Bacon (1214—1294) erwähnt werden. Eine Bemerkung bei Kopp (Beiträge 3. Teil, S. 23), die von anderen Autoren übernommen wurde, nämlich die, daß Geber bei Roger Bacon genannt werde, ist unrichtig. An der betreffenden Stelle nennt Bacon nicht den Geber, sondern den „Hermes Mercurius": „sicut dicit Hermes Mercurius, pater philosophorum" (opus minus edited by Brewer 1859, pag. 313). Man kann daraus wohl schließen, daß die Werke Gebers zur Zeit der Tätigkeit des Roger Bacon und des Albertus Magnus noch nicht bekannt waren, oder daß sie absichtlich unterdrückt oder totgeschwiegen wurden[6]). Sie wurden aber bald verbreitet und wirkten anregend auf spätere Forscher, auch auf solche, denen, wie z. B. Libavius, die „Metallveredlung" nicht mehr Hauptzweck war.

Die Fragen, wer „Geber" war, wann und wie seine Schriften entstanden sind, wer seine Vorgänger und Lehrer waren und in welchem Kreise er selbst wirkte, sind noch zu beantworten und sollen den Inhalt einer besonderen Arbeit bilden.

Geber-Handschriften und -Drucke.

Handschriften.

1. Summa perfectionis.

13. Jahrhundert.

München. Staatsbibliothek. Die älteste bekannte Handschrift der „Summa perfectionis" scheint die im Münchener Cod. lat. Nr. 353 zu sein. Vgl. Katalog Bd. 3, I., S. 93. „Fol. 85. Geber liber perfectionis. 64 Seiten, Pergament, 13. Jahrhundert." Es ist eine schöne Pergamenthandschrift etwa aus dem Ende des 13. Jahrhunderts. Der Band enthält noch anderes, wie z. B. einen Teil der Schrift „De mineralibus" des Albertus Magnus, war einst im Besitze von Schedel und stammt wohl aus Italien[7]). Die Handschrift ist anscheinend bisher nirgends erwähnt worden. Von besonderem Interesse ist, daß hier auf drei andere Werke des „Geber" hingewiesen wird, nämlich auf die Bücher: „De Investigatione perfectionis", „De Inventione perfectionis" und „Liber fornacum". Ob die unter diesen Namen bekannten und hier in deutscher Übertragung vorliegenden Werke wirklich von dem Verfasser der „Summa perfectionis" stammen oder Erzeugnisse einer späteren Zeit sind, soll hier nicht erörtert werden. Soviel sei bemerkt, daß mir von den Büchern „De Inventione" und „Liber fornacum" keine Handschriften bekannt sind, und daß diese Schriften sich auch nur in den wenigsten Drucken finden.

13. bis 14. Jahrhundert.

Paris. Etwa aus der Zeit um 1300 scheint ein Manuskript, „Summa collectionis complementi secretorum naturae" Nr. 6514 der Bibliothèque Nationale in Paris, zu stammen, das nach Berthelot zwei Handschriften der „Summa perfectionis" enthält. Ich nenne noch die Nr. 6679 und Nr. 7156, die ebenfalls die „Summa perfectionis" zu enthalten scheinen.

14. Jahrhundert.

Cambridge. Gonville and Caius College. 181, 214 mit anderen Schriften. Pag. 33. „Summa Geberi", fortgesetzt im 15. Jahrhundert. „Expl. Summa Geberis philosophi cum duobus aliis libris investigationis perfectionis magisterii in arte alkimie multum necessariis." Es wäre zu untersuchen, welcher Art die erwähnten zwei anderen Schriften sind.

Montpellier. École de Médecine. Nr. 260, fol. 1. Summa perfectionis Geber philosophi.

Prag. Universitätsbibliothek. Cod. 1984, fol. 79a—117a „Summa mgri. Geber, Totam nostram etc."

Reims. Bibliothèque de Reims. 986. mit Zeichnungen von chemischen Instrumenten. Ende 14. Jahrhundert.

St. Gallen. Vadianische Bibliothek. Vgl. Verzeichnis der Manuskripte und Incunabeln der Vadianischen Bibliothek zu St. Gallen. S. 78. Nr. 300. „Liber alchymiae". Bl. 37—56. Anfang: „Totam nostram scientiam quam etc. bis „ad artis igitur excelsae ..." etc. „Älteste unter den zahlreichen alchemistischen Handschriften der Stadtbibliothek, in guter kleiner Mönchschrift des 14. Jahrhunderts. ..."

Wien. Hofbibliothek. 2449. Geber, Summa perfectionis.

15. Jahrhundert.

Berlin. Königl. Bibliothek. cod. lat. oct. 38 (Rose 966). „Liber Gebri perfecti magisterii." 1467.

Bern. Bibliotheca Bongarsiana. B. 54, fol. 24—104. „Summa magistri Geberis de alchymia."

Cambridge. Corpus Christi College. 99. Pag. 36. „Geberi summa perfecti magisterii."

Rom. Vatikanische Bibliothek. Die Vatikanische Bibliothek besitzt, nach freundlicher Mitteilung von Herrn Prälat P. Ehrle, nur eine alchemistische „Geber"-Handschrift, und zwar Vatic. lat. 6896 auf 69 beschriebenen Seiten. Diese Handschrift stammt aus dem 15. Jahrhundert und enthält die „Summa perfectionis". Auf Bl. 1—53 die „Summa perfectionis" und Bl. 54—69 die „Regulae artificialis memoriae" des Jacobus Ragona aus Vicenza, mit einer Widmung „ad illustrissimum principem et armorum ducem, invictissimum dominum Johannem Franciscum marchionem Mantuae"; offenbar ist dies Giovan Francesco Gonzaga 1407—1444, unter dessen Regierung Kunst und Wissenschaft besonders gepflegt wurden. Nach dieser Handschrift haben die Custoden der Vatikanischen Bibliothek Gebers „Summa perfectionis" 1542 herausgegeben. Näheres bei der Besprechung der Drucke.

Wien. 5286, fol. 3—49. Geber, Summa perfectionis, und: 5509, fol. 149—200.

2. Liber Investigationis.

Oxford. Bodleiana. Western Manuscr. 19039 = cod. canonic. eccles. lat. 53., fol. 101—112. „Liber practicus Geberis, philosophi regis Persarum, de investigatione perfecta magisterii ... in fine: „Explicit Geber de investigatione perfecti magisterii". Der Codex enthält verschiedene Schriften. Einige derselben sind laut eigenem Vermerk von „Kmillus de Lunardis de Pisauro" 1466 geschrieben.

3. Testamentum.

16. Jahrhundert.

Cambridge, Trinity College. Nr. 1380, 25. „Testamentum Gebri, summi philosophi" (al. S. Thomas de Aquino) „inc. tract. de calcibus diversorum materialium ex quibus sales subtilissimi extrahuntur", „ex omnibus rebus ..."; ferner Nr. 925.

Es muß bemerkt werden, daß diese Übersicht der „Geber"-Handschriften auf Grund der verschiedenen Katalogangaben angefertigt wurde. Nur die Münchener Handschrift kenne ich bisher aus eigener Anschauung. Weitere Untersuchungen, besonders der auswärtigen Handschriften, sind vorgesehen.

Drucke.

Die älteste gedruckte Ausgabe der Werke Gebers dürfte eine Incunabel sein, die ca. 1481 wahrscheinlich in Rom erschien. Hain 7505, Pellechet 5004, Proctor 3942.

Während man früher annahm, daß diese Ausgabe von Herolt in Rom gedruckt sei, zeigt Degering in einer Arbeit „Wer war der Drucker der Erstausgabe des Vitruv? Ein Beitrag zur Geschichte des römischen Buchdrucks". Festgabe Konrad Haebler, Leipzig, Hiersemann 1919, daß diese Frage nicht bestimmt beantwortet werden kann. Der „Drucker des Vitruv" hat auch „Gebers Werke" zum erstenmal gedruckt, ohne Angabe des Druckers, Ortes und Jahres. Die Ausgabe enthält: Die „Summa perfectionis" jedoch ohne diese Bezeichnung, die überhaupt erst später gebräuchlich wurde. Ferner anschließend daran den auch in späteren Ausgaben häufig vorkommenden „Liber trium verborum", als dessen Autor meist Kallid Rachaidibi genannt wird. Ob dieser angebliche Autor mit dem bei Lippmann, Alchemie S. 357 genannten „Khalid ibn Jazid" identisch ist, soll hier nicht untersucht werden. Die Ausgabe enthält ferner eine ebenfalls auch in späteren Ausgaben häufig vorkommende: „Epistola Alexandri Imperatoris etc." sowie den „Liber investigationis magisterii". Am Schlusse lateinische und italienische Verse alchemistischen Inhalts. Das Buch beginnt: „Incipit Liber Geber capitulum primum. Totam nostram etc. ..." und schließt: „Explicit liber Geber foeliciter."

Es existiert noch ein weiterer, noch etwas früherer Wiegendruck mit dem Namen „Geber" als Autor, verzeichnet bei Hain No. 7504 und bei Brunet. Der Titel des Buches ist: „Liber qui flos naturarum vocatur". Am Schlusse: opus maximi Philosophie ac regis Indiae Geberi foeliciter Hic completum est ac impressum anno 1473. Das Buch beginnt: „Incipit liber Geberi qui Flos naturarum vocatur."

Diese bisher nie näher beschriebene Ausgabe scheint sehr selten zu sein und ist weder bei Pellechet noch bei Proctor verzeichnet, aber in der Jenaer Universitätsbibliothek sowie in der Wiener Staatsbibliothek vorhanden. 20 Bl., 40 Seiten. 8°.

Der Inhalt hat mit den bekannten Werken Gebers nichts zu tun, hat weit primitiveren Charakter und könnte vielleicht als Übersetzung eines arabischen Textes angesehen werden. Das Buch behandelt primitiv Medizinisches und Alchimistisches, auch Herstellung von Amuletten u. dgl. und steht unendlich tiefer als die Schriften, die sonst als Werke „Gebers" bekannt sind und hier gebracht werden.

Eine der ersten Ausgaben des 16. Jahrhunderts, wenn nicht die erste, ist die von Marcellus Silber, in Rom ohne Zeitangabe gedruckt. Diese Ausgabe dürfte etwa aus der Zeit von 1510—1520 stammen und enthält die „Summa perfectionis" und wohl noch andere Werke Gebers. Der Titel ist der gleiche wie derjenige der Vatikanischen Handschrift, nach der diese Ausgabe gedruckt ist sowie auch die unten genannte von 1542. Die Ausgabe ist bei Brunet und bei Hoefer erwähnt und scheint sehr selten zu sein. Weitere Ausgaben sind: „Geberi Philosophi ac Alchimistae maximi, libri tres" Argentorati 1529 und 1531 bei Grieninger. Fol.

Eine deutsche Übersetzung erschien 1530 ebenfalls Folio in Straßburg bei Grieninger unter dem Titel: „Das Buoch Geberi, des hochberühmbten phylosophy von der Verborgenheyt der alchymia etc."

Diese Ausgaben sind mit Abbildungen von Ofen, Gefäßen u. dgl. versehen. Die deutsche Ausgabe ist äußerst selten. Mir ist nur das Exemplar der Dresdener Landesbibliothek bekannt, das teilweise beschädigt und handschriftlich ergänzt ist. Es ist anzunehmen, daß diese Werke auf dem Index standen und daß die deutsche Ausgabe besonders streng verfolgt und vernichtet wurde. Was den Titel der Geberschen Schriften betrifft, so ist zu bemerken, daß die Bezeichnung „summa perfectionis magisterii" sich erst spät findet. Die Straßburger Ausgaben haben diesen Titel noch nicht, wohl aber die Nürnberger von 1541 und die späteren Drucke. Weitere Ausgaben sind die eben erwähnten, Nürnberg Petreius 1541 und Bern 1545 und die schon erwähnte nach der Vatikanischen Handschrift von den Custoden der Vatikanischen Bibliothek herausgegebene Venetiis apud Petrum Schöffer Germanum, Maguntinum, anno 1542. Weiter sind die Ausgaben Leiden 1668 und Danzig 1682 zu erwähnen. Letztere ist offenbar ein Nachdruck der oben genannten Ausgabe von 1542. Beide Ausgaben enthalten auch das „Testamentum". Es kann hier auch noch ein Druck genannt werden, der Schriften Gebers enthält: „Artis Chemicae Principes Avicenna atque Geber". Basel, per Petr. Pernam 1572. Der Band enthält u. a. den dem Avicenna (Ibn Sina) früher zugeschriebenen „liber de anima in arte Alchemiae".

Eine deutsche, wohl sehr seltene Ausgabe Straßburg 1625, ist mir persönlich nicht bekannt. Der Titel lautet nach Beckmann „Beiträge zur Gesch. der Erfindungen", 1805, 5. Bd., S. 272. „Gebri summa perfectio, d. i. Geber Büchlin von der gebenedeiten und allerhöchsten Vollkommenheit."

Eine weitere deutsche Übersetzung ist: „Geberi chymische Schriften ...", Frankfurt und Leipzig 1710, und Wien 1751.

Diese „Übersetzungen" sind ganz schlecht und vollständig unbrauchbar. Die Schriften Gebers wurden sehr oft abgedruckt und in verschiedene Sammlungen aufgenommen. Ich nenne noch die des Gratarolus, Basel 1561 sowie das „Theatrum Chemicum", Straßburg 1659 und Mangetus, Bibliotheca Chemica Curiosa, Genf 1702. Von Kommentaren seien die Schriften des Bracescho erwähnt, z. B. „de Alchemia Dialogi II ..." Nürnberg, Petreius 1548. Ferner: La Espositione di Geber, ... In Vinegia 1551, sowie in der Sammlung „Alchemiam quam vocant, artisque metallicae, doctrina etc." Basil. per Petrum Pernam 1572. Hier sind auch andere Schriften des Bracescho über Geber sowie: „Tauladani Animadversio in Braceschum", die Geber betrifft, abgedruckt.

Ich nenne ferner noch einige Drucke, die mir persönlich unbekannt sind, nach dem „Catalogue of Printed Books" des British Museum (dort unter „Jabir Jbn Haijan" angegeben).

„Gebri Arabis ... de Alchimia traditio summae perfectionis in duos libros ... Item Liber investigationis magisterii ejusdem.“ Straßburg 1598.

Ferner eine englische Ausgabe: „The Works of Geber ..., Englished by R. Russel.“ London 1678. Und eine französische Ausgabe: „La Somme de la Perfection ou L'Abrégé du Magistère perfait de Geber Philosophe Arabe etc. ...“ (Bibliothèque des Philosophes Chimiques etc. tom 2. 1672.)

Ich nenne noch einen Druck: „La geomantia dell eccelente filosofo Giovanni Geber, con un trattato di fisonomia et chiromantia ...“ Vinegia 1552. Er hat mit „Geber“, dem Verfasser der „Summa perfectionis“, nichts zu tun. Ob diese Schrift eine Übersetzung nach einem arabischen Texte ist, kann hier nicht untersucht werden.

Bemerkenswert ist hier der Vorname „Giovanni“ Johannes, der vielleicht eine Angleichung an den Namen „Hajjan“ sein soll. Zwischen „Hajjan“ und „Johannes“ besteht aber, wie kurz erwähnt werden kann, in Wirklichkeit kein Zusammenhang.

Übersetzung der Schriften Gebers.

Inhaltsangabe

nach der Ausgabe Nürnberg bei Joh. Petreius 1541.

1. Inhalt des Buches „Summa perfectionis".

I. Buch.

Erster Teil.

Über Hindernisse, die sich bei der Ausführung der Arbeiten zeigen.

Zweiter Teil.

Kritik und Widerlegung gegnerischer Ansichten.

Dritter Teil.

Vierter Teil.

Über die künstlichen Grundlagen (Arbeitsmethoden) der „Kunst".

II. Buch.

Erster Teil.

Über die Kenntnis der Tatsachen, aus denen die Möglichkeit und die Art und Weise der Metallveredlung sich ergibt.

Zweiter Teil.

Über die „Medizinen" im allgemeinen. Über die Notwendigkeit der Darstellung dieser Medizinen, die alle „unvollkommenen" Stoffe veredelt, und über die beste Art ihrer Darstellung.

73. Kapitel. Über die Reinigung des Quecksilbers.
74. Kapitel. Eine richtige Medizin muß den unvollkommenen Metallen fünf verschiedene Edelmetalleigenschaften geben: Reinheit, richtige Farbe, richtige Schmelzbarkeit, Beständigkeit und richtiges Gewicht.
75. Kapitel. Über die Darstellung der Medizinen.
76. Kapitel. Über die Darstellung der verschiedenen Medizinen, erster, zweiter und dritter Ordnung.
77. Kapitel. Über die Medizinen erster Ordnung für die Weißfärbung des Kupfers.
78. Kapitel. Über die Medizinen erster Ordnung für die Weißfärbung d. Eisens.
79. Kapitel. Über die Medizinen erster Ordnung für die Gelbfärbung des Silbers.
80. Kapitel. Über die verschiedenen Eigenschaften der Medizin zweiter Ordnung.
81. Kapitel. Über die lunare und solare Medizin für unvollkommene Körper.
82. Kapitel. Über die Medizin, die das Quecksilber koaguliert.
83. Kapitel. Wie die Medizinen einwirkungsfähig gemacht werden.
84. Kapitel. Über die Medizin dritter Ordnung im allgemeinen.
85. Kapitel. Über die lunare Medizin dritter Ordnung.
86. Kapitel. Über die solare Medizin dritter Ordnung.

Dritter und letzter Teil.

Über die Proben (ob die Veredlung gelungen ist).

87. Kapitel. Einteilung.
88. Kapitel. Über die Cineritium-Probe.
89. Kapitel. Die Ausführung der Cineritium-Probe.
90. Kapitel. Über die Cement-Probe.
91. Kapitel. Die Ausführung der Zement-Probe.
92. Kapitel. Über das Glühen.
93. Kapitel. Über das Schmelzen.
94. Kapitel. Über das Behandeln von Metallen und Dämpfen scharfer Stoffe.
95. Kapitel. Über das Ablöschen geglühter Metalle.
96. Kapitel. Über das Behandeln mit Schwefel.
97. Kapitel. Über Calcination und Reduktion.
98. Kapitel. Über das Verhalten der Metalle gegen Quecksilber.
99. Kapitel. Zusammenfassung des Ganzen.
100. Kapitel. Die Methode, die der Autor bei der Behandlung des Themas in diesem Buche angewandt hat.

Ende des zweiten Buches von Gebers „Summa perfectionis".

2. Inhalt des Buches „De Investigatione Perfectionis".

1. Kapitel. Vorrede. Warum dieses Buch geschrieben wurde.
2. Kapitel. Über die Stoffe, welche die Metalle veredeln und verschlechtern.
3. Kapitel. Über den Stein der Philosophen.
4. Kapitel. Über die Stoffe, die bei der Präparierung der Metalle nützlich sind, und ihre Reinigung.
5. Kapitel. Über die Präparierung und Verbesserung der Metalle im allgemeinen.

6\. Kapitel. Über die Präparierung des Zinns.
7\. Kapitel. Über die Präparierung des Bleis.
8\. Kapitel. Über die Präparierung des Kupfers.
9\. Kapitel. Über die Präparierung des Eisens.
10\. Kapitel. Über die Präparierung des Goldes.
11\. Kapitel. Über die Präparierung des Silbers.
12\. Kapitel. Über die Eigenschaften des großen Elixiers.
13\. Kapitel. Schlußwort, Zusammenfassung.

3. Inhalt des Buches „De Inventione Veritatis".

1\. Kapitel. Über die sechs Eigenschaften der Stoffe, aus denen die Medizin gewonnen wird.
2\. Kapitel. Über die sieben Eigenschaften der Medizin.
3\. Kapitel. Einteilung des Buches in vier Abteilungen.

Erste Abteilung.

4\. Kapitel. Die Präparierung der mittleren Mineralien.

Zweite Abteilung.

5\. Kapitel. Über die Reinigung der flüchtigen Stoffe.
6\. Kapitel. Die Präparierung des Schwefels.
7\. Kapitel. Die Präparierung des Arseniks.
8\. Kapitel. Die Präparierung des Quecksilbers.
9\. Kapitel. Die Präparierung des Markasits.
10\. Kapitel. Die Präparierung des Tutia.

Dritte Abteilung.

11\. Kapitel. Über die Präparierung der Metalle.
12\. Kapitel. Die Präparierung des Bleis.
13\. Kapitel. Die Präparierung des Zinns.
14\. Kapitel. Die Präparierung des Eisens.
15\. Kapitel. Die Präparierung des Kupfers.

Vierte Abteilung.

16\. Kapitel. Die Medizinen.
17\. Kapitel. Über die weißen (lunaren) Medizinen für Zinn und Blei.
18\. Kapitel. Über die solaren Medizinen für Zinn und Blei.
19\. Kapitel. Über die weißen (lunaren) Medizinen für Kupfer und Eisen.
20\. Kapitel. Über die roten (solaren) Medizinen für Kupfer und Eisen.
21\. Kapitel. Über die (lunare) weiße Medizin dritter Ordnung.
22\. Kapitel. Über die solare Medizin dritter Ordnung.
23\. Kapitel. Über auflösende Flüssigkeiten und weichmachende Öle.

4. Inhalt des Buches „Liber Fornacum".

1\. Kapitel. Vorrede. Einteilung des Buches in drei Teile.

Erster Teil.

Über die Arbeitsmethoden.

2. Kapitel. Der Calcinationsofen.
3. Kapitel. Der Sublimationsofen.
4. Kapitel. Der Destillationsofen.
5. Kapitel. Der Deszensionsofen.
6. Kapitel. Der Schmelzofen.
7. Kapitel. Der Lösungsofen.
8. Kapitel. Der Fixierungsofen (Athannor).

Zweiter Teil.

Über die Präparierungen.

9. Kapitel. Die Präparierung flüchtiger Stoffe.
10. Kapitel. Die Calcination des Zinns.
11. Kapitel. Die Calcination des Bleis.
12. Kapitel. Die Calcination des Kupfers.
13. Kapitel. Die Calcination des Eisens.
14. Kapitel. Die Calcination der mittleren Mineralien.
15. Kapitel. Über das Auswaschen calcinierter Stoffe.
16. Kapitel. Das Weichmachen (Inceratio) der ausgewaschenen Kalke.
17. Kapitel. Die Reduktion der Kalke zu gediegenem Metall.
18. Kapitel. Das Auflösen der weiterverarbeiteten präparierten Metalle.

Dritter Teil.

Über die Veredlung der Metalle und über die umwandelnden Medizinen.

19. Kapitel. Die Veredlung dritter Ordnung.
20. Kapitel. Die Behandlung des Zinns und Bleis.
21. Kapitel. Die Behandlung des Kupfers und Bleis.
22. Kapitel. Die Behandlung des Eisens.
23. Kapitel. Die Behandlung des Silbers.
24. Kapitel. Die Behandlung des Quecksilbers.
25. Kapitel. Das Silberferment „ad azymum".
26. Kapitel. Das Goldferment für die Rotfärbung (zur Veredlung in Gold).
27. Kapitel. Das „Ferment des Fermentes" für Weiß- und Rotfärbung (Veredlung in Silber und Gold) des Quecksilbers.
28. Kapitel. Zusammenfassung der Experimente des Autors.
29. Kapitel. Versuche (Spielereien) mit Quecksilber (ludi mercuriales).
30. Kapitel. Die Gelbfärbung des Silbers.

5. Inhalt des Buches „Testamentum Geberis".

Nach der Ausgabe Venedig 1542.

Über Salze aus Tieren und Pflanzen. — Über Metallsalze. — Über die Calcination des Goldes. — Über die Calcination des Kupfers. — Über die Calcination des Bleis. — Über die Calcination des Eisens. — Über die Calcination des Silbers. — Über die Calcination des Zinns. — Über das Eisen. — Über das Silber. — Über das Zinn. — Über das Blei. — Über das Eisen. — Über den Kalk des Bleis, Kupfers und Eisens. — Über die Metallsalze. — Weiteres über die Metallsalze.

Text der Werke Gebers.

1. Summa perfectionis magisterii — Die Lehre von der hohen Kunst der Metallveredlung[8]).

Erstes Buch.

Kapitel 1.

Vorrede.

All unser Wissen, das wir aus den Büchern der Alten verschiedentlich zusammengetragen und in abgekürzter Form in unseren Bänden niedergelegt haben, fassen wir hier zu einem Werke zusammen[9]). Was in unseren anderen Büchern nur kurz behandelt ist, haben wir in dieser Ausgabe hinreichend ausgeführt und ergänzt; und manches, das wir früher verhüllten, haben wir hier jetzt klar und deutlich dargestellt, um den Gelehrten diesen hervorragenden und vornehmen Teil der Philosophie zu erschließen.

Du sollst nämlich wissen, lieber Sohn, daß in diesem Werke die ganze Ausübung unserer Kunst, in umfassenden Kapiteln, ohne irgendwelche Einschränkung, ausführlich erörtert wird. Bei Gott! wer nach diesem Buche arbeitet, der wird mit Freude zum wahren Ziele unserer Kunst gelangen.

Wisse aber, mein Lieber, daß man von dieser Kunst weit entfernt ist, wenn man nicht die natürlichen Urstoffe[10]) kennt; denn man hat dann nicht die wahre Grundlage, auf der man seinen Arbeitsplan gründen kann. Und wenn auch einer diese Urstoffe und den Ursprung der Mineralien kennt, so hat er doch noch nicht das wahre, nützliche Ziel unserer höchst geheimnisvollen Kunst erreicht. Immerhin ist ihm ihr eigentliches, innerstes Wesen leichter zugänglich als manchem anderen, dem Dummheit den Blick dafür trübt. Wer aber die Grundstoffe, den Ursprung und die Entstehungsweise der Mineralien kennt, wie sie nach dem Plane der Natur festgesetzt ist, der ist der Erfüllung des Werkes (der Veredlung) nahe, durch die unsere Wissenschaft erst ihr eigentliches Ziel findet.

Die Kunst kann allerdings die Natur nicht in ihrem ganzen Schaffen nachahmen, sondern sie tut es, so gut es eben möglich ist.

Wir offenbaren dir, lieber Sohn, dieses Geheimnis, weil die Künstler[11]) in dem Punkte irren, daß sie die Natur in allen einzelnen Eigentümlichkeiten ihres Wirkens nachahmen wollen. Arbeite also und studiere in unseren Büchern, und bemühe dich, recht oft darüber nachzudenken, damit du den wahren Sinn meiner

Lehren erfassest. Du wirst dann in ihnen eine Grundlage für deine eigenen Gedanken finden und wirst lernen, dich von Irrtümern freizumachen und so durch deine kunstfertige Arbeit der Natur nahezukommen.

Kapitel 2.
Einteilung des ersten Buches in vier Teile.

Ich will dir nun zunächst kurz die Schwierigkeiten zeigen, durch die der Künstler bei seiner Arbeit und bei der Erreichung seines eigentlichen Zieles behindert wird. Ferner will ich die Ignoranten und Sophisten bekämpfen, die infolge ihrer Unwissenheit und Unfähigkeit unsere Kunst leugnen und behaupten, daß sie nicht existiere. Ich will ihre Gründe anführen und sie dann ganz klar und scharf widerlegen, und zwar so, daß alle Verständigen ganz deutlich sehen werden, daß an den Argumenten jener Sophisten nichts Wahres ist. Drittens will ich über die natürlichen Grundstoffe sprechen, über die Art und Weise ihrer Entstehung und Mischung, und über ihre Wirkungen — nach den Ansichten der alten Philosophen. Viertens will ich berichten, wie wir diese Stoffe für unser Werk anwenden und wie wir sie nach dem Vorbild der Natur vermischen und verändern.

Erster Teil des ersten Buches.

Kapitel 3.
Einteilung dieser Hindernisse.

Es gibt zwei Hindernisse, die unsere Arbeit stören: zunächst natürliche Unfähigkeit und das Fehlen der nötigen persönlichen Eigenschaften. Oder auch andere Beschäftigungen und Arbeiten. Die natürliche Unfähigkeit ist verschiedener, und zwar körperlicher oder geistiger Art. Der Körper kann schwach sein oder von Grund aus verdorben. Die geistige Unfähigkeit kann ebenfalls verschiedener Natur sein. Entweder der Geist ist gestört, wie bei Narren und Einfältigen, oder der Geist ist phantastisch und für entgegengesetzte Dinge in übertriebener Weise empfänglich und springt plötzlich von einer wissenswerten Sache zur anderen und dementsprechend von einem Gebiet zu einem ganz entgegengesetzten.

Kapitel 4.
Hindernisse aus körperlichen Gründen.

Ich habe dir die Hindernisse, die sich bei unserer Arbeit zeigen, schon im allgemeinen auseinandergesetzt und komme nun in diesem Kapitel auf die Einzelheiten zu sprechen, indem ich dir alle diese Hindernisse ausführlich aufzähle. Ich sage also, wer nicht seine gesunden Glieder hat, wer blind oder verstümmelt ist, wer schwach und krank ist, wer Fieber hat oder den Aussatz, wer altersschwach ist oder dem Tod nahe, der kann es bei unserer Arbeit zu nichts bringen.

Kapitel 5.
Hindernisse aus geistigen Gründen.

Ich komme nun kurz auf die Hindernisse in geistiger Beziehung zu sprechen und sage: Wer keine natürliche Veranlagung hat und keinen Geist, der in die

Natur und ihre Gesetze mit scharfem Blick eindringt, und wer nicht imstande ist, die Natur in ihrer Tätigkeit zu belauschen, der kann die wahre Wurzel unserer höchst wertvollen Wissenschaft nicht erlangen. So gibt es viele Hohlköpfe, ohne die nötige Vernunft für Forschungen, ja solche, die kaum das einfachste Wort begreifen und die gewöhnlichsten Arbeiten nur mit Mühe erlernen. Viele andere haben einen phantastischen Sinn. Wenn sie glauben, sie hätten etwas Rechtes gefunden, so ist es nichts als phantastisches Zeug, jeder Vernunft bar und voll von Irrtümern und weit entfernt von allem Natürlichen. Ihr Kopf ist so voll von Phantasien und Hirngespinsten, daß sie das Wahre und Natürliche nicht begreifen. Andere wieder haben einen beweglichen Geist, kommen von einer Ansicht zur anderen, von einem Vorsatz zum anderen, wollen und glauben dieses und jenes, ohne feste Grundlage und Vernunft, so daß sie höchstens einen kleinen Teil ihrer Pläne verwirklichen können und das meiste unfertig liegenlassen. Manche andere wieder sind so unfähig, natürliche Dinge und Wahrheiten zu verstehen, wie Tiere, Einfältige oder kleine Kinder. Wieder andere verachten die Wissenschaft und meinen, sie existiere gar nicht. Solche Leute werden aber gerade so von der Wissenschaft verachtet und von den Ergebnissen unseres köstlichen Werkes ferngehalten. Manche andere sind die Sklaven ihres Geldes und ihres Geizes. Sie möchten zwar unsere Kunst erlangen und sie arbeiten auch, aber sie scheuen die Geldausgaben. Sie schätzen also die Wissenschaft und treiben ihre Forschungen ganz vernünftig, kommen aber doch zu keinem Ergebnis aus Geiz und Habsucht. Solchen Leuten bleibt unsere Wissenschaft verschlossen.

Kapitel 6.
Äußere Hindernisse.

In den vorhergehenden Kapiteln habe ich die Schwierigkeiten besprochen, die bei der Erlangung unserer Kunst hinderlich sind, und zwar solche Schwierigkeiten, die in der Natur des Künstlers selbst liegen. Es bleibt nur noch übrig, von solchen Hindernissen zu sprechen, die durch äußere Gründe und unglückliche Umstände verursacht sind. Man sieht manche kluge Leute, die sich in den Naturwirkungen gut auskennen, sie nach Möglichkeit erforschen und in ernster, sachlicher Weise alle Naturerscheinungen zu ergründen suchen, die unter dem Kreislauf des Mondes vorkommen. Aber sie sind durch große Armut bedrückt und in ihren Ausgaben so beschränkt, daß sie unser herrliches Werk vernachlässigen müssen. Es gibt ferner vorwitzige Menschen, die sich mit nichtigen weltlichen Dingen, Sorgen und Geschäften abgeben. Solche Leute meidet unsere kostbare Wissenschaft. Das sind also die Hindernisse bei unserer Kunst.

Kapitel 7.
Weitere Ausführungen darüber.

Aus dem oben Gesagten können wir den Schluß ziehen, daß man in der Philosophie und Naturlehre bewandert sein muß, wenn man in unserer Kunst sich betätigen will. Man kann noch soviel Geld haben, tiefen Geist und Forschungseifer: wenn man die Lehren der Philosophie nicht beherrscht, bringt man es doch zu nichts. Denn wo die angeborene natürliche Vernunft nicht genügt, kommen die Lehren der Wissenschaft zu Hilfe. Der Gelehrte muß ferner Fleiß und Forschungseifer besitzen, denn wenn er auch noch soviel Gelehrsamkeit hat: ohne den nötigen Fleiß sind ihm die Früchte der Erkenntnis versagt. Manchen Irrtum, dem man mit der Wissenschaft allein nicht beikommen kann, kann man durch fleißige Arbeit rasch verbessern. Manchem anderen Fehler wieder, den man trotz allen Fleißes nicht vermeiden kann, hilft die Wissenschaft ab. So ergänzen sich Theorie und Praxis. Der Forscher soll ferner festen Willen und Beständigkeit bei der Arbeit haben und nicht heute dies, morgen jenes versuchen. Denn nicht in der Vielheit der Dinge besteht unsere Kunst: es gibt nur einen Stein, eine Medizin[12]), auf denen das Magisterium beruht. Keine fremde Substanz darf man hinzufügen, keine wegnehmen, abgesehen von dem, was bei der Präparierung als überflüssig entfernt wird. Man muß auch emsig bei der Arbeit sein, damit das Werk nicht unvollständig bleibt. Man hat sonst keinen Gewinn für die Wissenschaft und keinen Nutzen davon, sondern nur Schaden und Hoffnungslosigkeit. Man muß natürlich die Prinzipien und grundlegenden Tatsachen beherrschen, die das Wesen unserer Wissenschaft ausmachen. Denn wer die Anfangsgründe nicht kennt, kann das Ende nicht finden. Ich will dir nun diese hauptsächlichen Tatsachen ausführlich darlegen, klar und deutlich genug für verständige Leute, wie es für unsere Kunst erforderlich ist.

Der Forscher soll ein ruhiges Temperament haben und nicht leicht zornig werden, damit er nicht plötzlich einmal einen Wutanfall bekommt und seine angefangene Arbeit in ein Eck wirft und zerstört. Man soll auch sein Geld zusammenhalten und es nicht unnütz ausgeben; sonst ist man später in Armut und Verzweiflung, falls man die Kunst nicht erlangt hat; oder man ist durch fleißige Arbeit schon dem hohen Ziel nahe und muß doch aus Armut darauf verzichten, da die Geldmittel erschöpft sind. Ich sage daher, daß solche Leute traurig zugrunde gehen, die ihr Vermögen für unnütze Dinge verschwenden und auf die edelste Wissenschaft, die sie schon fast erforscht haben, verzichten müssen. Verschwende also dein Vermögen nicht. Wenn du auf unsere Worte recht achtest, kannst du ohne zu große Ausgaben zum wahren Ziele unserer Kunst kommen. Wenn du also dein Geld verlierst, weil du die Warnungen, die ich klar und deutlich in diesem Buch ausspreche, nicht beachtest, so mache mir keine Vorwürfe, sondern schreibe es deiner Dummheit und Verschwendung zu. Für arme und bedürftige Leute ist allerdings unsere Wissenschaft nichts. Es soll sich ferner keiner bestreben, zu einem sophistischen Ziel bei unserer Arbeit zu kommen, sondern man sei nur bedacht, es rechtschaffen dabei zu etwas zu bringen. Unsere Kunst ist ja in Gottes Hand. Er spendet sie und entzieht sie nach seinem Willen, der da glorreich ist, gewaltig, allgerecht und allgütig! Er könnte ja zur Strafe für dein sophistisches Bemühen dir die Kunst entziehen, er könnte dich in dunkles Irren stoßen, in Unglück und ewiges Elend. Der ist zu beklagen und unglücklich, dem Gott am Ende seines Wirkens und Schaffens den Anblick der Wahrheit versagt: Er verbringt und beschließt sein Leben im Irrtum. Er ist mit unaufhörlicher Arbeit geplagt, von jedem Mißgeschick und Unglück verfolgt, ihm sind alle Tröstungen, alle Freuden, alle Vergnügungen dieser Welt versagt, und er hat ein trauriges und nutzloses Dasein. Bemühe dich auch bei der Arbeit, dir alle Erscheinungen, die bei irgendeinem chemischen Vorgang auftreten, ins Gedächtnis einzuprägen und über ihre Ursachen nachzuforschen.

Das sind also die Eigenschaften, die ein für unsere Kunst geeigneter Forscher haben soll. Wem eine oder die andere der erwähnten Eigenschaften fehlt, der wird es in unserer Kunst nicht weit bringen.

Zweiter Teil des ersten Buches.

Kritik und Widerlegung gegnerischer Ansichten.

Kapitel 8.
Einteilung.

Nachdem ich im vorhergehenden alle Schwierigkeiten besprochen habe, die bei unserem Werk in Frage kommen, und gezeigt habe, wie man unsere Kunst richtig betreiben soll, bleibt mir noch übrig, meine Meinung über die Sophisten und Ignoranten zu sagen. Ich will ihre Ansichten darlegen und allen verständigen Leuten klar und deutlich beweisen, daß nichts Wahres daran ist.

Kapitel 9.
Verschiedene gegnerische Ansichten.

Es gibt manche Leute, die unsere Kunst leugnen und verdammen. Die einen behaupten ganz einfach, unsere Kunst existiere gar nicht, und begründen ihre Meinung folgendermaßen: Von den Dingen gibt es verschiedene Arten, weil die Grundstoffe in ihnen nach verschiedenen Proportionen verteilt sind. Ein Esel sieht anders aus wie ein Mensch, weil in ihm die Grundstoffe in anderen Proportionen angeordnet sind. So verhält es sich auch mit den Verschiedenheiten der übrigen Dinge, also auch mit den Verschiedenheiten der Mineralien. Da wir nun die Mischungsverhältnisse der Grundstoffe, durch welche die Form und Art eines Körpers bedingt sind, nicht kennen, wie sollten wir dann etwas Zusammengesetztes darstellen können? Wir kennen aber die wirkliche Proportion nicht, nach der die Grundbestandteile im Gold und Silber angeordnet sind, können also auch nicht imstande sein, die Grundstoffe so anzuordnen, daß Gold und Silber entstehen.

Hieraus schließen sie, unsere Kunst sei nutzlos und unmöglich. Sie bringen noch andere Gründe, um unsere Wissenschaft zu vernichten, und sagen z. B.: Gesetzt den Fall, man kennte die Proportion, nach der die Grundstoffe (in den Metallen) angeordnet sind, so kennt man doch nicht die Art und Weise der Mischung, da die Natur sie in Höhlen, Erzadern und an unzugänglichen Stellen der Erde bewerkstelligt. Da wir also die Art und Weise der Mischung der Grundstoffe (in den Metallen) nicht kennen, so sind wir auch nicht imstande, diese Mischung (künstlich) herzustellen. Sie argumentieren weiter: Gesetzt den Fall, es wäre die Art der Mischung genügend bekannt, so wäre man doch nicht imstande, den richtigen Wärmegrad zu treffen, bei dem die Sache gelingt. Die Natur wendet nämlich bei der Bildung der Metalle eine bestimmte Wärme an, deren Maß wir aber nicht kennen, ebensowenig wie andere Kräfte, mit denen die Natur ihr Werk vollbringt. Ohne Kenntnis derselben kennen wir auch die Arbeitsmethoden nicht, die wir anwenden müßten. Man bringt auch Gegenbeweise aus der Erfahrung und sagt: Die Gelehrten durchforschen diese Wissenschaft schon so lange, daß sie dieselbe schon tausendmal gefunden hätten, wenn es überhaupt möglich wäre, sie auf irgendeinem Wege zu erlangen. Da wir ferner in den Büchern der Philosophen, die diese Wissenschaft behandeln, die Wahrheit nicht finden, so ist es ganz klar, daß diese Wissenschaft überhaupt nicht existiert. Auch viele Fürsten dieser Welt, die unbegrenzte Mittel und eine Menge Gelehrte zur Verfügung hatten, hätten gern diese Kunst erlangt, ohne daß es ihnen gelungen wäre. Das ist doch ein genügender Beweis dafür, daß es mit dieser Kunst nichts ist. Noch ein Argument: Wir können der Natur auch darin nicht folgen, wie sie durch feine Unterschiede in der Zusammensetzung verschiedene Gattungen schafft. Wir können keinen Esel künstlich herstellen und auch keine anderen Wesen, obgleich die Stoffe, aus denen sie zusammengesetzt sind, für uns doch ziemlich erkennbar sind. Wir sind also noch viel weniger imstande, die Mischung der Metalle fertigzubringen, die uns tief verborgen ist. Dies zeigt sich in der Schwierigkeit der Loslösung der Urstoffe aus den Metallen. Man hat auch noch nicht erlebt, daß aus einem Ochsen eine Ziege geworden ist, oder daß sonst eine Gattung künstlich in eine andere übergeführt wurde. Wie sollte man also wagen können, die Metalle, die ja auch je nach ihrer Art voneinander verschieden sind, zu verwandeln und eine Art aus einer anderen herzustellen? Das kommt uns absurd und naturwidrig vor. Übrigens braucht die Natur Tausende von Jahren für die Schaffung der Metalle. Wie solltest du Jahrtausende bei deinen Transmutationsversuchen ausdauern können, der du kaum hundert Jahre erreichst! Man könnte erwidern, was die Natur in sehr großen Zeiträumen erreicht, machen wir künstlich in kurzer Zeit, denn man kann künstlich die Mängel der Natur in vielen Punkten verbessern. Wir behaupten aber, daß auch dies unmöglich ist und ganz besonders bei den Metallen, welche empfindliche Substanzen sind[13]). Sie müssen mäßig erhitzt werden, damit die ihnen eigene Feuchtigkeit sich verdichtet[14]), sich nicht verflüchtigt und die Metalle ganz ohne Feuchtigkeit zurückläßt, die jenen ihre Festigkeit und Dehnbarkeit verleiht. Wollte man also kürzer erwärmen, als wie es in der Natur geschieht, und künstlich die Dauer der Kochung, wie sie in der Natur vor sich geht, abkürzen, so müßte man eine außerordentliche Hitze anwenden, die nicht in geeigneter Weise einwirken, sondern vielmehr die Feuchtigkeit aus den Substanzen entfernen würde. Nur eine mäßige Wärme vermag die Feuchtigkeit zu verdicken und die Mischung zu bewirken, nicht aber eine übertriebene Hitze. Ferner wird alles Sein und alle Vollendung von den Gestirnen beeinflußt[15]). Diese in erster Linie bewirken Veredlung und Verschlechterung der Metalle, das Werden und Vergehen, das Sein und Nichtsein der Arten. Dies geschieht aber plötzlich und in dem Augenblick, da ein Stern oder mehrere in ihrem Lauf in eine ganz bestimmte Stellung am Firmament gelangen, von der aus alles Werden bestimmt wird. Denn jedes Ding verdankt sein Wesen einer bestimmten Stellung der Gestirne, und es kommt nicht nur auf eine einzige Stellung an, sondern auf mehrere, die untereinander verschieden sind, wie auch ihre Wirkungen verschieden sind. Diese Verschiedenheiten kennen wir aber nicht, weil sie unbegrenzt sind und uns unbekannt. Wie solltest du also diesen Mangel bei deiner Arbeit ersetzen, der von der Unkenntnis der Verschiedenheiten in den Stellungen und der Bewegung der Gestirne herrührt? Und wenn du auch die bestimmte Lage der Gestirne kenntest, von der die Veredlung der Metalle abhängt, so könntest du doch dein Werk nicht durchführen, wie du es vorhast. Die künstliche Darstellung kann ja nicht in einem Augenblick geschehen, sondern allmählich. Die Schöpfung kann also nicht gelingen, da sie nicht in einem Augenblick geschieht. Es ist auch ein Naturgesetz, daß Zerstören leichter ist als Aufbauen. Wir sind nun kaum imstande, das Gold zu zerstören, wie sollten wir wagen, es künstlich herzustellen? Mit solchen sophistischen Argumenten, und anderen, die noch weniger taugen, glaubt man unsere göttliche Kunst zu vernichten. Das sind also die Meinungen und Argumente der Sophisten, die unsere Kunst leugnen. Auf diese Ansichten und Einwürfe unserer Gegner werde ich im folgenden näher eingehen und die richtigen Ansichten darlegen.

Kapitel 10.

Es ist unmöglich und unnötig, die Natur künstlich in allen Einzelheiten nachzuahmen.

Ich sage nun: Die Grundstoffe, mit denen die Natur schafft, sind fest und widerstandsfähig miteinander verbunden (z. B. in den Metallen). Diese Grundstoffe sind, wie manche Philosophen sagen, der Schwefel und das Quecksilber. Sie sind (in den Metallen) so fest gebunden, daß man sie schwer loslösen kann. Die Verdichtung und Verhärtung ist so stark, daß man sie (d. h. die Metalle, die aus diesen Grundstoffen bestehen) mit dem Hammer bearbeiten und dehnen kann, ohne sie zu zerbrechen. Dies hat seine Ursache nur darin, daß das Feuchte und Zähflüssige in ihrer Mischung, durch langsame, andauernde Verdichtung und Kochung, bei mäßiger Wärme in der Erde, nicht zerstört, sondern erhalten wurde. Ich will dir eine allgemeine Regel mitteilen: Es verdickt sich eine feuchte Substanz erst, nachdem sich die feinsten Teilchen verflüchtigt haben und die gröberen Teilchen zurückgeblieben sind. Die Feuchtigkeit kann die trockenen Teile überwiegen, oder trockene und feuchte Teile können in gleichmäßiger Mischung vorhanden sein. Der Ausgleich zwischen den feuchten und den trockenen, sowie die Entstehung einer einheitlichen und reinen Substanz, die nicht zu hart und nicht zu weich ist und die durch Schlagen sich dehnt, geschieht nur durch andauernde, innige Mischung von feuchtflüssigen und von feinen festen Teilen, bis Feuchtes und Trockenes eins werden. Dies geschieht aber nicht rasch, sondern allmählich in Jahrtausenden, und zwar deshalb, weil die Grundstoffe einheitlich sind. Würde nun ihre überschüssige Feuchtigkeit plötzlich abgespalten, so würden zugleich mit ihr auch die trockenen Bestandteile losgelöst werden, und es würde sich die ganze Substanz verflüchtigen, da die Mischung eine so innige ist, daß Feuchtes und Trockenes nicht voneinander getrennt werden, weil die Bindung zwischen beiden zu fest ist. Wir haben dafür ein deutliches Beispiel bei der Sublimation flüchtiger Stoffe. Geht hierbei die Sublimation sehr rasch vor sich, so trennt sich die Flüssigkeit nicht von den festen Stoffen, derart, daß die Mischung der beiden ganz getrennt würde, sondern es geht die ganze Substanz über, oder die Trennung ist sehr unvollständig. Die allmähliche langsame und gleichmäßige Abspaltung der flüchtigen Stoffe ist also die Ursache der Verdichtung der Metalle. Diese Verdichtung können wir auf diese Weise nicht bewirken und können also in diesem Punkte die Natur nicht nachahmen. Wir sind ja nicht imstande, die Natur in allem ihrem verschiedenen, eigentümlichen Schaffen nachzuahmen. Es ist auch nicht unsere

Absicht, dies überall zu tun, weder bei den Mischungsverhältnissen der Elemente, noch bei Anwendung der geeigneten Hitze für die Verdichtung. Das ist uns alles unmöglich und ganz unbekannt. Ich will jetzt noch die Meinungen der Sophisten entkräften, die unsere vorzügliche Wissenschaft leugnen, ohne sie zu kennen.

Kapitel 11.
Widerlegung von Gegnern der Kunst ⟨der Metallumwandlung⟩.

Sie sagen also, daß wir die Proportionen der Elemente (in den Metallen) und die Art und Weise, wie sie gemischt sind[16]), die geeignete Hitze, welche die Verdichtung der Metalle bewirkt, sowie viele andere Dinge und Erscheinungen, die sich beim Schaffen der Natur zeigen, nicht kennen. Wir geben das ihnen zu, aber damit können sie unsere göttliche Wissenschaft nicht abtun. Wir wollen und können jene Dinge nicht wissen und brauchen sie auch gar nicht für unsere Arbeit, sondern wir bedienen uns hierfür anderer Mittel, anderer Methoden für die Darstellung der Metalle, mit denen wir der Natur nachstreben können. Unsere Gegner sagen auch, Gelehrte und Fürsten hätten diese Wissenschaft begehrt, aber nicht gefunden. Darauf antworten wir, daß sie lügen, weil es feststeht, daß es verschiedene Fürsten, wenn auch freilich nur wenige, und Gelehrte in unserer Zeit gegeben hat, die durch ihre Bemühungen unsere Wissenschaft erlangt haben. Sie wollten sie aber keinen Unwürdigen mündlich oder schriftlich mitteilen. Da also unsere Gegner keinen kannten, der im Besitze dieser Wissenschaft war, so sind sie zu der irrtümlichen Meinung gekommen, es hätte sie überhaupt niemand erlangt. Sie bringen ferner ein phantastisches Argument, indem sie versichern, wir seien mit unserer Unfähigkeit nicht einmal imstande, die Natur in solchen Dingen nachzuahmen, deren Zusammensetzung lockerer ist, wie z. B. die eines Esels oder Ochsen. Wir könnten das noch viel weniger bei Dingen, deren Zusammensetzung fester ist. Darauf antworten wir, daß in ihren Argumenten nichts Überzeugendes liegt, das uns zwingen könnte, zuzugeben, es sei nichts mit unserer Kunst. Durch solche Vergleiche stärken sie ihre phantastischen, falschen Ansichten, die, wie ihre meisten Gründe, keine Überzeugungskraft haben. Wir zeigen, und können dies auch auf anderem Wege beweisen, daß jene Leute keine augenscheinliche Ähnlichkeit zwischen der lockeren Mischung und Zusammensetzung der lebenden Wesen und der festen Zusammensetzung der Mineralien nachweisen können, und zwar aus folgenden Gründen: Bei den lebenden Wesen kommt es nicht nur auf die Mengenverhältnisse der einzelnen Bestandteile an, auf die Qualität derselben, oder auf die Mischungen, die durch die gegenseitige Einwirkung dieser Bestandteile aufeinander, entstehen, sondern es ist nach Ansicht der meisten Menschen die Seele. Sie kommt aus der Tiefe und Verborgenheit der Natur, und sie ist der Ausfluß der ersten, ursprünglichen, schaffenden Kraft. Wir sagen dies, wie es auch die Ansicht der Meisten ist, und wir können das Rätsel nicht lösen. Selbst wenn also die Mischung möglich wäre, so kämen wir doch nicht zum Ziele, da wir unserem Werk die Vollendung, nämlich die Seele, nicht geben können. Daraus geht hervor, daß der Mangel weniger in der richtigen Mischung liegt, wenn wir nicht imstande sind, ein Rind oder eine Ziege künstlich zu schaffen, als daran, daß wir die Seele nicht einflößen können. Bei den Metallen ist die

Vollkommenheit geringer und sie ist mehr von den einzelnen Bestandteilen und der Zusammensetzung abhängig, als von anderen Umständen. Deshalb sind wir eher imstande, Metalle künstlich herzustellen, als lebende Wesen. Unser großer, glorreicher Gott macht den Grad der Vollkommenheit in vielfacher Form verschieden, denn er hat den Wesen, deren Zusammensetzung von Natur aus weniger widerstandsfähig ist, eine höhere und edlere Vollendung verliehen, indem er ihnen eine Seele gab. Anderen Dingen gab er eine widerstandsfähigere, festere Zusammensetzung, wie z. B. den Gesteinen und Mineralien, aber er gab ihnen dafür eine geringere, weniger edle und vollkommene Art, die ihren Grund in der Art der Zusammensetzung hat. Es ist also ganz klar, daß der Vergleich unserer Gegner nicht gut ist. Wir sind nicht deshalb unfähig, einen Ochsen oder eine Ziege zu schaffen, weil wir die Art ihrer Zusammensetzung nicht kennen, sondern weil sie vollkommenere Wesen sind. Denn die Vollkommenheit ist bei einem Ochsen oder einer Ziege größer und geheimnisvoller, als bei einem Metall. Wenn sie ferner behaupten, eine Gattung könne nicht in eine andere verwandelt werden, so sage ich, daß sie schon wieder lügen, wie sie es öfters tun; denn eine Gattung kann sich in eine andere umwandeln, bzw. ein Individuum einer Gattung in ein Individuum einer anderen Gattung. Wir sehen, wie sich ein Wurm in eine Fliege verwandelt[17]), ein erwürgtes Kalb in Bienen, Getreide in Lolch, ein toter Hund infolge der Fäulnis in Würmer. Das können aber nicht wir machen, sondern die Natur macht es, und wir können sie dabei nur unterstützen. So verwandeln auch nicht wir die Metalle, sondern die Natur, und wir arbeiten dabei mit und präparieren durch unsere Kunst die Materie. Die Natur schafft durch ihre eigene Kraft, und wir sind nur ihre Helfer. Unsere Gegner bringen ferner folgende Gründe, auf die sie ihre spitzfindigen Ansichten gründen: Die Natur macht die Metalle in Jahrtausenden, du kannst keine tausend Jahre leben. Ich erwidere darauf: Mag auch die Natur nach ihren Gesetzen in Jahrtausenden schaffen und vollenden, wie es die Ansicht alter Philosophen ist, wir kennen diese Gesetze nicht, gleichviel, ob die Natur in Jahrtausenden etwas fertigbringt, in noch längerer oder in kürzerer Zeit, oder in einem Augenblick. Dies kann uns also nicht überzeugen. Daß wir die Natur in den Hauptsachen nicht nachahmen können, habe ich schon oben gesagt und werde es im folgenden noch ausführlich beweisen. Nach Ansicht mancher hervorragender, scharfsinniger Männer vollbringt die Natur ihr Werk ganz rasch in einem Tag, oder in noch kürzerer Zeit. Wenn dies auch richtig ist, so können wir es der Natur doch nicht nachmachen, wie ich schon gezeigt habe. Wenn man ferner sagt[18]), die Veredlung der Metalle werde durch eine bestimmte, uns unbekannte, Stellung eines Sternes oder mehrerer Sterne bewirkt, so antworte ich darauf, daß wir uns um diese Stellung und Bewegung (der Sterne) nicht kümmern und sie nicht erforschen müssen. Lebende und vergängliche Wesen aller Gattungen werden und vergehen täglich und in jedem Augenblick. Es ist also klar, daß die Stellung der Gestirne für die einen Lebewesen günstig und Leben bringend, für andere wieder vernichtend ist. Der Künstler (Forscher), braucht also (für seine Experimente und Arbeiten) keine bestimmte Stellung der Gestirne abzuwarten. Nützlich mag es ja immerhin sein. Es genügt der Natur einen Weg zu bahnen und ihr an die Hand zu gehen. Sie wird dann, weise wie sie ist, selbst, durch passende Stellungen der Planeten eingreifen.

Ohne den Lauf und bestimmte Stellungen der Planeten kann nämlich die Natur nichts fertigbringen. Wenn man also das Schaffen der Natur in die Wege leitet und wenn die Versuche (Experimente) richtig gemacht werden, so wird die Veredlung auf natürliche Weise vor sich gehen, ohne daß man die Stellung der Gestirne berücksichtigt. Wenn wir sehen, wie sich Würmer aus einem Hund oder sonst einem verwesenden Tier entwickeln, so beobachten wir nicht die Lage der Sterne, sondern die Einwirkung der Luft und anderer Ursachen der Fäulnis. Die Natur findet für ihre Zwecke eine passende Konstellation, die wir freilich nicht kennen. Unsere Gegner sagen ferner, die Entstehung der Metalle geschehe in einem Augenblick, unsere Präparierung aber nicht, und schließen daraus, künstlich könne nichts erreicht werden und mit unserer Kunst sei es daher nichts. Darauf antworte ich, daß ihre blöden Köpfe keine Spur von menschlicher Vernunft enthalten, und daß sie mehr Ähnlichkeit mit Tieren, als mit Menschen haben. Sie gehen nämlich von Voraussetzungen aus, die mit der Sache gar nichts zu tun haben. Ihre Logik sagt etwa: Ein Esel läuft, also bist du eine Ziege. Die Sache verhält sich so: Wenn ja auch die Präparierung der Metalle nicht in einem Augenblick geschieht, so ist dies nicht deshalb unmöglich, weil Gestalt und Vervollkommnung dem Präparat nicht in einem Augenblick gegeben werden kann. Denn Präparierung ist noch keine Vervollkommnung, sondern durch die Präparierung wird ein Körper erst dazu geeignet gemacht, veredelt zu werden[19]). Sie sagen auch, es sei leichter, die Naturstoffe zu zerstören, als sie künstlich herzustellen, und man sei kaum imstande, das Gold zu zerstören. Daraus schließen sie, es sei unmöglich, das Gold künstlich herzustellen. Darauf antworte ich ihnen, drß ihr Schluß uns nicht von der Unmöglichkeit überzeugt, Gold künstlich herzustellen. Weil es schwer zerstörbar ist, ist es allerdings noch schwieriger, es herzustellen; es ist aber deshalb nicht unmöglich, daß es künstlich hergestellt werden kann, und zwar aus folgendem Grund: Weil das Gold eine feste widerstandsfähige Zusammensetzung hat, so ist es schwierig, es zu zerlegen, und es wird daher nur schwer zerstört. Dadurch werden jene Leute zu der Ansicht gebracht, es sei unmöglich, es künstlich herzustellen. Sie kennen nämlich die künstliche Zerlegung nicht, die auf Grund der natürlichen Verhältnisse möglich ist. Diese Leute haben vielleicht gehört, das Gold habe eine feste Zusammensetzung. Wie groß diese Festigkeit ist, wissen sie aber nicht. Soviel, lieber Sohn, über die Phantasien der Sophisten.

Kapitel 12.

Verschiedene Ansichten von Leuten, welche die Existenz der Kunst zugeben.

Bekanntlich gibt es zahlreiche Leute, welche die Existenz unserer Kunst zugeben und verschiedene Ansichten darüber haben. Die einen versichern, man finde die Kunst und das Magisterium in flüchtigen Substanzen, andere behaupten, in festen Körpern. Wieder andere sagen, in Salzen, Alaunen, Salpeter, Borax und in Pflanzen. Diese Leute haben teilweise recht, teilweise unrecht, und manche haben das göttliche Magisterium ganz und gar falsch verstanden und haben diese unrichtigen Ansichten der Nachwelt überliefert. Aus ihren vielfach falschen Angaben habe ich das Wahre durch schwieriges und mühsames Suchen, langwierige Forschungen, und mit beträchtlichen Kosten, gesammelt. Ihre

Irrtümer sind gar oft mit meinen eigenen Anschauungen und Ansichten in Widerspruch geraten und haben mich zur Verzweiflung gebracht. Sie sollen deshalb in alle Ewigkeit verflucht sein, weil sie der Nachwelt solch schändliches Zeug hinterlassen haben. Sie haben die Forscher mit ihren falschen Ansichten überschwemmt und keine Wahrheit, sondern teuflisches Zeug nach ihrem Tode hinterlassen. Ich will selbst verflucht sein, wenn ich ihre Irrtümer nicht verbessere und nicht die Wahrheit über unsere Wissenschaft lehre, damit sie richtig ausgeübt werden kann. Über das Magisterium braucht man keine geheimnisvollen Worte zu machen, braucht aber auch nicht alles ganz und gar zu enthüllen. Ich schreibe deshalb so, daß es kluge Leute verstehen, daß es für mittelmäßige Leute sehr tiefgründig und für Dummköpfe unzugänglich und unverständlich sein wird. Ich komme nun wieder zur Sache und sage, daß diejenigen, welche die Kunst und das Magisterium aus flüchtigen Substanzen ziehen wollen, auch wieder verschiedener Meinung sind. Die einen wollen es aus dem Quecksilber gewinnen, andere aus dem Schwefel und dem ihm verwandten Arsenik, andere aus Markasit und Tutia, Magnesia und Salmiak. Von denen, die glauben, das Magisterium stecke in den festen Körpern, sagen die einen, es sei im Blei enthalten, andere, es sei in irgendwelchen anderen Metallen, wieder andere suchen es im Glas, in Edelsteinen, in allerlei Salzen, in Alaunen, im Salpeter und Borax, andere in allen möglichen Pflanzen. So glaubt jeder etwas anderes, zieht gegen seine Gegner los und ist überzeugt, daß diese mit ihren Ansichten die Kunst nur beeinträchtigen. Das meiste davon ist ohne Vernunft.

Kapitel 13.
Gegnerische Ansichten über die Erlangung der Kunst, mit Hilfe des Schwefels.

Verschiedene Leute, die das Magisterium im Schwefel zu finden glaubten, haben über den Schwefel gearbeitet. Da sie aber seine vollkommene Präparierung nicht kannten, sind sie nicht weit dabei gekommen. Sie glaubten nämlich, die Reinigung genüge, um die Vervollkommnung des Schwefels zu erreichen. Da die Reinigung desselben nur durch Sublimation geschieht, so sind sie zu der Ansicht gekommen, die Sublimation allein sei die vollkommene Präparierung des Schwefels und ebenso des Arseniks. Sobald sie aber mit ihrem Präparat die Projektion machten, welche die Metallverwandlung bewirken soll, so sahen sie, daß ihr Präparat verbrannte, sich verflüchtigte und nicht bei den Metallen blieb, die dann noch unreiner waren, als vor der Projektion. Wie sie nun am Ende dieser Arbeit diese Enttäuschung erlebten, während sie vorher nach langer Überlegung zu dem Schlusse gekommen waren, sie könnten das Magisterium im Schwefel finden, so kamen sie jetzt zu dem Schlusse, man könne es auch in anderen Substanzen nicht finden. Da man es also weder im Schwefel noch in anderen Körpern findet, so, schließen sie, könne man es überhaupt nicht finden.

Kapitel 14.
Widerlegung dieser Ansichten.

Hierauf erwidere ich diesen Leuten kurz und bündig, daß sie die Wahrheit nicht kennen, da sie annehmen, der Schwefel allein sei unsere Materie. Selbst wenn diese ihre Annahme richtig wäre, so täuschten sie sich doch in der Art und Weise der Darstellung, weil sie meinen, die Sublimation allein sei genügend. Sie sind wie Leute, die von ihrer frühesten Jugend bis in ihr Alter nicht aus dem Haus gekommen sind und glauben, die Welt sei nicht weiter als ihr Haus oder ihr Gesichtskreis. Sie haben sich nicht viel mit Mineralien abgegeben und verstehen nicht, woraus man unsere Materie gewinnen kann und woraus nicht. Sie können auch gar nicht wissen, welche Arbeitsmethoden zum Ziele führen, weil sie sich mit solchen Arbeiten nicht genügend befaßt haben. Aus ihren Versuchen ist nichts geworden, weil sie nicht berücksichtigten, daß der Schwefel verbrennt und entweicht, so daß durch ihn keine Veredlung, sondern eher Verschlechterung bewirkt wird.

Kapitel 15.

Gegnerische Ansichten über die Erlangung der Kunst, mit Hilfe des Arseniks, und Widerlegung.

Andere glaubten, die Medizin im Arsenik[20]) finden zu können, und beschäftigten sich eingehend mit solchen Versuchen. Sie wollten ihn nicht nur durch Sublimation von der schwefelartigen Substanz reinigen, sondern sie versuchten auch, seine erdigen Bestandteile zu entfernen. Wie sie nun damit die Projektion machten, wurden sie enttäuscht, denn die Substanz vereinigte sich nicht fest mit den Metallen, sondern verflüchtigte sich langsam und allmählich, und die Metalle blieben in demselben Zustand wie vorher zurück. Auch sie leugneten daraufhin unsere Wissenschaft, aber ich versichere ihnen, daß unsere Kunst existiert. Ich weiß, daß sie existiert, denn ich habe sie gesehen und ihre Wahrheit erprobt.

Kapitel 16.

Gegnerische Ansichten über die Erlangung der Kunst, mit Hilfe von Schwefel, Quecksilber, Tutia, Magnesia, Markasit, Salmiak, und Widerlegung.

Einige andere gingen weiter und behandelten Arsenik so, daß sie ihm Flüchtigkeit und Brennbarkeit nahmen. Sie erhielten so eine beständige, nicht flüchtige, erdartige Substanz, die in der Hitze nicht richtig schmolz, sondern zu einer glasartigen Masse wurde[21]). Sie konnten dieselbe deshalb bei der Projektion nicht mit den Metallen vermischen und konnten diese nicht verändern. Sie argumentierten deshalb wie die oben Erwähnten, und ich antworte ihnen auch dasselbe wie den anderen, weil sie aus Unwissenheit nicht verstanden, die Sache richtig auszuführen. Die richtige Einwirkung, die zur Veredlung führt, kannten sie nicht. Die Art der Präparierung ist bei allen flüchtigen Körpern dieselbe, abgesehen vom Quecksilber und der Tutia, bei denen man keine Mühe aufzuwenden braucht, um die brennbaren Teile von ihnen abzutrennen. Diese Körper enthalten nämlich keine verbrennliche Schwefelsubstanz, sondern unreine erdige Substanz. Magnesia dagegen und alle Arten von Markasit enthalten schwefelartige Substanz, und zwar der Markasit mehr wie die Magnesia. Sie können alle verflüchtet werden; Quecksilber und Salmiak leichter als Schwefel. Schwieriger läßt sich Arsenik, noch schwieriger Markasit und Magnesia und am schwierigsten die Tutia verflüchtigen. Durch die Flüchtigkeit dieser Substanzen wurden manche Forscher bei ihren Versuchen und Projektionen stark enttäuscht und kamen dadurch zu einem absprechenden Urteil. Auch für sie haben wir dieselbe Antwort wie oben.

Kapitel 17.

Dasselbe, mit Hilfe von flüchtigen Stoffen, und deren Vereinigung mit Metallen. Widerlegung.

Einige andere bemühten sich, die flüchtigen Substanzen mit den Metallen zu vereinigen, aber sie wurden schwer enttäuscht und kamen in ihrer Hoffnungslosigkeit zu der Überzeugung, daß unsere Wissenschaft nicht existiere. Ihre Verwirrung und ihre Ungläubigkeit wurden dadurch verursacht, daß die flüchtigen Substanzen bei der Schmelzung der Metalle sich verflüchtigen und sich nicht mit ihnen vereinigen. Die flüchtigen Stoffe entweichen infolge der heftigen Hitze des Feuers, und nur die widerstandsfähigen Metalle bleiben zurück. Es kommt auch vor und trägt zur Enttäuschung bei, daß die flüchtigen Stoffe die Metalle mitreißen, und zwar dadurch, daß sie sich so fest und untrennbar mit den Metallen vereinigt hatten, daß sie bei ihrer Verflüchtigung die Metalle mit sich nahmen[22]). Aus diesen Gründen urteilen sie wie die anderen, und ich antworte ihnen dasselbe. Der Irrtum dieser Leute hat folgende Ursache: Wenn ihr Metalle verwandeln wollt, ihr Jünger der Wissenschaft, dann muß es mit Hilfe der flüchtigen Substanzen geschehen, wenn es überhaupt mit Hilfe irgendeiner Materie möglich ist. Aber es ist nicht möglich, diese unbeständigen Stoffe mit den Metallen zu vereinigen, denn sie verflüchtigen sich ja und lassen die Metalle unverändert zurück. Hat man sie aber in eine beständige Form gebracht, so kann man sie wieder nicht mit dem Metall vereinigen, da sie zu einer Erde geworden sind, die nicht schmilzt; oder, wenn das Feuer schwach ist, sind sie scheinbar beständig geworden, sind es aber doch nicht und verflüchtigen sich, sowie das Feuer verstärkt wird, und die Metalle bleiben zurück, oder es verflüchtigen sich beide. Diese Leute wissen nicht alles, was sie wissen sollten, daher mißlingen auch ihre Versuche.

Kapitel 18.

Dasselbe, mit Hilfe von Metallen, besonders des Zinns. Widerlegung.

Andere wollten unsere Kunst mit Hilfe von Metallen[23]) finden, wurden aber enttäuscht, als sie solche Versuche anstellten. Sie glaubten nämlich, daß die beiden Arten des Bleis[24]), nämlich das bläuliche und das weiße, das übrigens auch keine reinweiße Farbe hat, viel Ähnlichkeit mit Gold und Silber hätten, und zwar das bläuliche (das Blei) mehr mit dem Gold, das weiße (das Zinn) mehr mit dem Silber. Manche fanden also, daß das Zinn Ähnlichkeit mit dem Silber hätte, abgesehen von dem knirschenden Ton des Zinns[25]), seiner Weichheit und seiner leichten Schmelzbarkeit. Sie glaubten nun, letztere sei durch einen Überfluß an Feuchtigkeit verursacht, und das Knirschen durch die flüchtige Substanz des Quecksilbers, die zwischen seinen einzelnen Teilchen stecke. Sie brachten es daher in Feuer und calcinierten es in einer so starken Hitze, als es nur vertragen konnte, so lange, bis es zu einer weißen Masse wurde[26]). Als sie diese dann reduzieren wollten, konnten sie es nicht und kamen zu der Ansicht, dies sei unmöglich. Einigen gelang es, die Substanz zum Teil zu reduzieren, und sie fanden dann, daß auch das Knirschen, die Weichheit und die leichte Schmelzbarkeit wieder dawaren. So glaubten sie, auf diese Weise gehe es nicht und meinten, man könne die Kunst, das Zinn hart zu machen, überhaupt nicht finden. Einige reduzierten und calcinierten, entfernten wiederholt die Schlacken und calcinierten und reduzierten bei stärkerem Feuer weiter. Als sie dies öfters wiederholten, sahen sie, daß die Substanz härter geworden war und nicht mehr knirschte[27]). Die leichte Schmelzbarkeit war aber noch da, und so kamen sie zu der irrtümlichen Ansicht, man könne die Sache nicht fertigbringen. Andere wieder wollten dem Metall Härte und Schwerschmelzbarkeit durch Zusatz anderer harter Metalle geben, aber sie wurden ebenfalls enttäuscht, da ihnen alle zugesetzten harten Metalle zerstört wurden, und da keine Arbeitsweise etwas daran ändern konnte. Wie sie nun weder durch Zusatz harter Metalle noch durch Anwendung starker Hitze etwas fertigbrachten, wurde ihnen die Sache langweilig, sie sagten, es sei unmöglich, wurden Gegner unserer Kunst und behaupteten, sie existiere überhaupt nicht. Sie versuchten es auch noch mit vielen anderen Mitteln, sahen aber, daß diese keine Verwandlung (Veredlung) bewirkten, sondern umgekehrt (die Metalle) noch schlechter machten. Da warfen sie ihre Bücher fort, erhoben stolz den Kopf und sagten: unsere Kunst sei lächerliches Zeug. Ich gebe ihnen die gleiche Antwort darauf wie den anderen.

Kapitel 19.
Dasselbe, mit Hilfe des Bleis.

Ebenso wird man auch bei Anwendung des Bleis enttäuscht, abgesehen davon, daß es die Metalle, denen man es zusetzt, nicht spröde macht und daß es leichter als das Zinn aus seinem Kalk reduziert werden kann. Seine bläuliche Farbe konnten sie aber nicht wegbringen, da sie es nicht verstanden, und konnten es nicht weißfärben. Sie verstanden auch nicht, es mit anderen beständigen Metallen fest zu vereinigen, denn durch starke Hitze wurde es wieder aus der Mischung entfernt[28]). Am meisten wurden sie bei der Präparierung des Bleis dadurch irregeführt, daß es nach zweimaliger Reduzierung aus seinem Kalk keine Härte angenommen hatte, sondern eher noch weicher geworden war[29]). Und auch in seinen sonstigen Eigenschaften war es nicht verbessert. Sie hatten geglaubt, die Kunst recht gut und leicht zu finden; als ihnen dies nun nicht gelang, so kamen sie zur Überzeugung, unsere Wissenschaft sei Täuschung.

Kapitel 20.
Dasselbe, durch Mischung von harten mit harten, und von weichen mit weichen Metallen.

Andere wieder vereinigten harte Metalle mit anderen harten Metallen, und weiche Metalle mit anderen weichen Metallen und meinten, infolge dieser Übereinstimmung sollten sich diese Metalle gegenseitig ineinander verwandeln. Sie brachten dies freilich infolge ihres Unverstands nicht fertig. Wenn sie z. B. Gold und Silber mit Kupfer oder einem anderen Metall vermischten, so verwandelten sie dieselben doch nicht in Gold oder Silber, denn in starkem Feuer wurden die unedlen Metalle verbrannt, während das edle Metall zurückblieb, da die edlen Metalle mehr aushalten, die anderen weniger. Solche Enttäuschungen, die ihnen infolge ihrer Dummheit nicht erspart bleiben, machen sie mißtrauisch gegen unsere Kunst und bringen sie zu der Ansicht, dieselbe existiere nicht.

Kapitel 21.

Dasselbe, durch Mischung von harten mit weichen, und von edeln mit unedeln Metallen.

Manche befaßten sich eingehender mit der Sache und überlegten sich gründlicher, wie sie einen Weg finden könnten, die harten Metalle mit den weichen zu vereinigen, daß die letzteren gehärtet und daß die unvollkommenen Metalle durch die vollkommenen verbessert würden, daß sie sich also gegenseitig eins ins andere verwandelten. Sie bemühten sich also, die ähnlichen Eigenschaften und die Verwandtschaft der einzelnen Metalle zu finden, und versuchten durch Anwendung von Feuer und durch Medizinen, die gröberen Metalle, wie Kupfer und Eisen, zu verfeinern, und die feineren, wie das Zinn und Blei, zu verdichten. Einige von diesen Leuten, die sicher glaubten, diesen Plan ausführen zu können, wurden bei der Vermischung dieser Metalle doch enttäuscht. Das Produkt wurde zu spröd oder zu weich. Das weiche Metall war also vom harten Metall nicht umgewandelt worden und das harte nicht vom weichen. Sie erreichten also nichts und leugneten deshalb die Existenz unserer Kunst.

Kapitel 22.

Dasselbe, durch Gewinnung der Anima oder durch Anwendung von Hitze.

Andere hatten einen tieferen Einblick. Sie wollten die Anima der Metalle extrahieren und damit die anderen Metalle umwandeln[30]). Das brachten sie aber nicht fertig und sie kamen dadurch zu einer schlechten Meinung über die Kunst. Andere versuchten durch Hitze allein die Metalle zu veredeln, hatten aber auch keinen Erfolg und glaubten deshalb ebenfalls, daß unsere Kunst nichts tauge. Wir entgegnen ihnen ebenso wie den anderen.

Kapitel 23.

Dasselbe, mit Hilfe von Glas und Edelsteinen. Widerlegung.

Die Leute, die meinten, sie könnten unsere Kunst durch Anwendung von Glas und von Edelsteinen finden, wollten damit Metalle verwandeln. Aber sie wurden enttäuscht, da solche Körper, die keine Einwirkung haben (die indifferent sind), keine Umwandlung hervorrufen. Es ist aber eine Tatsache, daß Glas und Edelsteine keine Einwirkung auf Metalle haben, weil sie nicht richtig schmelzen. Und als sie versuchten, Glas mit den Metallen zu verbinden, hatten sie keinen Erfolg, weil sie aus den Metallen ein Glas erhielten[31]). Sie zogen aus ihrem Mißerfolg einen Schluß auf die ganze Kunst und verneinten ihre Existenz. Wir antworten ihnen, daß sie mit ungeeigneten Materialien arbeiteten. Sie hatten deshalb keinen Erfolg, und ihre Irrtümer können unserer Kunst nichts anhaben.

Kapitel 24.

Dasselbe, mit Hilfe von verschiedenen Mineralien und Pflanzen.

Manche Leute meinten, man könne die Kunst mit Hilfe von Salzen, Alaunen, Salpetern und Borax finden. Sie mögen ja solche Versuche anstellen, aber ich glaube durchaus nicht, daß sie dabei etwas Richtiges erreichen. Wenn sie also bei ihren Transmutationsversuchen wenig Erfolg haben, z. B. mit Lösen, Koagulieren und anderen Operationen, so sollen sie deshalb nicht unsere göttliche

Kunst schelten, die ja erprobt ist. Es ist ja wohl möglich, mit Hilfe dieser Substanzen, die Metallverwandlung zu finden, aber es ist umständlich und mit sehr viel Mühe verknüpft. Andere wollen es nach Vorschriften alter Philosophen mit allen möglichen Pflanzen versuchen, aber dies ist sicher noch mühsamer. Diese Leute halten das zwar für möglich, aber sie geben die Arbeit bald auf, ohne etwas fertigzubringen. Sie dürfen deshalb aber nicht behaupten, man könne unsere Kunst überhaupt nicht erlangen. Alle diese Leute, von denen ich bisher sprach, hatten unrichtige Ansichten. Jeder setzte seine Hoffnung auf eine Materie und ließ sonst nichts gelten. Ich habe sie schon genügend widerlegt. Eine Menge von Leuten gehen bei der Zusammensetzung der Stoffe und bei der Abmessung ihrer Mengenverhältnisse töricht und unwissend vor, und ihre Irrtümer gehen ins Unendliche. Die Mengenverhältnisse bei der Mischung der einzelnen Körper sind unendlich verschieden, unendlich ist auch die Zahl der Materien, die man miteinander vermischen kann, und so ist bei diesen beiden Unendlichkeiten auch die Möglichkeit des Irrtums unendlich groß. Einmal wird zuviel von einer Substanz genommen, einmal zu wenig. Aber ich will dies lange Reden lassen, da ich unsere ganze Lehre kurz abhandeln will. Der Weise kann dann seine Irrtümer verbessern. Zunächst will ich von den natürlichen Urstoffen sprechen und von ihrer Entstehung.

Dritter Teil des ersten Buches.

Kapitel 25.

Über die Grundstoffe der Metalle, nach den Ansichten der Alten.

Nach Ansicht der alten Naturforscher sind die Urstoffe, aus denen die Metalle entstehen, übelriechende, flüchtige Stoffe, nämlich Schwefel und ein lebendiges Wasser[32]), das man auch ein trockenes Wasser nennen kann. Von dem übelriechenden flüchtigen Stoff gibt es aber verschiedene Arten; er ist nämlich weiß, rot oder schwarz. Ich spreche nun kurz, aber doch genügend ausführlich über die Natur und Entstehung dieser Stoffe und behandle die Grundstoffe ausführlich in einzelnen Kapiteln. Im allgemeinen sage ich, daß diese Grundstoffe einen festen Bau besitzen, und zwar deshalb, weil in ihnen kleinste Teilchen von Erde, Luft, Wasser und Feuer vereinigt sind, derart, daß sich nicht ein Teilchen von den anderen trennen läßt. Die Ursache davon ist die feste, innige Vereinigung dieser äußerst feinen Teilchen untereinander, die durch langsame, allmähliche Kochung durch die natürliche Wärme im Innern der Erde entstanden ist. Das ist die Ansicht mancher alten Philosophen.

Kapitel 26.

Über die Grundstoffe der Metalle, nach den Ansichten neuerer Forscher und nach denen des Autors.

Andere, Moderne, sagen: Die Grundstoffe sind nicht Quecksilber und Schwefel in ihrer eigentlichen Natur, sondern in verändertem Zustand, in welchem sie in erdartige Körper verwandelt sind. Ferner meinen diese Leute, sei der Urstoff etwas anderes gewesen als eine übelriechende, flüchtige Substanz, und zwar kamen sie durch folgende Überlegung zu dieser Ansicht. In den Lagerstätten des Silbers und anderer Metalle fanden sie kein Quecksilber und auch keinen Schwefel, sondern sie fanden, daß dieselben jedes für sich in besonderen Minen vorkommen. Sie begründen ihre Ansicht ferner dadurch, daß sie sagen: Ein Übergang zwischen entgegengesetzten Dingen kann nur mit Hilfe eines Zwischengliedes stattfinden. Dadurch kommen sie zu der Anschauung, einen Übergang von der Weichheit des Quecksilbers zu der Härte eines Metalles könne es nur mit Hilfe eines mittleren Zustandes zwischen Weichheit und Härte geben. Da man nun in den Erzlagerstätten nichts findet, was diesen mittleren Zustand zeigt, so wurden sie dadurch zur Überzeugung gebracht, nicht Quecksilber und Schwefel in ihrer eigentlichen Form seien die Grundstoffe, sondern das, was bei der Umwandlung ihres ursprünglichen Wesens in eine erdige Substanz entsteht. Der Vorgang dabei ist der, daß zunächst beide in ihre erdige Natur umgewandelt werden, und daß dann hieraus, infolge der hohen Wärme im Erdinnern, ein feiner Dampf entweicht, der die Materie der Metalle ist. Dieser Dampf wird durch die mäßige Wärme in der Mine in die entsprechenden Erden übergeführt und wird dadurch zu festen Körpern, die durch fließendes Wasser in der Erde verteilt und mit ihr fest vereinigt werden. Auf Grund dieser Anschauung nahm man weiter an, daß die unterirdischen Wasserläufe die löslichen Bestandteile aus der Erde aufnehmen, sie lösen und gleichmäßig mit sich vereinigen, so lange, bis diese gelösten Substanzen und das fließende, lösende Wasser ein Ganzes würden und so zu metallischer Natur sich umwandelten. Zu einer derartigen Vermischung kommen alle Grundstoffe nach natürlichen Proportionen, und eine solche Mischung wird durch andauernde Erwärmung in der Erde fest und hart und wird zu Metall. Die Leute, welche diese Ansicht vertreten, sind der Wahrheit nahe, aber sie haben die reine Wahrheit doch noch nicht erfaßt.

Kapitel 27.
Einteilung in drei Kapitel, über die Grundstoffe Schwefel, Arsenik und Quecksilber.

Nachdem wir bisher die Grundstoffe der Metalle im allgemeinen behandelt haben, wollen wir jetzt jeden einzelnen Grundstoff für sich in einzelnen Kapiteln behandeln. Und weil es drei sind, nämlich Schwefel, Arsenik und Quecksilber, so wollen wir zunächst ein Kapitel über den Schwefel, dann eines über den Arsenik und drittens eines über das Quecksilber schreiben. Weiterhin werden wir die einzelnen Metalle behandeln, die aus jenen Grundstoffen bestehen. Schließlich wollen wir zu den Grundlagen des Magisteriums übergehen.

Kapitel 28.
Über den Schwefel.

Wir sagen also, der Schwefel ist eine fettartige Verdichtung der Erde, die durch mäßige Einkochung im Erdinnern so lange eingedickt wurde, bis sie hart und trocken wurde. Diese erhärtete Substanz wird Schwefel genannt. Die Zusammensetzung des Schwefels ist eine sehr feste, und seine Substanz ist durch und durch homogen. Deshalb kann man durch Destillation kein Öl aus ihm gewinnen, wie aus anderen ölenthaltenden Körpern. Wenn man aber versucht, ihn ohne Substanzverlust zu calcinieren, so arbeitet man vergebens, weil man ihn nur mit großer Mühe unter großen Substanzverlusten calcinieren kann. Bei der Calcination bleiben nämlich von hundert Teilen kaum drei Teile zurück[33]). Ohne ihn zu calcinieren, kann man ihn aber nicht fixieren (beständig machen). Man kann ihn dagegen mit anderen Körpern verbinden und seine Flüchtigkeit dadurch verringern und sein Verbrennen verhindern. In der Verbindung mit anderen Stoffen läßt er sich auch leichter calcinieren. Wer nun versucht, aus ihm allein die veredelnde Substanz zu gewinnen, der erreicht nichts. Nur in seinen Verbindungen mit anderen Stoffen läßt er sich zu einer veredelnden Substanz verarbeiten, und wenn dies nicht der Fall ist, entschwindet einem das Magisterium, bis man verzweifelt. Mit seinem Gefährten, dem Arsenik, zusammen kann er zu einer Tinktur verarbeitet werden, die jedem Metall das volle Gewicht (eines Edelmetalls) gibt und es reinigt und veredelt, und zwar mit Hilfe des Magisteriums, ohne welches diese Stoffe (Schwefel und Arsenik) keine Veredlung, sondern eher Verschlechterung (der Metalle) bewirken. Ohne das Magisterium kann man also den Schwefel nicht für die Veredlung benutzen. Wer aber versteht, ihn durch Präparierung mit anderen Körpern zu vermischen und zu vereinigen, der kennt eines von den Geheimnissen der Natur und einen Weg zur Veredlung, zu der viele Wege führen, mit gleichem Zweck und Ziel. Wenn man irgendwelche Metalle mit ihm calciniert, so nehmen sie ohne Zweifel das richtige Gewicht an[34]). Kupfer (aes) nimmt durch ihn ein goldähnliches Aussehen an. Er vereinigt sich auch mit Quecksilber, und durch Sublimation entsteht Usifur oder Zinnober. Alle Körper werden durch ihn calciniert, außer Gold und Zinn, Gold noch schwieriger. Quecksilber wird durch Schwefel nicht so leicht zu wirklichem Gold oder Silber verdichtet, wie einige Toren gemeint haben. Die Körper, welche weniger Feuchtigkeit enthalten, werden leichter durch Schwefel calciniert als diejenigen, welche viel enthalten. Beim höchsten Gott, der Schwefel verbessert jeden Körper, denn er ist ein Alaun und eine Tinktur[35]). Er läßt sich schwer lösen, da er keine salzigen, sondern ölige Teile enthält, die sich im Wasser nicht leicht lösen. Was sich leicht oder schwer in Wasser löst, will ich im Kapitel, das die Löslichkeit behandelt, deutlich zeigen. Er sublimiert, da er ein flüchtiger Körper ist, und wenn er mit Kupfer vermischt und vereinigt wird, so entsteht eine wunderbare blaue Farbe[36]). Auch mit Quecksilber vereinigt er sich, und es entsteht dann durch Erwärmung eine köstliche Farbe[37]). Es soll keiner glauben, daß der Schwefel allein das Werk der Alchemie vollbringe. Das wäre eine ganz falsche Meinung, die wir im folgenden klar zeigen. Doch nun genug vom Schwefel.

Kapitel 29.
Über den Arsenik.

Wir wollen jetzt den Arsenik behandeln. Er besteht aus subtiler Materie und ist in seiner Natur dem Schwefel verwandt, weshalb man ihn nicht anders als wie den Schwefel definieren kann. Er unterscheidet sich jedoch dadurch vom Schwefel, daß er die Tinktur für Weiß ist[38]), der Schwefel die für Rot. Vom Schwefel und vom Arsenik gibt es zwei Arten, die für unsere Kunst taugen, gelblichen und rötlichen[39]); die anderen Arten nützen uns nichts. Der Arsenik läßt sich wie der Schwefel in eine beständige Form bringen, und beide lassen sich leicht aus ihren Metallkalken sublimieren. Es sind aber Schwefel und Arsenik keine Materien, die imstande sind, das Werk (der Metallverwandlung) zu vollbringen, doch sind sie Hilfsmittel dabei. Man nimmt dazu helle schuppige und nicht steinige Stücke.

Kapitel 30.
Über das Quecksilber.

Das Quecksilber, auch Mercur genannt, ist nach Auffassung der Alten eine dicke Flüssigkeit, die im Innern der Erde aus einer ganz feinen weißen, erdigen Substanz und ganz reinem Wasser entstanden ist, indem diese durch die natürliche Wärme gekocht und ganz innig und fest miteinander vereinigt wurden, bis sich das Feuchte und das Trockene ausglichen. Es rollt leicht über eine ebene Fläche infolge seiner Feuchtigkeit und haftet trotz dieser Feuchtigkeit nicht an, infolge seiner Trockenheit, welche jene ausgleicht und ein Ankleben nicht zuläßt. Es ist auch, nach Ansicht mancher Forscher, mit dem Schwefel zusammen die Materie der Metalle. Es vereinigt sich leicht mit drei Metallen, nämlich dem Blei, Zinn und Gold. Mit dem Silber etwas schwieriger, mit dem Kupfer noch schwieriger wie mit dem Silber. Mit dem Eisen vereinigt es sich nur, wenn man einen Kunstgriff anwendet[40]). Daraus kann man ein Geheimnis erkennen: Es vereinigt sich gern mit den Metallen, die ähnlicher Natur sind wie es selbst, und es ist ein Mittel, um Tinkturen zusammenzusetzen. Es sinkt in ihm nichts unter, außer dem Gold. Zinn, Blei und Kupfer werden von ihm aufgelöst und vermischen sich mit ihm. Ohne das Quecksilber kann man kein Metall vergolden[41]). Man kann es auflösen und beständig machen[42]), und es ist eine Tinktur für Gold von überreichlicher Kraft und hellem Glanz. Solange es in seiner eigentlichen Form in einer Mischung vorhanden ist, entweicht es nicht aus ihr. Es ist an und für sich noch nicht unsere Medizin, aber es kann bei ihrer Darstellung bisweilen mit Nutzen verwendet werden.

Kapitel 31.
Über die Körper, die aus erwähnten Grundstoffen bestehen, nämlich die Metalle.

Wir wollen nun von den metallischen Körpern reden, die aus den vorhergenannten, natürlichen Grundstoffen bestehen. Es sind sechs: und zwar Gold, Silber, Blei, Zinn, Kupfer und Eisen. Wir sagen: Ein Metall ist ein mineralischer schmelzbarer Körper, der unter dem Hammer nach allen Richtungen dehnbar ist[43]). Die Metalle sind von dichter Beschaffenheit und fester Zusammensetzung. Sie besitzen eine große, gegenseitige Verwandtschaft zueinander, aber trotzdem kann ein edles Metall ein unedles nicht veredeln, wenn man sie vermischt. Wenn man nämlich Gold und Blei zusammenschmilzt, so wird aus diesem Blei kein Gold, sondern das Blei verflüchtet sich und verbrennt, das Gold aber bleibt bei dieser Prüfung (beim „Probieren") zurück[44]). Dasselbe gilt für die anderen unvollkommenen Metalle (wenn sie mit Gold zusammengeschmolzen werden). So ist es unter natürlichen, gewöhnlichen Verhältnissen. Bei unserem Magisterium aber veredelt das edle Metall das unvollkommene Metall, und das unvollkommene Metall wird bei unserem Magisterium durch sich selbst veredelt, ohne Beihilfe irgendeiner sonstigen Substanz. Ja, bei Gott! Die Metalle verwandeln und veredeln sich gegenseitig ohne weitere Beihilfe[45]).

Kapitel 32.
Über Sol oder das Gold.

Wir haben im vorhergehenden allgemeinere Bemerkungen über die Metalle gebracht und wollen nun über jedes einzelne Metall sprechen, zunächst über das Gold, dann über die anderen Metalle. Wir sagen also: Das Gold ist ein metallischer, schwerer, glänzender Körper von gelber Farbe, der im Innern der Erde durch Kochung entstanden und dort sehr lange von den Gewässern gewaschen worden ist. Es ist unter dem Hammer dehnbar, es ist schmelzbar und hält die Aschenprobe und die Cementation (Cupelation) aus. Aus dieser Definition kann man ersehen, daß ein Körper, der die erwähnten Eigenschaften und Merkmale nicht besitzt, kein Gold ist. Jeder Körper aber, der ein Metall durch und durch goldfarbig macht und veredelt und reinigt, hat die Fähigkeit, aus jedem Metall Gold zu machen. So erkennen wir aus Vorgängen in der Natur, daß man künstlich Kupfer in Gold verwandeln kann. Wir haben nämlich folgende Erscheinung beobachtet. Aus Kupferminen abfließendes Wasser führte ganz feine Kupferschüppchen mit sich und wusch und reinigte dieselben mit der Zeit. Als nun später der Wasserzufluß aufhörte, wurden diese Kupferteilchen drei Jahre lang mit dem trockenen Sand zusammen von der Sonne ausgekocht, und nun fand man unter ihnen solche aus feinem Gold. Wir nehmen daher an, daß jene Kupferteilchen durch das Wasser gereinigt und durch die Sonnenwärme in dem trockenen Sand digeriert und veredelt worden sind[46]). Das Gold ist das wertvollste der Metalle, und es ist die rote Tinktur, da es alle Körper färbt und umwandelt. Man kann es calcinieren und lösen, aber ohne Nutzen davon zu haben[47]). Es ist eine Medizin, die erheitert und den Körper jugendlich erhält[48]). Vom Quecksilber und vom Bleirauch wird es sehr leicht zerstört[49]). Der Art nach sind ihm am nächsten Zinn und Silber verwandt, dem Gewicht und der Klanglosigkeit nach das Blei, der Farbe nach das Kupfer, der Wirksamkeit (im Veredeln der Metalle) nach aber zunächst das Kupfer, dann Silber, Zinn, Blei und schließlich das Eisen. Das ist eines der Naturgeheimnisse. Flüchtige Substanzen vereinigen sich mit dem Gold und werden dadurch beständig[50]), wenn man sehr geschickt und scharfsinnig ist. Dummköpfen gelingt es allerdings nicht.

Kapitel 33.
Über Luna oder das Silber.

Wir wollen jetzt von Luna, gewöhnlich Silber genannt, reden. Es ist ein metallischer Körper von rein weißer Farbe. Es ist hart, klingend, besteht die Aschenprobe, ist unter dem Hammer dehnbar, feuerbeständig und schmelzbar. Es ist die weiße Tinktur[51]) (die Tinktur für die Veredlung in Silber), gibt dem Zinn größere Härte und macht es dem Silber ähnlicher. Es läßt sich mit Gold legieren, ohne es spröde zu machen, aber beim „Probieren" ist es nicht so widerstandsfähig wie das Gold, wenn man keinen Kunstgriff anwendet. — Bringt man es über scharfe Dämpfe, wie Essig, Salmiak und Agresta[52]), so entsteht eine wunderbare blaue Farbe[53]). Es ist ein edles Metall, aber weniger edel wie Gold. Man findet es als besonderes, bestimmtes Vorkommen, bisweilen auch mit anderen Metallen zusammen. Letzteres ist nicht so gut. Man kann es calcinieren und lösen, aber mit großer Mühe und mit wenig Nutzen.

Kapitel 34.
Über Saturn oder das Blei.

Das Blei ist ein metallischer Körper von bläulicher Farbe, es ist schwer und ohne Klang. Es enthält wenig weiße und viel bläuliche Färbung. Bei der Aschenprobe und Cementation verflüchtet es sich. Es ist weich und bei geringem Druck nach allen Richtungen dehnbar und ohne Anwendung starker Hitze leicht schmelzbar. Manche einfältigen Menschen meinen, es komme in seiner Natur dem Gold sehr nahe. Weil sie Hohlköpfe ohne jeden Verstand sind, so können sie nicht die Wahrheit aus subtilen Dingen durch Überlegung ermitteln, sondern sie beurteilen die Dinge nach ihrem Gefühl. Weil sie nun sehen, daß das Blei schwer und ohne Klang ist, so glauben sie, daß es dem Gold sehr nahe komme. Das ist aber alles falsch, wie ich im folgenden darlege: Das Blei enthält viel erdartige Substanz[54]). Es läßt sich daher waschen und dadurch in Zinn umwandeln. Man sieht daraus, daß das Zinn edler ist. Das Blei verbrennt und wird zu Minium (Bleioxyd, Mennig). Bringt man es mit Essigdämpfen in Berührung, so entsteht Bleiweiß (Cerusa)[55]). Es ist durchaus kein edles Metall, aber wir machen durch unsere Kunst trotzdem leicht Silber daraus. Bei dieser Verwandlung behält es nicht sein eigenes Gewicht, sondern es wird leichter und bekommt das richtige Gewicht (des Silbers). Das geschieht durch das Magisterium. Das Blei ist das Mittel für die Prüfung des Silbers bei der Aschenprobe, was wir später erklären wollen.

Kapitel 35.
Über Jupiter oder das Zinn.

Um das Zinn nicht zu vergessen, sagen wir den Jüngern unserer Wissenschaft, daß es ein metallischer Körper ist, von nicht ganz reinweißer Farbe. Es hat nicht viel Klang und wenig erdartige Bestandteile, gibt ein knirschendes Geräusch[56]), ist ziemlich weich und schmilzt ohne Anwendung von heftigem Feuer. Es erträgt die Aschenprobe und Cementation nicht. Unter dem Hammer ist es dehnbar, von den unedlen Metallen ist es seiner Natur nach das vollkommenste und es ist Gold und Silber verwandt; dem Silber mehr als dem Gold. Im folgenden wird dies erklärt werden. Das Zinn hat bei seiner Entstehung viel weiße Bestandteile erhalten und färbt daher alle nicht weißen Körper weiß. Es ist eine schlechte Eigenschaft von ihm, daß es alle Metalle brüchig macht[57]), mit Ausnahme von Blei und reinem Gold. Das Zinn verbindet sich sehr fest mit Gold und Silber und trennt sich deshalb bei der Probe nur schwer von ihnen. Es nimmt die rote Tinktur an und bekommt dadurch in unserem Magisterium herrlichen Glanz und das volle Gewicht (des Goldes). Es läßt sich leichter hart machen und reinigen wie das Blei. Wenn einer verstünde, ihm die schlechte Eigenschaft zu nehmen, die Metalle spröd zu machen, so hätte er seine Freude daran. Es verbindet sich mit Gold und Silber und läßt sich nicht von ihnen trennen.

Kapitel 36.
Über Venus oder das Kupfer.

Das Kupfer ist ein dunkles Metall von roter Farbe. Man kann es glühen, schmelzen, und durch Hämmern dehnen. Es ist stark klingend. Beim „Pro=

bieren" (Cineritium und Cementation) ist es nicht beständig. Es hat in seiner eigentlichen ursprünglichen Substanz etwas von der Farbe und dem Wesen des Goldes an sich, läßt sich auch hämmern und glühen wie Silber und Gold. Man kann daraus entnehmen, daß es zwischen Gold und Silber steht und leicht in beide verwandelt werden kann. Man kann es leicht und mit wenig Arbeit veredeln. Es vereinigt sich leicht mit Tutia und wird dadurch schön gelb gefärbt[58]), woraus man Nutzen ziehen kann. Man braucht es nicht zu härten und zu glühen. Verwende es also mehr wie andere unvollkommene Metalle für das kleinere und mittlere Werk, doch gar nicht für das große[59]). Es hat, mehr wie das Zinn, den Fehler, durch scharfe Dämpfe und Flüssigkeiten angegriffen und dunkel zu werden. Ihm diese Eigenschaft zu nehmen, ist nicht leicht, sondern eine tiefgründige Kunst.

Kapitel 37.

Über Mars oder das Eisen.

Das Eisen ist ein ziemlich dunkles, nicht rein weißes Metall. Es ist hart, läßt sich glühen, aber schwer schmelzen. Es läßt sich durch Hämmern dehnen und klingt stark. Es ist schwer zu behandeln, weil es schwer zu schmelzen ist[60]). Wenn man es mit Hilfe eines Mittels, das seine Natur ändert, schmilzt, so läßt es sich mit Gold und Silber vereinigen und läßt sich dann nur sehr schwer von ihnen trennen[61]). Wird es aber präpariert und dann mit Gold und Silber vereinigt, so läßt es sich auf gar keine Weise mehr trennen. Man kann aus ihm eine Tinktur für Rotfärbung gewinnen, aber schwer eine Tinktur für Weißfärbung. Wenn man es mit anderen Metallen vermischt, so ändert es die Farbe der beigemischten Metalle nicht, wenn es nicht selbst vorher verändert worden ist. Von allen unvollkommenen Metallen läßt sich das Zinn in den glänzendsten, leuchtendsten und vollkommensten gold- und silberähnlichen Körper umwandeln. Diese Umwandlung gelingt leicht, ist aber langwierig. Das Kupfer wird weniger vollkommen umgewandelt, und es ist schwer zu behandeln. Die Arbeit gelingt aber in kürzerer Zeit wie beim Zinn. Das Blei wird noch schwieriger umgewandelt, läßt sich leicht behandeln, verursacht aber sehr langwierige Arbeit. Das Eisen aber läßt sich am allerschwierigsten umwandeln, ist sehr schwer zu behandeln und verursacht sehr langwierige Arbeit. Die schwerschmelzbaren Metalle lassen sich also am schwersten umwandeln. Das ist also Kupfer und Eisen. Die leichter schmelzbaren leichter. Diejenigen Metalle, welche von dunkler Farbe sind und viel erdartige Bestandteile haben, machen bei der Umwandlung viel Arbeit und werden weniger leicht veredelt. Wir haben nun die hauptsächlichsten natürlichen Eigenschaften der verschiedenen Metalle behandelt und in den einzelnen Kapiteln erklärt, wahrheitsgemäß, sowohl nach den Ansichten anderer Forscher, welche die Naturgeheimnisse studiert haben, als auch nach unserer eigenen Erfahrung, die wir in beharrlicher Arbeit erlangt haben. Nun wollen wir auf Grund unserer Erfahrungen die Lücken ausfüllen und alles Wichtige über das Magisterium im weiteren Teil unseres Buches behandeln und die Veredlung, die wir gesehen haben, deren Existenz wir kennen, genau beschreiben.

Vierter Teil des ersten Buches.

Die Grundlagen der hohen Kunst der Metallveredlung.

Kapitel 38.

Einteilung der folgenden Ausführungen.

Zwei Dinge sind zu unterscheiden und zu besprechen, nämlich die Grundlagen unserer hohen Kunst und ihre vollkommene Erlangung und Beherrschung. Die Grundlagen unserer Kunst sind die Arbeitsmethoden, mit deren Hilfe der Künstler das Magisterium zu erreichen sucht. Diese Methoden, unter sich verschieden, sind: Die Sublimation, Descension, Destillation, Calcination, ferner das Lösen, die Koagulation, die Fixierung und die Ceration (Beständigmachen und Weichmachen). Diese einzelnen Methoden werde ich, jede für sich, beschreiben. Die Erlangung und Beherrschung des Magisteriums aber beruht auf der Betrachtung und Erwägung aller Dinge, die zu ihm führen und die dabei dienlich sein können, in der Betrachtung der Dinge, welche Hilfsmittel für das Magisterium sind, in der Betrachtung der Substanz, die schließlich die Veredlung bewirkt und in der Betrachtung der Methoden, durch die man erkennt, ob die Veredlung gelungen ist oder nicht. Das Studium und die Betrachtung der bei der Durchführung unserer Arbeiten wichtigeren Dinge besteht in der Betrachtung der Substanzen, der Farben und der Gewichte der Körper, die man umwandeln will sowie derjenigen Körper, die ohne Anwendung besonderer Kunstgriffe umgewandelt werden können, und derjenigen, bei denen man solche Kunstgriffe anwenden muß. Ferner muß man die Grundstoffe in bezug auf ihre geheimen sowie ihre sichtbaren Eigenschaften studieren. Wenn man nämlich die Körper und ihre Grundstoffe mit ihren Eigenschaften nicht kennenlernte und wenn man nicht wüßte, was in ihnen zu viel und zu wenig ist, so könnte man nie die Veredlung erreichen. Das Studium der Dinge, welche die Veredlung herbeiführen können, besteht im Studium derjenigen Naturstoffe, welche sich, wie man sieht, ohne Anwendung besonderer Kunstgriffe mit Metallen verbinden und dadurch die Umwandlung derselben bewirken. Es sind dies: Markasit, Magnesia, Tutia, Antimon und Lapis lazuli. Ferner muß man die Substanzen studieren, welche die Metalle reinigen, ohne sich selbst mit ihnen zu vereinigen. Es sind dies: Salz, Alaune, Salpeter, Borax und verwandte Stoffe. Man muß auch die reinigende Wirkung der Verglasung studieren. Das Studium aber der Substanz, die schließlich die Veredlung bewirkt, besteht darin, daß man die Gewinnung der reinen Substanz des Quecksilbers erforscht. Diese Substanz entsteht aus der Materie des Quecksilbers und ist nicht das eigentliche Quecksilber selbst, in seiner ganzen Substanz, sondern nur ein Teil von ihm, sie kommt als solche nicht vor, sondern sie entsteht erst bei der Herstellung unseres Steines, der veredelt und vor der Verbrennung schützt[62]). Das ist nämlich das Zeichen der Veredlung. Das Studium aber der Umstände, aus denen man erkennt, ob die Veredlung gelungen ist oder nicht, besteht im Studium folgender Proben. Die Aschenprobe (Cineritium, Cupelation), die Cementation, das Glühen, das Behandeln mit scharfen Dämpfen, das Ablöschen, das Vermischen mit Schwefel, der die Metalle verbrennt, das Calcinieren und das darauffolgende Reduzieren, und die Untersuchung der Aufnahmefähigkeit von Quecksilber. Das alles will ich später behandeln und mit leichten Experimenten erklären, aus denen man deutlich erkennen kann, daß meine Darlegungen richtig sind. Und diese Experimente werden dir alles klarmachen.

Kapitel 39.

Über die Sublimation.

Die Sublimation hat man deshalb erfunden, weil weder unsere Vorfahren, noch wir selbst, noch unsere Nachfolger etwas kennen, das sich mit Metallen vereinigt, außer flüchtigen Substanzen[63]) oder solchen, welche die Natur von Metallen und flüchtigen Substanzen gemeinsam in sich enthalten. Man sah ferner, daß diese Substanzen, ohne vorhergegangene Reinigung, mit Metallen zusammengebracht, dieselben nicht richtig färbten oder sie sogar ganz verdarben, verbrannten, schwärzten und verschmutzten, je nach der Art der betreffenden flüchtigen Substanz. Manche nämlich verbrennen die Metalle und verderben sie ganz, wie z. B. Schwefel, Arsenik und Markasit. Andere wieder verbrennen die Metalle zwar nicht, wie z. B. alle Arten von Tutia, aber sie färben sie unvollkommen. Diejenigen Substanzen, welche die verbrennende, schwärzende und verschmutzende Wirkung haben, tun dies aus zweierlei Gründen: Einmal, weil die Verbrennlichkeit des Schwefels ihnen nicht genommen ist, der die Eigenschaft hat, sich leicht zu entzünden und dadurch schwarz zu werden und schwarz zu machen. Der weitere Grund ist die erdartige Beschaffenheit, welche diesen Substanzen noch nicht genommen ist. Das ist bei denen der Fall, welche die Metalle nicht richtig färben. Man kam deshalb auf den Gedanken, jene Substanzen von ihren brennbaren Bestandteilen zu befreien, soweit sie solche enthalten, und allen ihren Überschuß an erdartiger Materie zu nehmen. Das konnte man einzig und allein durch Sublimation erreichen. Die Hitze nämlich läßt die feineren Teile immer in die Höhe steigen und läßt die gröberen zurück. Es geht also daraus hervor, daß man durch Sublimation die flüchtigen Stoffe von den erdartigen reinigen kann, die ihre Einwirkung auf die Metalle verhinderten und ihnen eine unreine Farbe gaben. Der Versuch zeigt dir deutlich, daß durch die Sublimation die flüchtigen Stoffe von der erdartigen Materie befreit werden; denn man sieht, daß sie reiner werden und in die Dichtigkeit der Metalle leichter eindringen und sie durchdringen und ihnen nicht wie vorher eine schmutzige Farbe geben. Das Experiment zeigt auch, daß durch die Sublimation die Brennbarkeit genommen wird. Der Arsenik, der vor der Sublimation unrein und verbrennlich war, läßt sich nach der Sublimation nicht mehr entzünden. Dasselbe beobachtet man beim Schwefel. Da wir also nur bei den flüchtigen Substanzen die Eigenschaft finden, sich mit den Metallen zu verbinden und sie dadurch zu verändern, so müssen wir sie präparieren und reinigen. Und das ist nur durch die Sublimation möglich. Zu diesem Zweck hat man also die Sublimation erfinden müssen. Wir wollen sie nun eingehend beschreiben[64]).

Kapitel 40.

Über die Sublimation und die drei Hitzegrade, die man dabei anwenden muß.

Wir sagen: Sublimation ist das Aufsteigenlassen einer trockenen Substanz durch Hitze, wobei das Sublimierte sich an dem verwendeten Gefäß ansetzt.

Die Sublimation ist verschiedenartig, infolge der Verschiedenheit der zu sublimierenden Stoffe. Die eine Sublimation geht bei starker Hitze vor sich, die andere bei mittlerer, wieder andere bei schwacher Hitze. Arsenik und Schwefel muß man z. B. bei geringer Hitze sublimieren. Da diese Stoffe ganz feine und auch grobe Teilchen, die miteinander verbunden sind, enthalten, so ginge andernfalls die ganze Substanz ohne Trennung und Reinigung über, und sie würde nur geschwärzt und verbrannt. Will man also flüchtige Substanzen von unreiner erdartiger Materie trennen, so muß man zweierlei beachten, nämlich den Hitzegrad und die Reinigung von Beimengungen. Die zu sublimierenden flüchtigen Stoffe enthalten nämlich grobe Stücke, die sich auf den Boden des Gefäßes (Aludel) setzen und schlecht sublimieren. Man muß deshalb dreifache Hitzegrade bei der Sublimation anwenden. Zunächst eine mäßige Hitze, bei der die reineren Teile in die Höhe steigen, so lange, bis man sieht, daß sie von ihrer erdigen Verunreinigung befreit sind. Man wendet dann stärkere Hitze an, damit die reinen Teile, die noch beim Rückstand geblieben sind, jetzt sublimieren und zwar so, daß Aludel und Rückstand deutlich glühen. Dies kann man deutlich sehen. Der dritte Grad ist der, daß man, ohne den Rückstand zu erhitzen, nur das von ihm Sublimierte und also schon Gereinigte, leicht erwärmt und zwar derart, daß jetzt nur ganz wenig von ihm sublimiert; und das sind die allerfeinsten Teile, die aber für unsere Zwecke keinen Wert haben, da sie es sind, welche die leichte Brennbarkeit der schwefelhaltigen Körper (in sulphuribus) verursachen. Der ganze Zweck der Sublimation ist also der: Es sollen durch geeignete Anwendung von Hitze einerseits die erdigen Bestandteile beseitigt werden, andererseits die ganz feinen, rauchartigen Teile, die Verbrennung und Zerstörung verursachen, fortgeschafft werden, so daß man jenen reinen Teil gewinnt, der in der Hitze glatt schmilzt und sich verflüchtigt, ohne sich zu entzünden. Daß aber die feinsten Teilchen leicht brennbar sind, läßt sich deutlich zeigen. Das Feuer macht jedes Ding, das ihm verwandt ist, sich selbst gleich, und von allen brennbaren Dingen sind ihm deren feinste Teile am meisten verwandt. Am meisten verwandt sind ihm also die feinsten, dünnsten Substanzen. Die Erfahrung zeigt ferner: Nicht sublimierter Schwefel und Arsenik entzünden sich leicht, und zwar Schwefel leichter wie Arsenik. Der sublimierte Schwefel aber entzündet sich nicht direkt, sondern er schmilzt zuerst und verflüchtigt sich dann ohne sich zu entzünden. Daraus sieht man, daß unsere Behauptung richtig ist.

Kapitel 41.

Über mineralische Zusätze bei der Sublimation flüchtiger Stoffe.

Die Zusätze müssen in geeigneter Weise angewendet werden, derart, daß Stoffe gewählt werden, mit denen sich die zu sublimierenden Substanzen leicht verbinden. Die Anwendung von Zusätzen aber ist aus folgendem Grund notwendig. Wenn sich der zu sublimierende Schwefel (und Arsenik) nicht mit dem Kalk irgendeines beständigen Körpers verbinden könnte, würde seine ganze, noch ungereinigte Substanz sublimieren und es würde keine Trennung der reinen und unreinen Teile eintreten. Jeder, der in der Sublimation Übung hat, weiß aus Erfahrung, daß ich die Wahrheit sage. Es müssen aber solche Zusätze angewandt werden, mit denen sich die zu sublimierenden Substanzen leicht und innig vereinigen, sonst geschieht das gleiche, wie wenn überhaupt keine Zusätze dabei wären, d. h. die Substanzen würden sublimieren, ohne dadurch gereinigt zu werden. Wer das gesehen und kennengelernt hat, weiß aus Erfahrung, daß dies richtig ist; denn wenn man ohne Zusatz oder mit solchen Zusätzen sublimiert, mit denen sich die zu sublimierenden Substanzen nicht verbinden, so hat man keinen Erfolg und sieht, daß die Substanzen nach der Sublimation gar nicht gereinigt sind. Wenn man aber mit Zusatz eines Metallkalkes sublimiert, so hat man guten Erfolg und kann seine Substanzen gut und leicht reinigen. Als Zusatz verwendet man Metallkalke (Oxyde), bei deren Gegenwart die Sublimation leicht vor sich geht. Mit anderen Zusätzen oder ohne solche ist die Sublimation sehr schwierig. Ich will nicht behaupten, daß die Sublimation ohne Zusatz eines Metallkalkes überhaupt unmöglich sei, aber sie ist sehr schwer und macht so viel langwierige Arbeit, daß man dabei verzweifeln kann. Es ist zwar auch etwas Gutes dabei. Sublimiert man nämlich ohne Zusätze, d. h. ohne Metallkalke, so bekommt man größere Ausbeute, als wenn man ohne dieselben sublimiert. Es gibt übrigens Stoffe, die man anstatt der Metallkalke anwenden kann. Es sind dies allerlei präparierte Salze und ähnliche Stoffe. Wenn man sie bei der Sublimation anwendet, bekommt man ebenfalls gute Ausbeuten. Die Salze kann man von dem Rückstand der Sublimation leicht dadurch trennen, daß man sie auflöst, was bei anderen Stoffen nicht möglich ist. Was die Mengenverhältnisse der Zusätze betrifft, so soll man gleiche Teile von den Zusätzen und von der zu sublimierenden Substanz anwenden. Dabei kann sich selbst ein Ungeübter nicht irren. Ein etwas Geübterer wird so weit kommen, daß er mit der Hälfte der Zusätze auskommt, und ein sehr Erfahrener wird noch weniger brauchen. Je weniger Zusätze nämlich dabei sind, desto reichlicher wird die Ausbeute bei der Sublimation, sofern man nur entsprechend der geringeren Menge von Zusätzen auch eine geringere Hitze anwendet. Bei kleinen Quantitäten braucht man ein kleines Feuer, bei größeren ein stärkeres.

Kapitel 42.
Über die Regulierung der Hitze bei der Sublimation.

Da man nun aber das Feuer nicht messen kann, so geschieht es sehr oft, daß ein Ungeübter sich dabei irrt, und zwar bezüglich der verschiedenen Mengen von Zusätzen, der verschiedenen Öfen, des Brennholzes, der Gefäße, die man verwendet, und ihrer richtigen Unterbringung im Ofen. Das alles muß man genau beachten. Ich will übrigens eine allgemeine Regel angeben. Es empfiehlt sich, zunächst bei schwachem Feuer die Feuchtigkeit aus der zu sublimierenden Substanz zu vertreiben. Wenn diese entfernt ist, soll man zunächst das Feuer nur ganz langsam verstärken, damit jetzt die flüchtigsten und brennbaren Teile entfernt werden. Wenn dann nichts mehr oder nur noch ganz wenig übergeht, was man dadurch erkennen kann, daß man ein Stückchen Leinwand in die obere Öffnung der Aludel hängt, so verstärkt man das Feuer. Wie stark es sein muß, zeigt die Probe mit dem Leinenlappen: Bleibt nämlich wenig oder nichts von der zu sublimierenden Substanz an dem Leinenlappen hängen, so weiß man, daß das Feuer zu schwach ist, und man verstärkt es. Setzt sich viel, und unreine Substanz an dem Lappen an, so ist das Feuer zu stark, und man macht es schwächer. Hängt sich viel und reine Substanz an, so ist das Feuer gerade richtig. Ob das Produkt unrein oder rein ist, sieht man, wenn man das Leinenstückchen aus der

Öffnung der Aludel herausnimmt. Je nach Menge und Reinheit der Substanz, die sich an dem Lappen angesetzt hat, kann man also seine Schlüsse ziehen und den für die Sublimation geeigneten Hitzegrad finden. Die besten Zusätze aber sind Eisenhammerschlag oder verbranntes Kupfer (Kupferoxyd). Diese verbinden sich nämlich leicht mit dem zu sublimierenden Schwefel und Arsenik. Nur der Geübte weiß, daß dies richtig ist.

Kapitel 43.

Über Fehler, die man bei der Sublimation machen kann. Über Öfen und Heizmaterial.

Es wird nützlich sein, wenn wir den Künstler über jene Punkte unterrichten, in denen er bei der Sublimation von Schwefel und Arsenik Fehler machen kann. Zunächst folgendes: Nimmt man viel Zusätze (Faeces) bei der Sublimation, ohne die Hitze entsprechend zu steigern, so sublimiert nichts. Nimmt man wenig oder keine Zusätze, d. h. Metallkalke und hat man den richtigen Hitzegrad nicht gefunden, so sublimiert die ganze Masse, ohne gereinigt zu werden. Ich habe dies ja schon früher genügend behandelt. Auch mit den Öfen gibt es oft Irrtümer. Große Öfen geben starke Hitze, kleine Öfen geringe Hitze, wenn sie mit entsprechenden Mengen von Brennholz geheizt werden und entsprechende Luftlöcher haben. Gibt man eine große Menge von einer zu sublimierenden Substanz in einen kleinen Ofen, so kann man keine genügend starke Hitze anwenden. Gibt man eine kleine Menge Substanz in einen großen Ofen, so verdirbt man die Sublimation durch die übertriebene Hitze. Ein Ofen mit weiten Luftlöchern gibt ein helles starkes Feuer, ein Ofen mit kleinen Luftlöchern ein schwaches Feuer. Man soll also die Öfen so bauen, daß sie das gewünschte Feuer geben. Ist der Zwischenraum zwischen dem Sublimationsgefäß und der Ofenwandung groß, so bekommt das Gefäß stärkere Hitze, als wenn der Zwischenraum klein ist. In allen diesen Dingen kann man Fehler machen. Man baut einen großen Ofen mit weiten Luftlöchern, mit breitem Raum zwischen Aludel und Ofenwand für starkes Feuer. Für mittleres und schwaches Feuer wählt man die Proportionen entsprechend kleiner. Will man größere Mengen sublimieren, so soll man eine so große Aludel nehmen, daß ihr Boden nur eine Hand hoch von der betreffenden Substanz bedeckt wird[65]). Das Gefäß soll in der Mitte des Ofens und zwei Finger breit oder mehr von seinen Wänden entfernt stehen. Und wenn der Ofen fertig ist, macht man zehn gleichgroße Luftlöcher in gleichmäßigen Abständen, damit das Feuer alle Stellen des Ofens gleichmäßig erhitzt. Dann zieht man eine eiserne Stange eine Handbreit über dem Boden quer mitten durch den Ofen und befestigt sie an den Wänden. Man stellt dann die Aludel[66]) darüber und befestigt sie am Ofen, den man jetzt heizt. Hat der Rauch guten, freien Abzug und schlagen die Flammen richtig überall um die Aludel, dann sind die Abmessungen des Ofens richtig. Andernfalls muß man die Luftlöcher weiter machen. Wenn das nichts hilft, ist sicher der Abstand zwischen Aludel und den Ofenwänden zu gering. Man vergrößert den Abstand dadurch, daß man die Wand innen abschabt. Man wiederholt dies so lange, bis der Rauch richtig abzieht und das Feuer überall um die Aludel herum leuchtet und aus den Löchern schlägt. Was die Dicke der Ofenwände betrifft, so mache man sie für starkes Feuer eine Handbreit mit Daumen, für mittleres Feuer eine Handbreit ohne Daumen und für schwaches Feuer zwei Finger breit. Auch das Brennholz muß man richtig auswählen, denn hartes, festes Holz gibt starke, — weiches, schwammiges Holz geringere Hitze; trockenes Holz gibt starkes, aber schnell vergehendes —, frisches Holz kleines, aber lang brennendes Feuer. Durch Beachtung aller dieser Punkte muß man die Verschiedenheiten des Feuers kennenlernen. Von der geringeren und größeren Weite der Luftlöcher, sowie des Ofenlochs, durch welches das Brennholz eingeschoben wird, und von dem Gebrauch verschiedener Arten und Mengen von Brennholz hängt es ab, wie lange ein Feuer gleichmäßig brennt. Man muß das alles kennen und sich darin üben, und man erspart sich dadurch viel Arbeit. Übe dich also darin und in allen anderen von mir mitgeteilten Dingen. Denn nur wer sich übt, wird etwas finden.

Kapitel 44.
Über Material und Form des Sublimationsgefäßes ⟨Aludel⟩.

Das Sublimationsgefäß, Aludel, soll aus dickem Glas verfertigt sein. Ein anderes Material taugt nichts: Es müßte denn dem Glas ganz ähnlich sein. Nur das Glas, und zwar deshalb, weil es keine Poren hat, ist fähig, flüchtige Substanzen zurückzuhalten, so daß sie nicht entweichen. Andere Materialien sind dafür unbrauchbar, weil die flüchtigen Stoffe durch ihre Poren entweichen. Auch Metalle sind dafür unbrauchbar, weil die flüchtigen Substanzen, infolge ihrer Verwandtschaft mit ihnen, sich mit ihnen verbinden und schließlich sie durchdringen und so entweichen. Das zeigt sich durch den Versuch. Das Glas kann also bei der Herstellung der Aludel durch nichts ersetzt werden. Man macht also eine runde Glasschale, deren Boden etwas konkav ist. In halber Höhe der Schale legt man einen Reif (Zona) aus Glas um sie herum. Auf diesen Reif setzt man eine runde Wand, die so weit von der Wand der Glasschale absteht, wie der Deckel der Schale dick ist. In diesen Zwischenraum soll die Wandung des Deckels passen, und zwar mit Spielraum und ohne Druck. Diese Wand soll so hoch sein wie die Wand der Glasschale. Dann macht man sich zwei Deckel, die in den Zwischenraum der zwei Wände passen. Sie sollen gleich lang sein, und zwar eine Spanne lang und sollen die Form eines Kegels haben. Oben sollen zwei gleich große Öffnungen sein, in jedem Deckel eine Öffnung, und zwar so groß, daß man eine Hühnerfeder hindurchstecken kann, wie wir noch erklären werden. Die Einrichtung soll so sein, daß der Deckel beweglich und die Verbindung mit dem Gefäß so geschickt gemacht ist, daß bei der Sublimation flüchtige Substanzen nicht entweichen können, obwohl nicht mit Lehm gedichtet ist. Die Einrichtung ist nämlich so, daß die innere Schale mit ihren Wandungen bis in die Mitte ihres Deckels hineinreicht. Da nun die Dämpfe die Eigenschaft haben, in die Höhe zu steigen und nicht nach unten zu gehen, so haben wir durch diese Erfindung erreicht, daß die flüchtigen Stoffe keinen Ausweg haben. Diese Methode ist besser als alle anderen, die wir versucht haben. Bei jeder Sublimation ist es sehr wichtig, daß man den Deckel der Aludel oft entleert, sonst häuft sich nämlich die sublimierte Substanz zu sehr darin an, fällt wieder auf den Boden der Aludel herunter und müßte wieder von neuem sublimiert werden, wodurch viel Zeit verloren ginge. Man muß auch darauf achten, die Substanz, die sich oben an der Öffnung des Deckels in Pulverform ansetzt, öfters zu entfernen und nicht mit den festen Stücken zusammenzubringen, bet de aduſtione , cꝫ quòd prope foramen reperitur ſcandiſſe. hoc aũt in ſuperioribus aperta probatur ratione uidelicet , & experimento.Probatio uero bonitatis & perfectionis ſublimationis eſt iam dicta.Et eſt,ut inueniatur clara & lucida, & non aduratur cũ inflãmatione. Hæc eſt ergo perfectio intentionũ ſublimationis,ſulphuris uidelicet & arſenici.Et ſi non inuenta eſt ſic,reiteretur opus ſuper illa , cũ conſideratione omnium ſuarum intentionum,quouſqꝫ ſic inueniatur.

Sublimationsgefäß mit Aufsatz.

die zusammengeschmolzen sind und sich auf dem Boden und an den Wänden der Aludel angesetzt haben und die weniger leicht brennbar sind als das Sublimierte, das sich an der Öffnung angesetzt hat. Das wurde schon oben gezeigt und es wurde auch schon besprochen, wie man erkennt, ob die Sublimation gut gelungen ist, nämlich: Das Produkt soll rein und hell sein und nicht entflammbar. Das ist also die richtige Anleitung für die Sublimation des Schwefels und Arseniks. Gelingt sie nicht richtig, so muß man die Sache unter Beachtung aller Punkte wiederholen, bis man Erfolg hat.

Kapitel 45.
Über die Sublimation des Mercurs oder des Quecksilbers.

Jetzt will ich die Sublimation des Quecksilbers beschreiben. Der Zweck derselben ist die Reinigung von den erdigen Teilen und das Wegbringen seiner wässerigen Teile.

Die Arbeit, brennbare Bestandteile von ihm abzutrennen, bleibt uns erspart, weil das Quecksilber solche Bestandteile nicht hat. Bei der Abtrennung der überflüssigen, erdigen Teile kommt es nun darauf an, das Quecksilber mit solchen Stoffen zu mischen, mit denen es keine Verwandtschaft hat, und die Sublimation wiederholt durchzuführen. Solche Stoffe sind: Talcum und Kalk, z. B. Eierschalen und weißer Marmor, auch zerstoßenes Glas und alle Arten von präpariertem Salz. Durch diese Stoffe wird das Quecksilber gereinigt. Durch andere Stoffe aber, die verwandt mit ihm sind, abgesehen von Edelmetallen, wird es eher verdorben, und zwar deshalb, weil diese Stoffe Schwefelsubstanz enthalten, die bei der Sublimation mit dem Quecksilber zusammen sublimiert und es verdirbt. Wenn du es z. B. mit Zinn oder Blei sublimierst, so wirst du die Erfahrung machen, daß das Quecksilber nach der Sublimation schwarz und unrein geworden ist. Es ist also besser, es mit solchen Stoffen zu sublimieren, mit denen es keine Verwandtschaft hat. Die Sublimation des Quecksilbers mit den Stoffen, die verwandt mit ihm sind, wäre (an und für sich) noch besser, wenn sie nur keine Schwefelsubstanz enthielten! Am allerbesten gelingt deshalb die Sublimation mit Kalk (Talk), weil er mit dem Quecksilber wenig verwandt ist und keine Schwefelsubstanz enthält. Die Art und Weise der Wegschaffung seiner überflüssigen, wässerigen Substanz[67]) ist folgende: Man verreibt das Quecksilber mit dem Kalk, mit dem es sublimiert werden soll, und einer Flüssigkeit, z. B. Essig, und vermengt es damit so innig, daß man nichts mehr von ihm sieht. Dann entfernt man über gelindem Feuer das Wasser der zugesetzten Flüssigkeit (aqueïtas imbibitionis). Wenn dieses Wasser weggeht, geht auch die wässerige Substanz des Quecksilbers mit. Das Feuer soll aber so schwach sein, daß dadurch nicht die ganze Substanz des Quecksilbers in die Höhe steigt (sublimiert). Durch vielfache Wiederholung der Vermischung (imbibitionis), (Verreibung des Quecksilbers bzw. Zinnobers mit Kalk und, offenbar, verschiedenen Reagenzien, die bei der „Imbibition" zugesetzt werden) und schwacher Erhitzung, wird der größere Teil der wässerigen Substanz (aqueïtas) des Quecksilbers vernichtet. Der Rest wird durch Wiederholung der Sublimation weggeschafft. Wenn man nun das Produkt ganz weiß und glänzend wie Schnee und gewissermaßen tot (Gegensatz zu argentum vivum) an den Wandungen der Aludel haften sieht, so wiederholt man seine Sublimation, aber ohne Zusatz (sine faecibus). Ein Teil des Quecksilbers bleibt nämlich, ohne zu sublimieren, bei den Zusätzen und läßt sich durch keinerlei Methoden von ihnen trennen. Oder man macht einen Teil des Produktes beständig — die Methode der Beständigmachung (Fixierung) beschreiben wir später genau — und sublimiert diesen beständig gemachten Teil mit dem Rest des Produktes zusammen, der dadurch ebenfalls beständig gemacht wird. Nun beobachte und prüfe dieses Produkt über dem Feuer. Wenn es gut schmilzt, hast du die Sublimation richtig ausgeführt. Andernfalls setze etwas von dem sublimierten Quecksilber zu und wiederhole die Sublimation, bis das Produkt richtig schmilzt. Wenn dieses Produkt eine durch und durch leuchtend weiße Farbe hat, so ist es gut gereinigt, andernfalls nicht. Sei also bei der Präparierung, die durch die Sublimation ausgeführt wird, nicht nachlässig. Denn je reiner das Präparat ist, desto größer wird die Vervollkommnung (Veredlung) sein, die durch die Projektion dieses Präparates (präparierten Quecksilbers) auf eines der unvollkommenen Körper und auch auf nicht präpariertes Quecksilber selbst (metallisches Quecksilber) entsteht. So kommt es (wenn das Präparat, mit dem die Veredlung ausgeführt werden soll, unrein ist), daß manche mit Hilfe des Präparates Eisen, Blei, Kupfer oder Zinn hergestellt haben (statt Silber oder Gold), weil sie bei der Reinigung (des Quecksilberpräparates) nachlässig waren und weil Schwefel oder ähnliche Stoffe beigemischt waren. Wenn du aber das Quecksilber durch die Sublimation genügend reinigst und veredelst, so wird es zu einer sicheren und echten weißen Tinktur, die nicht ihresgleichen hat[68]).

Kapitel 46.
Über die Sublimation des Markasits.

Die Grundzüge der Sublimation des Quecksilbers haben wir nun genügend behandelt und gehen jetzt zur Sublimation des Markasits über[69]). Diese Sublimation ist eine doppelte: Die erste geht bei schwächerem Feuer, die zweite bei starkem Feuer vor sich, und zwar deshalb, weil der Markasit zweifache Substanz enthält. Die eine ist reiner, nicht fixer, eigentlicher Schwefel, die andere ist fixes, abgetötetes Quecksilber. Die erste Substanz ist als Schwefel verwendbar, die zweite wie abgetötetes Qecksilber (Argentum vivum mortificatum = Quecksilberoxyd, bzw. -Chlorid). Wir verwenden das letztere und können uns dadurch die Mühe sparen, Quecksilber erst mortifizieren zu müssen. Die Sublimation geht nun in der Weise vor sich, daß man das Material zerreibt, in die Aludel bringt, bei geringer Hitze den Schwefel sublimiert und das Sublimierte öfter fortnimmt. Dann steigert man allmählich die Hitze, bis die Aludel glüht. Die Sublimation des Markasits muß in einem Sublimationsgefäß geschehen, so lange, bis aller Schwefel entfernt ist. Wenn aller Schwefel entfernt ist, sieht man, daß die Farbe von dem, was nachher sublimiert, sich ändert und weiß wird mit einem bläulichen Ton. Das Schwefelhaltige ist verbrennlich und gibt eine Flamme wie Schwefel. Das, was nachher sublimiert, wenn aller Schwefel entfernt ist, läßt sich nicht entzünden und zeigt auch nicht die Eigenschaften des Schwefels, sondern die des mortifizierten Quecksilbers, wie es bei wiederholter Sublimation entsteht.

Kapitel 47.
Über das Gefäß, in dem der Markasit richtig sublimiert werden kann.

Folgendes will ich über die Methode der Sublimation zusammenstellen. Man nehme ein irdenes, festes und gut gebranntes Gefäß von der Länge eines

De ſublimatione Magneſiæ & Tutiæ, item corporum imperfectorum, & de additione materiæ ſubleuantis ea. Cap. XLVIII.

Sublimationis uero Magneſiæ & Tutiæ eſt eadem intentio cũ intentione ultimæ ſublimationis Marcheſitæ. Non enim poſſunt hæc omnia ſine ignitione ſublimari, ideoq; omnia unam intentionem habent cũ cauſis ijſdem & ex perien

Sublimation.

mittelgroßen Mannes und so weit, daß man eine Hand hineinstecken kann. Der Boden soll abnehmbar sein und die Form einer Schüssel haben. Vom Rand bis an den Boden soll dieses untere Gefäß so hoch sein, wie eine Hand mit den Fingern lang ist. Von hier (dem oberen Rand des handhohen Topfes, der den Boden bildet) bis oben soll das (auf dem handhohen Topf aufsitzende) Gefäß gut und fest glasiert sein. Über die Öffnung des Gefäßes wird ein Alembik mit weiter Nase gesetzt. Der Boden wird an dem Gefäß mit festem, zähem Lehm befestigt. Auf den Boden des Gefäßes wird der Markasit gestreut. Auf die obere Öffnung des Gefäßes wird der Alembik mit weiter Nase gesetzt. Dann wird das Ganze in den Ofen gebracht, der so starke Hitze geben soll, als ob Silber oder Kupfer geschmolzen werden sollte. Das habe ich in dem Teil meines Buches, der die verschiedenen Apparate behandelt, genügend besprochen. Der Ofen muß oben in der Mitte eine Öffnung haben, so weit, daß das Sublimationsgefäß hineingeht. Alle Fugen werden mit Lehm gedichtet, damit keine Flammen herausschlagen und einen belästigen. Doch sollen oben vier kleine Fenster am Ofen sein, die man, wenn nötig, auf- und zumachen kann und durch die man auch ab und zu Kohlen in den Ofen schütten kann. Auch außen an den Seiten des Ofens sollen noch vier andere Öffnungen sein, durch die man ebenfalls Kohlen hineinbringen kann, außerdem noch sechs bis acht kleine Öffnungen von der Größe eines kleinen Fingers, welche nie geschlossen werden, damit der Rauch durch sie hinauskann. Diese Löcher sind an der Verbindungsstelle von Wand und Decke des Ofens. Der Ofen soll große Hitze geben. Seine Wandung soll zwei Ellen hoch sein. In seiner Mitte soll ein Rost, mit vielen kleinen Löchern, mit Lehm gut befestigt sein. Die Löcher sind oben eng, unten weiter, damit Asche und Kohlen (Schlacke) leicht herunterfallen können. Sie erleichtern auch den Zufluß von frischer Luft. Der ungehinderte Zufluß von viel Luft verursacht nämlich große Hitze im Ofen. Übe dich in diesen Dingen und du wirst das selbst feststellen. Das Sublimationsgefäß soll deshalb lang sein, damit ein großer Teil von ihm aus dem Feuer herausreicht und abgekühlt wird. Die Sublimationsdämpfe gelangen dann an die kühleren Stellen und schlagen sich dort nieder, können also nicht entweichen. Das merkt man, wenn man eine kurze Aludel bei der Sublimation verwendet. Man erhält dann kein Sublimationsprodukt, weil infolge der Kürze des Gefäßes überall in ihm die gleiche Hitze ist. Das Sublimierte setzt sich dann nicht in fester Form an, sondern entweicht in Dampfform durch die Öffnung des Gefäßes. Bei allen Sublimationen soll deshalb der größere Teil des Gefäßes bis an die kühleren Stellen herausreichen. Glaciert soll das Gefäß sein, damit nicht die aufsteigenden Dämpfe eine poröse Gefäßwandung finden und durch sie entweichen. Es soll **der** Teil des Gefäßes glaciert sein, an dem die Dämpfe sich niederschlagen, damit sie nicht entweichen können. Der Boden der Aludel ist **nicht** glaciert, weil er dem direkten Feuer ausgesetzt ist, das die Glasur schmelzen würde. Wenn diese aber geschmolzen wäre, würde sie das ganze zu sublimierende Material zum Schmelzen bringen und eine Glasmasse daraus machen[70]). Es ist nämlich eine Eigenschaft des Glases, alle Stoffe so zu verändern und umzuwandeln, daß sie ihm selbst gleich werden. Wenn du alles das bedacht hast, mache Feuer unter die Aludel und heize so lange, bis du dich überzeugt hast, daß alles sublimiert ist. Man untersucht dies auf die Weise, daß man einen Stab aus gut gebranntem Ton, der an einem Ende ein kleines Loch hat, in das Sublimationsgefäß einführt, bis zu dem Material, das sublimiert wird. Man läßt den Stab einige Zeit dort und zieht ihn dann heraus. Falls in dem Loch des Stabes etwas von dem zu Sublimierenden hängengeblieben ist, so ist sicher noch nicht alles sublimiert, andernfalls ist alles sublimiert. Diese Probe kann man bei allen Sublimationen machen.

Kapitel 48.
Über die Sublimation der Magnesia und Tutia.

Die Sublimation der Magnesia und Tutia[71]) [72]) geht ebenso vor sich wie die beschriebene des Markasits. Alle diese Körper können ohne starkes Feuer nicht sublimiert werden. Die Verhältnisse und Methoden sind bei der Sublimation aller dieser Körper die gleichen: Man sublimiert sie ohne Zusätze, weil sie die Stoffe, die man sonst zusetzen würde, im Überfluß schon in sich selbst enthalten. Das sieht man an der Schwierigkeit ihrer Sublimation, die nur bei großer Hitze gelingt. Alle weniger vollkommenen Körper sublimieren in der gleichen Weise, und der Unterschied ist nur der, daß bei ihnen noch stärkere Hitze für die Sublimation nötig ist als bei Magnesia, Markasit und Tutia. Die verschiedenen Körper unterscheiden sich bei der Sublimation ferner noch dadurch, daß manche eine Beimischung brauchen, welche die Sublimation unterstützt, andere nicht. Man hat bezüglich der Sublimation die Erfahrung gemacht, daß auf dem Boden der Aludel keine große Quantität der zu sublimierenden Substanz sein soll, weil durch größere Mengen die Sublimation erschwert wird. Der Boden der Aludel soll flach sein, nicht konkav, damit die Substanz gleichmäßig und nicht zu dicht darauf gestreut liegt und damit so alle Teile gleichmäßig sublimieren können. Die Körper, die einen Zusatz brauchen, der die Sublimation erleichtert, sind Kupfer und Eisen, weil sie schwer schmelzen. Kupfer braucht Tutia als Zusatz, Eisen braucht Arsenik. Damit sublimieren sie leicht, weil sie mit diesen Stoffen verwandt sind. Die Sublimation geht dann so vor sich, wie wir sie beim Markasit beschrieben haben.

Kapitel 49.
Über die Descension.

Nachdem wir die Sublimation beschrieben haben, soll nun die Descension ausführlich behandelt werden. Aus dreifachem Grund hat man sie erfunden. Erstens, damit eine Materie, die sich in dem Descensorium oder Thimia[73]) genannten Gefäß befindet, nach ihrer Schmelzung durch die Öffnung des Gefäßes nach unten gelangen kann[74]). Man weiß dann sicher, daß die Schmelzung richtig gelungen ist. Ein weiterer Grund ist der, daß empfindliche Körper durch diese Descension vor dem Verbrennen bewahrt werden, nachdem sie aus ihrem Kalk (Oxyd) reduziert wurden. Denn wenn man empfindliche Körper aus ihren Kalken reduziert, so kann man nicht alles gleichzeitig reduzieren, sondern immer nur einen Teil. Wenn nun der Teil, der zuerst reduziert wurde, so lange dabeibleiben müßte, bis alles reduziert ist, so würde der größte Teil durch die Hitze verbrennen oder sich verflüchtigen. Es war deshalb nötig, eine Einrichtung zu treffen, daß die reduzierten Teile vom Feuer entfernt werden. Dies gelingt durch das Descensorium. Der dritte Anlaß für die Erfindung der Descension war die Reinigung der Körper von allen fremden Beimengungen.

Der geschmolzene Teil fließt nämlich ab, und die Verunreinigungen bleiben zurück. Nun will ich die Descension mit dem dazugehörigen Descensionsgefäß beschreiben. Seine Form ist so, daß es unten spitz ist und daß seine Wandung ohne Ausbauchung von oben bis unten eine spitze Pyramide (Kegel) bildet. Die geschmolzene Substanz kann so, ohne hängenzubleiben, leicht zu der Öffnung, die unten an dem Gefäß ist, herabgelangen. Der Deckel des Gefäßes, sofern er nötig ist, soll die Form eines flachen Topfes haben, gut mit dem Gefäß verbunden sein und aus guter, feuerfester Erde bestehen. Das Material, dessen Descension vorgenommen werden soll, wird auf runde Stäbe aus gut gebrannter Erde gelegt, etwas oberhalb des unteren Gefäßendes. Dann bringt man das Descensorium in ein Kohlenfeuer, das angeblasen wird. Die geschmolzene Substanz fließt dann in ein daruntergestelltes Gefäß. Man kann auch das Material, besonders wenn es schwer schmelzbar ist, auf eine ebene oder schwach konkave Platte bringen. Von da kann die geschmolzene Substanz leicht nach unten gelangen, wenn der obere Teil des Descensoriums etwas nach abwärts geneigt ist. Die Metalle werden so gereinigt. „Per pastillum" werden sie noch besser von ihren erdigen Bestandteilen durch Reduktion gereinigt. Diese Reinigungsmethode ist die gleiche wie die Descensionsmethode. Die Faeces (erdigen Bestandteile) der Metalle werden dabei ebenso und noch besser zurückbehalten wie bei der Descension, und wir beschreiben deshalb die Methode: Wir nehmen den Körper (Erz, Metall), den wir reinigen wollen, bringen ihn in die Form von kleinsten Körnern, feilen ihn oder wandeln ihn in seinen Kalk um, was das beste ist, und vermischen ihn mit nicht schmelzbarem Kalk. Dann schmilzt man den Körper. Die Metalle werden auf diese Weise gereinigt, zwar nicht etwa so vollkommen, daß sie dabei veredelt würden, aber ihre Reinigung ist insofern nützlich, als sie dann besser und vollkommener umgewandelt werden (zu Silber und Gold), wenn die veredelnde Medizin auf sie einwirkt.

Kapitel 50.

Über die Destillation und ihre verschiedenen Arten.

Nun will ich über die Destillation berichten. Destillieren ist: Dämpfe von Flüssigkeiten in geeigneten Gefäßen in die Höhe steigen lassen. Die Destillation ist verschieden je nach der Art der zu destillierenden Stoffe, und sie geschieht mit oder ohne Anwendung von Wärme. Von der Destillation durch Erhitzen gibt es zwei Arten, die Destillation und die Descension, mit deren Hilfe man z. B. Öl aus Pflanzen extrahiert. Der Zweck jeder Art von Destillation ist der, Flüssigkeiten von Verunreinigungen zu befreien und sie dadurch vor Fäulnis und Verderben zu bewahren. Man sieht nämlich, daß eine destillierte Substanz, welche Art von Destillation man auch anwendet, reiner geworden ist und weniger leicht fault und verdirbt. Der besondere Zweck der Destillation mit Hilfe des Alembiks (quae per ascensum fit in Alembicum)[75]) ist die Herstellung von reinem Wasser. Das ist ja bekannt. Man sieht ja, daß Wasser, welches zwei- bis dreimal mit Hilfe des Alembiks destilliert wurde, keine erdigen Verunreinigungen und Beimischungen mehr hat. Der Grund für die Darstellung von reinem Wasser war der, daß man es zur Lösung von pulverförmigen Substanzen brauchte, damit das Wasser aus der Lösung keine Verunreinigungen abscheidet, durch welche unsere reinen Medizinen[76]) verunreinigt und zerstört würden. Der

Zweck der Erfindung der Reinigung durch Descension[77]) war die Extraktion reiner Ole, weil man durch Destillation (quia per ascensum) keine brauchbaren Ole gewinnen konnte. Der Zweck der Destillation durch das Filter[78]) ohne Anwendung von Wärme war der, reines Wasser zu gewinnen. Wir beschreiben jetzt alle Arten von Destillation. Von der Destillation mit dem Alembik gibt es zwei Arten: Bei der einen verwendet man einen irdenen Topf mit Asche[79]). Bei der anderen ein Gefäß mit Wasser, worin Heu oder dergleichen ist, damit das Destillationsgefäß nicht zerbricht. Die Destillation mit Anwendung von Asche geht bei stärkerer Hitze vor sich, die mit Anwendung von Wasser bei geringerer Hitze. Das Wasser nimmt nämlich nicht so große Hitze an wie die Asche. Bei der Destillation in Asche gehen die Substanzen oft gefärbt und verunreinigt über, bei der Destillation im Wasserbad reiner und farblos. Die Trennung ist also eine feinere bei der Destillation im Wasserbad, als bei der im Aschenbad. Die praktische Erfahrung zeigt, daß es sich so verhält. Wenn man ein Ol im Aschenbad destilliert, findet man es in der Vorlage wenig verändert. Will man seine Bestandteile trennen, so muß man es im Wasserbad destillieren. Nimmt man die Destillation wiederholt vor, so gelingt es, das Ol in seine Bestandteile zu zerlegen, und man extrahiert eine ganz helle und reine Flüssigkeit aus einem ganz dunklen Ol, während die Verunreinigungen vollständig auf dem Boden des Destilliergefäßes zurückbleiben. Durch diesen Kunstgriff (magisterium) gelingt es sicher, alle Pflanzenstoffe zu trennen[80]). Durch die Trennung mit Hilfe der Descension kann man reine Pflanzenöle und ähnliche Pflanzenstoffe erhalten. Durch die Trennung durch das Filter gelingt es, reine Flüssigkeiten zu erhalten. Das alles ist auch weniger gelehrten und erfahrenen Leuten bekannt. Wer aber nicht darauf achtet, wird nichts erreichen. Durch Übung kommt man diesen Dingen näher. Die Destillation im Aschenbad geht in folgender Weise vor sich: Man nimmt einen starken, irdenen Topf und setzt ihn in einen Ofen, der dem oben erwähnten Sublimationsofen ähnlich ist. Auf seinen Boden schüttet man gesiebte Asche so hoch, wie ein Finger breit ist. Darauf setzt man das Destillationsgefäß und schüttet ringsherum die gleiche Asche, bis nahe an den Hals des Gefäßes. Dann bringt man die zu destillierende Substanz in das Gefäß und setzt den Alembik darauf, in dessen Hals der Hals des darunter befindlichen Destillationsgefäßes (cucurbita) mündet bis zu der Stelle, wo der Hals des Alembiks gebogen ist, damit die aufsteigenden Dämpfe nicht entweichen. Destillationsgefäß und Alembik verbindet man gut miteinander und dichtet mit Lehm. Nun bringt man eine Vorlage davor, deren Hals den Fortsatz des Alembiks in sich aufnimmt bis zur Mitte desselben, und umwickelt die Verbindungsstelle mit einem in Eiweiß getauchten Lappen und läßt trocknen. Dann erhitzt man und destilliert. Destillationsgefäß und Alembik sollen von Glas sein. Wenn nötig, wird die Wärme gesteigert, bis alles destilliert ist. Die Destillation im Wasserbad geht in ähnlicher Weise im Destillationsgefäß und Alembik vor sich. Man nimmt einen eisernen oder kupfernen Topf und stellt ihn in den Ofen. Dann legt man drei Finger hoch Heu, Wolle oder dgl. hinein, setzt das Destillationsgefäß mit Alembik, wie oben geschildert, darauf und umgibt es ebenfalls mit Heu oder dgl. bis an den Hals des Alembiks, damit das Gefäß nicht zerbricht. Über das Heu legt man dünne Zweige und beschwert das Ganze mit Steinen, damit das Destillationsgefäß mit seinem Alembik im Wasserbad fest=

Destillation.

Links unten „Destillatio per filtrum".

gehalten und nicht durch das kochende Wasser herumgeworfen und zerbrochen wird, wodurch auch die zu destillierende Substanz verlorenginge. Dann füllt man den Topf mit Wasser, setzt Feuer darunter und destilliert. Der Vorgang bei der Descension ist der, daß man ein Descensorium aus Glas nimmt, die Substanz hineinbringt, den Deckel darauf setzt und mit Lehm verklebt. Dann bringt man ein Feuer darüber. Das Destillat fließt dann durch die Öffnung in ein darunter gestelltes Gefäß herab. Die Reinigung durch das Filter geschieht so, daß man die Flüssigkeit in eine gläserne oder irdene Schale gießt. Den breiteren Teil des gut ausgewaschenen, feuchten Filters bringt man in diese Flüssigkeit, bis auf den Boden, der schmälere Teil hängt aus der Schale oben heraus. Unter dieses Stück des Filters setzt man ein Gefäß. Wenn nun dieses Filter in Tätigkeit kommt, destilliert zunächst das Wasser, mit dem das Filter befeuchtet war, dann kommt die zu destillierende Flüssigkeit. Wenn sie noch nicht rein ist, gießt man sie nochmals in die Schale zurück, bis sie ganz rein wird. Das ist alles ganz einfach und bedarf nicht vieler Versuche und Erklärungen.

Kapitel 51.
Über die Calcination.

Nach der Destillation will ich jetzt die Calcination beschreiben. Sie besteht darin, daß eine Substanz durch Hitze pulverisiert wird, durch Entziehung der Feuchtigkeit, welche die einzelnen Teile zusammenhielt. Der Zweck der Calcination ist die Zerstörung der verbrennlichen, verderbenden und verunreinigenden Schwefelsubstanz durch das Feuer. Die Calcination ist verschiedenartig je nach der Art der zu calcinierenden Substanzen. Man calciniert Metalle und flüchtige Körper. Weil nun die unvollkommenen Metalle zweifacher Art sind, nämlich harte, wie Kupfer und Eisen, und weiche, wie Zinn und Blei, so ist ihre Calcination verschieden. Der Zweck der Calcination ist im allgemeinen der gleiche, und zwar der, zerstörende, schwefelartige Bestandteile zu entfernen und durch Hitze zu zerstören. Dadurch wird nämlich alles Schwefelartige verbrannt, was ohne Calcination nicht möglich ist. Die Metalle sind nämlich widerstandsfähig und fest, und ihre schwefelartigen Bestandteile sind im Zusammenhang mit der Substanz des Quecksilbers in ihnen verborgen. Dadurch wird ihre Verbrennung erschwert. Der Zusammenhalt der Metalle mit der Quecksilbersubstanz, die in ihnen steckt, muß deshalb aufgehoben werden, damit das Feuer leichter an jedes einzelne, kleinste Teilchen herankommen und seine schwefelartigen Bestandteile verbrennen kann, ungehindert durch die beigemischte Quecksilbersubstanz. Ein weiterer Zweck der Calcination ist der, die Metalle von erdartigen Teilen zu reinigen. Man hat nämlich gefunden, daß die Metalle durch wiederholte Calcination und Reduktion gereinigt werden. Der Zweck der Calcination der weichen Metalle ist der, sie hart und feuerbeständig zu machen. Hierzu gelangt man durch wiederholte Calcination. Am leichtesten und raschesten wird das Zinn gehärtet. Der Zweck der Calcination flüchtiger Körper ist der, sie beständiger und wasserlöslicher zu machen. Calcinierte Substanzen sind nämlich beständiger und löslicher als nicht calcinierte, weil ihre Teilchen durch das Feuer der Calcination feiner werden und sich leichter mit Wasser vermischen und sich darin lösen. Durch die Erfahrung wirst du finden, daß es sich so verhält. Die Methoden der Calcination sind verschieden, entsprechend der Verschiedenheit der zu calcinierenden Stoffe. Metalle werden anders calciniert als flüchtige Substanzen, und auch die verschiedenen Metalle werden auf verschiedene Weise calciniert. Weiche Metalle kann man durch Feuer oder durch scharfes präpariertes oder nicht präpariertes Salz calcinieren. Die erste Art ist folgende: Man nimmt ein eisernes oder irdenes, gut gebranntes, festes Gefäß, ähnlich wie ein Topf geformt, setzt es in einen Calcinationsofen, bringt ein Kohlenfeuer darunter und bläst dieses an. Auf den Boden des Gefäßes bringt man Blei oder Zinn. Das Gefäß steht auf einem eisernen Dreifuß oder auf drei steinernen Säulen und ist auch an den Ofenwänden dadurch gut befestigt, daß es durch drei oder vier Steine eingekeilt wird, damit es sich nicht bewegen kann. Die Form des Ofens ist die gleiche wie die des großen Ofens, den wir schon beschrieben haben. Unter dem Calcinationsgefäß wird nun ein Feuer angezündet, das kräftig genug ist, um das zu calcinierende Metall zu schmelzen. Wenn nun das Metall geschmolzen ist und durch die Kraft des Feuers eine dunkle Haut auf ihm entsteht, so nimmt man diese mit einem eisernen oder steinernen Spatel ab. Das wiederholt man so oft, bis alles Metall in ein Pulver umgewandelt ist. Ist es Blei, so wendet man stärkeres Feuer an, bis es zu einem gelben Kalk geworden ist[81]). Ist es Zinn, so setzt man es ebenso längere Zeit dem Feuer aus, bis es sich ganz in eine weiße Masse umgewandelt hat. Man muß dabei vorsichtig sein, weil das Blei aus seinem Kalk leicht wieder zu Metall reduziert wird, das Zinn aber schwieriger. Man soll also keinen Fehler machen, wenn man den Bleikalk stärker dem Feuer aussetzt, damit er nicht wieder zu Metall reduziert wird[82]), statt daß alles Blei in seinen Kalk umgewandelt wird. Bei der Calcination des Bleis muß man nämlich mäßiges Feuer anwenden, das man vorsichtig langsam steigert. Dann wird das Blei richtig zu seinem Kalk und wird nicht wieder zu Metall reduziert. Der Kalk des Zinns ist schwerer zu reduzieren. Wenn man einmal diesen Kalk reduzieren will, so kann es vorkommen, daß dies nicht gelingt, sondern daß der Kalk bleibt, wie er ist, oder daß er zu einem Glas umgewandelt wird. Wenn man also kein starkes Feuer anwendet, so wird der Kalk des Zinns nicht reduziert. Und wenn man starkes Feuer anwendet, so ist die Reduktion auch nicht sicher, sondern es entsteht möglicherweise eine glasartige Masse[83]). Das geschieht, weil das Zinn in der Tiefe seiner Natur flüchtige Quecksilbersubstanz eingeschlossen enthält, welche — längere Zeit einem starken Feuer ausgesetzt — sich verflüchtigt und einen Körper zurückläßt, der frei von Feuchtigkeit ist. — Dieser Körper wird dann leichter zu einem Glas als zu Metall. Jede Substanz nämlich, der ihre Feuchtigkeit genommen ist, gibt bei der Schmelze nur ein Glas. Es bleibt also nichts übrig, als durch kurze Einwirkung eines starken Feuers rasch zu reduzieren. Nur so gelingt es, wie der Versuch zeigen wird. Die Calcination von Blei und Zinn mit Hilfe von scharfem Salz[84]) geschieht in der Weise, daß man auf das geschmolzene Metall eine Quantität des Salzes bringt und unter Erhitzen mit einem eisernen Stab rührt, bis durch die Vermischung mit dem Salz alles zu Asche geworden ist. Aber bei der Calcination dieser beiden Metalle — Blei und Zinn — ist ein Unterschied. Blei wird im Anfang der Operation leichter in Pulverform gebracht wie Zinn, aber sein Kalk entsteht nicht leichter wie der des Zinns. Das kommt daher, weil das Blei mehr fixe Feuchtigkeit und mehr erdige Bestandteile enthält als das Zinn. Kupfer und Eisen calciniert man ebenso, doch liegt ein Unterschied darin, daß sie schwerer schmelzen wie Blei und Zinn. Wenn man dünne Kupfer- oder Eisenplättchen an starkes Feuer bringt, so schmelzen sie nicht, sondern sie werden leicht in ihren Kalk übergeführt, weil sie viel erdartige Substanz sowie viel verbrennliche und flüchtige Schwefelsubstanz enthalten. Weil viel erdartige Quecksilbersubstanz im Kupfer und Eisen enthalten ist, wird der Zusammenhang des Quecksilbers in ihnen gestört, und sie werden so aufgelockert und porös, daß die Schwefelsubstanz sich verflüchtigen und daß das Feuer leichter an sie herankommen und sie verbrennen kann. Dadurch wird der Zusammenhang zwischen den einzelnen bzw. Eisenteilchen aufgehoben, und sie werden zu Asche. Das sieht man deutlich an folgendem Versuch. Bringt man ein Kupferblech an starkes Feuer, so gibt es eine schweflige Flamme[85]), und auf seiner Oberfläche bilden sich Schuppen, die sich pulverisieren lassen (Kupferoxyd). Die Beschaffenheit des Calcinationsofens ist die gleiche wie die des Destillationsofens, nur daß er oben eine einzige große Öffnung haben soll, durch welche der Rauch abziehen kann. Die zu calcinierenden Substanzen sollen in die Mitte des Ofens gebracht werden, damit das Feuer sie von allen Seiten erreicht. Das Gefäß soll aus sehr fester, gebrannter Erde sein, damit es nicht im Feuer weich wird. Die Calcination der flüchtigen Stoffe geht in der Weise vor sich, daß man sie erhitzt und daß man die Wärme langsam und vorsichtig steigert, damit sie sich nicht verflüchtigen, bis man so weit kommt, daß sie stärkere Hitze ertragen. Das Gefäß soll rund sein und ganz geschlossen. Der Ofen soll ebenso sein wie der oben beschriebene. In einem solchen Ofen und einem solchen Gefäß kann man jede Substanz calcinieren. Bei den flüchtigen Substanzen und solchen Stoffen, die ihnen ähnlich sind, ist besondere Vorsicht wegen ihrer Flüchtigkeit nötig.

Kapitel 52.
Über die Lösung.

Lösung ist Überführung einer trockenen Substanz in Wasser. Die Lösung trockener Substanzen geschieht durch saure scharfe und ätzende reine Flüssigkeiten, wie destillierter Essig und die durch Destillation*) gewonnenen Säuren von sauren Trauben, unreifen Pflaumen, sauren Birnen, Granatäpfeln und ähnlichem. Der Zweck der Lösung ist der, diejenigen Stoffe in eine subtilere Form zu bringen, die keine brauchbare Schmelze geben und keine Einwirkung auf andere Substanzen haben[86]), wodurch ihnen die nützlichen Eigenschaften flüchtiger und ähnlicher Stoffe fehlen. Alles, was gelöst werden soll, muß die Natur des Salzes oder Alaunes oder ihnen ähnlicher Stoffe haben. Es ist aber eine Eigenschaft dieser Stoffe, daß sie schmelzen, bevor sie zu einer glasartigen Masse werden. Auch die flüchtigen Substanzen verhalten sich ähnlich, wenn sie gelöst werden. Da sie sich nun mit den Metallen beim Schmelzen verbinden, so müssen sie sich mit den Metallen innig vereinigen und sie umwandeln. Das gelingt nur durch einen Kunstgriff, der darin besteht, daß man die gelösten und koagulierten Substanzen mit einem gereinigten, flüchtigen Körper behandelt und so oft mit ihm zusammen sublimiert, bis er bei der Substanz bleibt (sich mit ihr verbindet), sie leichter schmelzbar macht und verhindert, daß sie beim

*) Destillation: hier wörtlich = Abtropfen (aus zerquetschten Massen). Vgl. auch oben „Destillation durch das Filter".

Schmelzen zu einer glasartigen Masse wird. Die flüchtigen Körper haben nämlich die Eigenschaft, nicht zu einem Glas zu werden und auch zu verhindern, daß dies bei anderen Stoffen geschieht, mit denen sie vereinigt sind. Ein flüchtiger Körper, der die Natur eines solchen besonders deutlich und stark besitzt, verhindert auch am meisten, daß eine Substanz zu einer glasartigen Masse wird. Diese Fähigkeit hat ein Körper aber am ausgesprochensten dann, wenn er durch Calcinieren und Lösen gereinigt wurde. Wir sehen aber, daß nur Salze, Alaune und ähnliche Stoffe löslich sind, und wir haben bei unseren Versuchen keine anderen löslichen Stoffe gefunden. Da wir nun sehen, daß alle richtig calcinierten Stoffe durch wiederholte Calcination und Lösung löslich werden, so wird dadurch bewiesen, daß alle calcinierten Körper eine ähnliche Natur haben wie Salze und Alaune. Die Art der Lösung ist eine zweifache: Mit Hilfe von warmem Mist oder heißem Wasser, wobei der Zweck und die Wirkung die gleichen sind. Die calcinierte Substanz wird in eine Glasflasche gebracht, die zweifache Menge von destilliertem Essig oder von einer ähnlichen Substanz wird darüber gegossen, die Flasche wird gut verschlossen, damit sich nichts verflüchtigt, und wird drei Tage lang unter einer großen Menge von warmem Mist gelassen, damit sie gut warm wird. Dann wird die Lösung abfiltriert; das Nichtgelöste wird nochmals calciniert und nach der Calcination nochmals in gleicher Weise gelöst, mit der doppelten Menge von frischem, destillierten Essig oder einer ähnlichen Substanz. Das wird so lange wiederholt, bis alles oder der größte Teil gelöst ist. Bei Anwendung von heißem Wasser geht die Lösung rascher und besser vor sich. Die calcinierte Substanz wird wie oben mit Essig in eine Flasche gebracht, die verschlossen wird, damit sich nichts verflüchtigt. Dann bringt man die Flasche in ein Gefäß mit Wasser, auf Heu, wie es bei der Destillation beschrieben wurde, und erhitzt, so daß das Wasser eine Stunde lang siedet. Das Gelöste wird abfiltriert und aufbewahrt, das Nichtgelöste nochmals calciniert und wie oben behandelt, bis alles gelöst ist.

Kapitel 53.
Über die Koagulation.

Koagulation ist die Überführung von etwas Flüssigem in feste Substanz, durch Abtrennung der wässerigen Bestandteile. Der Zweck ist ein doppelter, und zwar erstens die Festmachung des Quecksilbers und zweitens die Trennung der gelösten Medizinen von den ihnen beigemischten wässerigen Bestandteilen. Die Koagulationen sind je nach Art der zu koagulierenden Stoffe verschieden. Das Quecksilber braucht eine andere Coagulation wie gelöste Medizinen. Die Koagulation des Quecksilbers ist eine zweifache. Bei der ersten handelt es sich um Wegnahme seiner ganzen natürlichen Feuchtigkeit, bei der anderen um Verdickung seiner Feuchtigkeit, bis es erhärtet. Es ist dies aber sehr schwierig und erfordert viel Arbeit und Fleiß, und zwar wegen des festen, innigen Zusammenhalts seiner Bestandteile. Ich werde dir nun, lieber Sohn, in diesem Kapitel den ganzen Sinn und Zweck der Koagulation auseinandersetzen. Manche Forscher glaubten, die Koagulation des Quecksilbers geschehe durch langes, mäßiges Erwärmen. Sie fanden es aber nach dem Erkalten flüssig wie vorher, waren bestürzt und erstaunt darüber und erklärten, die Koagulation des Quecksilbers sei nicht möglich. Andere sagten sich, jede feuchte Substanz müsse durch Hitze

Tafel IV.

Lösen von Substanzen im Wasserbad.

trocken werden, und sie bemühten sich deshalb, das Quecksilber durch langes andauerndes Erhitzen zu koagulieren. Durch diese anhaltende Erhitzung kamen sie dazu, daß die einen das Quecksilber in einen weißen, andere in einen roten Stein umwandelten, der nicht schmolz und der keine Einwirkung auf andere Substanzen hatte. Sie konnten die Ursache dieser verschiedenen Resultate nicht richtig beurteilen und verwarfen die ganze Sache. Wieder andere versuchten, das Quecksilber mit Hilfe von Medizinen zu koagulieren, wurden aber enttäuscht, weil die Sache nicht gelang oder weil ihnen das Quecksilber verrauchte. Sie verstanden das nicht und verzweifelten. Manche setzten kunst- und sinnreiche Medizinen zusammen und koagulierten damit das Quecksilber, durch Projektion dieser Medizinen auf das Quecksilber. Aber sie erhielten keine richtige nützliche Koagulation, sondern sie wandelten das Quecksilber in einen unvollkommenen Körper um. Das konnten sie in ihrer Unzulänglichkeit auch nicht verstehen. Ich will es nun erklären, damit der Künstler das Magisterium der Koagulation erlangt. Wie wir schon oben genügend dargelegt haben, ist die Quecksilbersubstanz einheitlich. Deshalb ist es nicht möglich, in kurzer Zeit durch Erhitzen seine wässerigen Anteile zu entfernen oder zu verdicken. An diesem Fehler war also die zu große Beschleunigung schuld, mit der die Arbeit ausgeführt wurde. Das Quecksilber ist subtil und verflüchtigt sich daher im Feuer. Anwendung übertriebener Hitze war also der Fehler bei denjenigen, bei denen das Quecksilber sich verflüchtigte. Das Quecksilber läßt sich leicht mit Schwefel, Arsenik und Markasit vermischen, wegen seiner Verwandtschaft mit ihnen. Deswegen scheint es durch diese Stoffe koaguliert zu werden; nicht in der Gestalt eines metallischen Körpers, sondern in derjenigen des mit Blei vermischten Quecksilbers[87]). Diese Substanzen sind selbst flüchtig und können das Quecksilber im Feuer nicht so beständig erhalten, daß es zu einem Metall würde, sondern sie verflüchtigen sich im Feuer mit ihm zusammen. Das ist also die Ursache des Irrtums derjenigen, die auf diese Weise das Quecksilber koagulieren wollten. Das Quecksilber enthält viel mit ihm verbundene Feuchtigkeit, welche von ihm nur durch andauernde, vorsichtige Einwirkung von starkem Feuer getrennt werden kann. Manche verstärken das Feuer nun so viel wie möglich und nehmen dem Quecksilber alle Feuchtigkeit, ohne ihm so viel davon zu lassen, daß das Produkt wie ein Metall schmilzt. Diesen Fehler machten diejenigen, welche das Quecksilber zu einem weißen oder roten Stein koagulierten, der nicht schmelzbar ist (der keinen Metallcharakter hat). Das Quecksilber enthält schwefelartige Anteile, bald mehr, bald weniger, welche man auf künstliche Weise entfernen kann. Da nun der Schwefel die Eigenschaft hat, mit dem Quecksilber eine rote oder gelbliche Farbe zu erzeugen, je nach seiner Menge, so wird das Quecksilber, wenn der Schwefel entfernt ist, im Feuer eine weiße Substanz geben. Das ist der Grund, weshalb bei der Koagulation zu einem festen Körper verschiedene Farben entstehen. Das Quecksilber enthält auch unreine, erdartige, sowie schwefelartige Bestandteile, durch die auch notwendigerweise alle seine Koagulationsprodukte verunreinigt werden. Das ist der Fehler bei denen, die bei der Koagulation einen unvollkommenen Körper erhalten. Infolge der Anwendung verschiedener Medizinen bei der Koagulation des Quecksilbers entstehen auch verschiedene Produkte dabei. Wenn die Medizinen oder das Quecksilber in sich keinen fixen Schwefel enthalten, muß ein weicher Körper entstehen; wenn sie fixen Schwefel enthalten, muß ein harter Körper entstehen. Enthalten die Medizinen weiße oder rote Substanz, so entsteht ein weißes oder rotes Produkt. Enthalten sie Verunreinigungen, so entsteht auch ein unreines Produkt. Nicht fixer Schwefel erzeugt ein unreines Produkt, fixer Schwefel nicht. Eine Substanz, die rein von Schwefel ist, erzeugt einen reinen Körper, andernfalls einen unreinen. Dieses verschiedenartige Ergebnis kann man aber auch bei Quecksilber allein, auch wenn kein Schwefel beigemischt ist, erhalten, und zwar infolge von Verschiedenheiten bei seiner Reinigung und Präparierung durch die Medizinen. Deshalb kann man auch, was die Medizinen betrifft, Enttäuschungen erleben und bei der Koagulation des Quecksilbers bisweilen Blei, bisweilen Zinn, Kupfer oder Eisen erhalten, und zwar infolge unreiner Medizinen. Manchmal erhält man aber Gold oder Silber. Das ist ohne Zweifel eine Folge der Güte und Reinheit der Medizinen. Das Quecksilber wird aber durch wiederholte Präcipitation koaguliert unter Anwendung starker Hitze, die seine flüssigen Teile leicht entfernt. Das geschieht in einem Gefäß, das sehr lang ist. Steigen die Quecksilberdämpfe in diesem in die Höhe, so kommen sie an kühlere Stellen und bleiben hier an den Wänden des Gefäßes infolge dessen Länge hängen und verflüchtigen sich nicht nach außen, sondern das Quecksilber fällt wieder auf den Boden des Gefäßes zurück. Dieser Vorgang wiederholt sich infolge der Hitze so oft, bis das Quecksilber fest und beständig wird (und nicht mehr sublimiert). Das Quecksilber wird auch dadurch koaguliert, daß man es lange Zeit erhitzt, und zwar in einem Glasgefäß, das die Form einer Ampulle hat, und dessen Hals sehr lang ist. Die Feuchtigkeit des Quecksilbers kann so entweichen. Das Quecksilber wird auch durch eine geeignete Medizin koaguliert, über deren Zusammensetzung wir später das Nötige sagen werden. Hier bringe ich zur Vervollständigung einiges, was ich durch Versuche gefunden habe. Seine Medizin muß eine Substanz sein, die sich innig mit ihm vereinigt. Man muß also die Medizin aus Stoffen herstellen, die sich gern mit dem Quecksilber verbinden. Solche Stoffe sind alle metallischen Körper, sowie Schwefel und Arsenik. Wir sehen aber, daß kein Metall das Quecksilber wirklich und fest koaguliert, sondern daß das Quecksilber bei Anwendung von starker Hitze sich von den Metallen trennt und sich verflüchtigt, so leicht sich auch diese Metalle mit dem Quecksilber verbinden mögen. Wir sehen daraus, daß kein Metall sich tatsächlich tiefgehend und fest mit dem Quecksilber vereinigt. Die Medizin muß also von feinerer Substanz sein als die Metalle. Die flüchtigen Körper koagulieren das Quecksilber, wie man sieht, auch nicht richtig und fest, sondern verunreinigen und schwärzen es. Das kommt einerseits von der Flüchtigkeit der flüchtigen Körper, andererseits von der erdartigen und verbrennlichen Substanz, die sie enthalten. Daraus ergibt sich klar und deutlich, aus welcher Art von Stoffen die Medizin für das Quecksilber gewonnen werden muß. Die Medizin selbst muß von ganz feiner und reiner Substanz sein, muß sich ganz innig und fest mit dem Quecksilber vereinigen, muß leicht schmelzen und flüssig werden, muß dabei zart sein wie Wasser, Wachs oder Öl und muß im Feuer beständig sein. Eine solche Medizin koaguliert das Quecksilber und wandelt es in gold- oder silberartige Substanz um. Ich werde dir im folgenden zeigen, wie man die Medizinen zusammensetzt, und werde gebührend erklären, durch welche Mittel und Methoden man sie zustande bringt. Übe und bemühe dich und du wirst es finden. Damit man mich nicht wegen

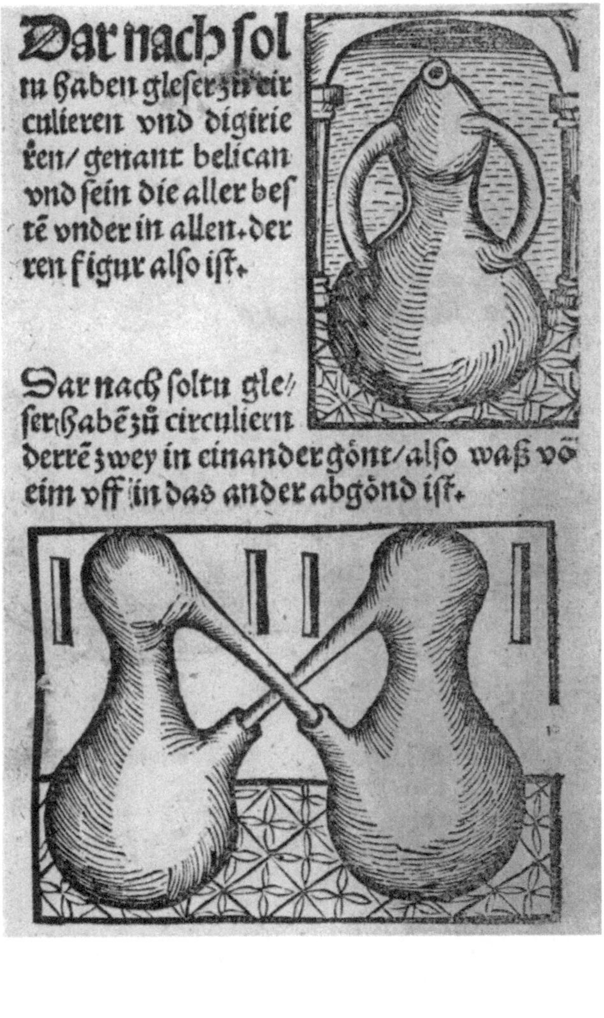
Dar nach ſol
tu haben gleſer zů cir
culieren vnd digirie
ken/ genant belican
vnd ſein die aller beſ
tē vnder in allen. der
ren figur alſo iſt.

Dar nach ſoltu gle/
ſer habē zů circuliern
derrē zwey in einander gônt/ alſo waß vō
eim vff in das ander abgônd iſt.

Zirkulationsgefäße [Pelikan].

ungenügender Mitteilungen schelte, sage ich, daß man diese Medizin aus Metallen mit Schwefel oder Arsenik, oder auch aus Metallen allein gewinnen kann. Aus Quecksilber gewinnt man die Medizin leichter und bequemer, weil sich Gleiches gern mit Gleichem verbindet und leichter und lieber als mit Ungleichem und Fremdem, und man kann diese zarte Substanz leichter aus ihm gewinnen, weil das Quecksilber selbst subtile Materie enthält. Man gewinnt aber diese Medizin auf dem Wege der Sublimation. Die Koagulation gelöster Stoffe geschieht in Ampullen, die man bis zum Hals in Asche setzt und darin gelinde erhitzt, bis die wässerigen Teile schwinden, und bis die Substanz fest wird[88]).

Kapitel 54.

Über die Fixierung.

Fixierung ist die Behandlung einer in der Hitze flüchtigen Substanz, derart, daß sie gegen Hitze widerstandsfähig wird. Der Zweck dieser Erfindung war der, daß jede Tinktur und Medizin in dem Zustand bleibt, in dem sie ist, und daß sie sich in der Hitze nicht verändert oder verflüchtigt. Die Fixierung ist verschieden je nach der Art der zu fixierenden Substanzen. Diese sind: Metalle, von geringerer Vollkommenheit, wie z. B. Blei, Zinn und Kupfer, dann ferner flüchtige Stoffe (spiritus) ersten Grades: Schwefel und Arsenik; zweiten Grades: das Quecksilber, und dritten Grades: Markasit, Magnesia, Tutia und ähnliche Stoffe. Solche unvollkommene Körper werden durch Calcination und Reduktion fixiert, weil sie dadurch von ihren verbrennlichen, schwefelartigen, flüchtigen und verderbenden Bestandteilen befreit werden. Das haben wir genügend im Kapitel der Calcination behandelt. Schwefel und Arsenik werden auf zweierlei Weise fixiert. Erstens durch wiederholte Sublimation in der Aludel, bis sie nicht mehr flüchtig sind (nicht mehr sublimieren). Zur Beschleunigung der Fixierung hat man die Erfindung der mehrfachen wiederholten Sublimation in kurzer Zeit gemacht. Sie geschieht mit Hilfe von zwei Aludeln mit zwei Deckeln (Aufsätzen) in der Weise, daß man die Sublimation nicht unterbricht, bis die betreffende Substanz fixiert ist. Was in einem Aufsatz in die Höhe steigt (sublimiert), gelangt sofort in die andere Aludel, und das wiederholt sich in dieser Weise abwechselnd. Den sublimierenden Substanzen wird dadurch keine Zeit gelassen, sich an den Wänden der Aludel festzusetzen (zu kondensieren), sondern sie sublimieren fortgesetzt so lange, bis ihre Sublimation aufhört[89]). Je öfter man nämlich in kurzer Zeit mehrfache Sublimationen wiederholen kann, desto rascher und besser gelingt die Fixierung. Zu diesem Zweck hat man die zweite Methode der Fixierung erfunden. Sie besteht darin, daß die zu sublimierende Substanz andauernd der Hitze ausgesetzt bleibt, so lange, bis sie fixiert ist. Das geschieht in einem langen Glasgefäß, dessen Boden aus Steingut ist (terreus), — nicht aus Glas, das in Stücke zerspringen würde — und der gut und fest mit dem Gefäß verbunden ist. Wenn sich die Substanz an die Gefäßwandung ansetzt, stößt man sie jeweils mit einem eisernen oder steinernen Spatel an die tieferen heißen Stellen zurück, bis alles beständig ist und nichts mehr sublimiert. Die Art der Fixierung des Quecksilbers ist die gleiche wie die des Schwefels und Arseniks, jedoch mit dem Unterschied, daß die letzteren nicht beständig werden können, bevor ihre entzündlichen Teile auf geschickte Art von ihnen abgetrennt worden sind. Bei dem Quecksilber kommt das nicht in Betracht, weil es nicht entzündlich und verbrennlich ist. Schwefel und Arsenik brauchen deshalb die Anwendung mäßigerer Wärme wie das Quecksilber und sie brauchen längere Zeit, um fixiert zu werden. Ihre Dämpfe steigen bei der Sublimation höher wie die des Quecksilbers, weil sie lockerer und leichter sind. Sie brauchen deshalb ein längeres Gefäß zur Fixierung wie das Quecksilber. Die Fixierung des Markasits, der Magnesia und Tutia geschieht in folgender Weise: Wenn man durch die erste Sublimation die Produkte erhalten hat, die man haben wollte, entfernt man die Rückstände und wiederholt die Sublimation des Sublimationsproduktes, indem man das Sublimierte immer wieder nach unten (in das Sublimationsgefäß) bringt, so lange, bis alles fixiert ist (und nichts mehr sublimiert).

Kapitel 55.
Über die Ceration.

Ceration ist das Weich- und Flüssigmachen einer harten, nicht schmelzenden Substanz[90]). Daraus ergibt sich, daß der Zweck der Ceration der ist, eine Substanz, die nicht flüssig ist und deshalb auf andere Körper nicht einwirkt (reagiert), in weiche und flüssige Form zu bringen, damit sie einwirken (reagieren) kann. Manche Forscher haben geglaubt, diese Ceration mit Hilfe von flüssigen Ölen und Wässern ausführen zu können. Das ist aber ein Irrtum und entspricht durchaus nicht den natürlichen Verhältnissen dieses Magisteriums. Wir müssen, soweit es überhaupt möglich ist, das Werk der Natur nachahmen und die natürlichen Methoden bei der Ceration anwenden. Die Natur bewirkt aber die Ceration mit Hilfe einer Feuchtigkeit, die mehr als alle anderen Hitze verträgt. Auch wir müssen also bei der Ceration eine solche Feuchtigkeit anwenden und wir finden sie nirgends besser und bequemer als bei Schwefel und Arsenik, und noch besser und bequemer im Quecksilber. Diese Stoffe verwenden wir deshalb bei der Ceration, und zwar in der Weise, daß wir sie mit der zu behandelnden Substanz so oft sublimieren, bis ihre Feuchtigkeit auf die betreffende Substanz übergeht und ihr dadurch eine gute, richtige Schmelzbarkeit gibt. Das geschieht aber nicht, bevor sie (Schwefel, Arsenik und Quecksilber) vollständig gereinigt und von schädlichen Teilen befreit sind. Mir scheint es gut zu sein, sie zuerst mit Oleum tartari zu behandeln. Dann gelingt die Ceration.

Zweites Buch.

Kapitel 56.
Vorrede.
Einteilung des zweiten Buches in drei Teile.

Wir haben bisher die Grundlage der Lehre dargelegt und wollen nun die Beschreibung und Erklärung unserer Kunst weiterführen und vollenden. Wir wollen unsere Betrachtungen anstellen über die Veredlung der Metalle, ferner über die Medizinen, welche die Veredlung bewirken. Wir wollen erörtern, woraus diese Medizinen am besten und bequemsten gewonnen werden. Wir wollen auch die Proben beschreiben, durch die man erkennt, ob eine Veredlung

teris multiplices ſublimatiōis reiterationes multiplica-
re, tāto celerius & melius cōtinget ipſius fixionis tēpus
abbreuiare. Ideoq; fuit ſecūdus fixiōis modus inuētus,
q eſt per ipſius ſublimādi p̄cipitationē, ad calorē, ut cō
tinuo in illo ſit, donec figat̄. Et hoc fit ꝑ lōgū uas uitreū,
cuius

Sublimations- und Fixierungsgefäße.

gelungen ist. Wenn wir alle diese Dinge behandelt haben, wird unsere Lehre und Kenntnis von der Veredlung abgeschlossen sein.

Erster Teil des zweiten Buches.

Über die Kenntnis der Tatsachen, aus denen die Möglichkeit und die Art und Weise der Metallveredlung sich ergibt.

Kapitel 57.

Die Kenntnis der Metallverwandlungskunst hängt von der Kenntnis der Natur der flüchtigen Stoffe und der Metalle ab.

Es ist unmöglich, die Transmutation der Metalle und des Quecksilbers kennenzulernen, wenn über den Geist des Künstlers nicht die wahre Erkenntnis der eigentlichen Natur dieser Stoffe kommt. Zuerst werde ich deshalb darlegen, wie die Natur der Grundstoffe der Metalle, ihre Entstehung und ihr Wesen ist, wodurch sie sich unterscheiden, und was sie Gutes und Schlechtes enthalten. Dann will ich die Natur und das Wesen der Metalle selbst beschreiben, sowie die Ursachen, warum die Metalle unedel oder edel sind.

Kapitel 58.

Über die Natur des Schwefels und des Arseniks.

Ich will zuerst die Natur der flüchtigen Körper (spiritus) besprechen, welche die Grundbestandteile (principia) der Metalle sind. Es sind dies also Schwefel, Arsenik und Quecksilber. Wir sagen: Schwefel und Arsenik sind eine Verdichtung fettartiger Teile der Erde, wie oben schon dargelegt wurde. Das ersieht man daraus, daß sie leicht am Feuer sich entzünden und schmelzen. Nur solche Stoffe nämlich entzünden sich leicht und werden in der Wärme flüssig, die von einem Öl abstammen. Schwefel und Arsenik[91]) enthalten als Ursache ihrer verschlechternden und verderbenden Eigenschaft[92]) verbrennliche Substanz und erdartige Unreinheit. Sie besitzen auch veredelnde Eigenschaft, deren Ursache zwischen Verbrennlichem und Erdartigem liegt. Die Ursache ihrer verderbenden Eigenschaft ist das Erdartige, weil sie nicht flüssig sind und keine Einwirkung (auf andere Stoffe) haben; sowie ihre entzündliche Substanz, weil diese weder selbst Beständigkeit besitzt noch Beständigkeit verleiht und Unreinheit und Schwärze verursacht. Die Ursache ihrer veredelnden Eigenschaft ist ihre mittlere Substanz (zwischen Erdartigem und Verbrennlichem), weil sie durch das Erdartige nicht gehindert wird, auf andere Körper einzuwirken (reagieren) — was durch Schmelzen gelingt — und weil diese Einwirkung auch durch die feinen brennbaren Anteile nicht leicht gestört wird, und zwar infolge ihrer Flüchtigkeit. Diese Substanz veredelt jedoch Metalle und Quecksilber nur dann, wenn sie fixiert wird; andernfalls wird zwar die Einwirkung (auf die Metalle) nicht leicht wieder aufgehoben, aber sie ist nicht von festem dauerndem Bestand. Hieraus ergibt sich also, daß man diese mittlere Substanz abtrennen muß. Manche haben geglaubt, daß dies unmöglich sei, wegen der innigen Vermischung und der natürlichen Vereinigung (mit den übrigen — angenommenen — Teilen des Schwefels, also der erdartigen und der verbrennlichen). Diese Leute haben den Schwefel calciniert, allerdings nicht stark, denn er schmolz nicht und entzündete sich nicht. Das muß dadurch gelungen sein, daß die Teile des Schwefels voneinander getrennt worden waren, da ja der Schwefel, solange er in der natürlichen Vermischung (seiner Bestandteile) und einheitlichen Substanz verbleibt, sich entzünden und verbrennen läßt. Es muß also, durch Trennung der verschiedenen Substanzen im Schwefel, der empfindliche Anteil in ihm von den nicht entzündlichen Teilen künstlich getrennt werden. Wenn es nun möglich ist, durch Calcination alle entzündlichen Bestandteile des Schwefels zu beseitigen, so müßten jene Leute bekennen, daß es möglich sei, zu der Trennung aller Bestandteile zu gelangen. Aber da dies nur durch allerfeinste Kunstgriffe gelingt, so glaubten sie, es sei unmöglich. Es ist also klar, daß der Schwefel nicht alles für unsere Kunst ist; aber er ist immerhin ein Teil von ihr. Im Arsenik sind durch die Natur viele seiner verbrennlichen Bestandteile losgelöst. Deshalb ist die Trennung seiner Bestandteile leichter. Der Arsenik ist eine weiße Tinktur, der Schwefel eine rote.

Kapitel 59.
Über die Natur des Quecksilbers.

Im Quecksilber muß ebenfalls das Überflüssige beseitigt werden. Es enthält nämlich zwei verunreinigende Bestandteile, von denen es durch die Sublimation gereinigt wird. Der eine ist unreine, nichtentzündliche erdige Substanz, der andere ist eine flüchtige, wässerige Substanz. Manche Leute haben geglaubt, daß das Quecksilber keine überflüssigen, erdigen Bestandteile und Verunreinigungen enthalte. Aber diese Annahme ist falsch. Man sieht nämlich, daß es viel dunkle und nicht nur rein weiße Substanz enthält und man sieht, daß durch ein leichtes Experiment, nämlich durch Waschung, schwarze Verunreinigung aus ihm entfernt wird. Weil wir nun mit dem Quecksilber zweifache Veredlung ausführen, bzw. eine Medizin aus ihm gewinnen und es selbst durch Koagulation verbessern wollen, so müssen wir es durch zweifachen Grad der Reinigung präparieren. Es sind also zwei Reinigungen des Quecksilbers nötig. Die eine Reinigung geschieht durch Sublimation, wie schon oben gezeigt wurde. Die andere durch Waschung, wie wir jetzt zeigen werden. Wenn man nämlich eine Medizin aus ihm gewinnen will, so muß man es von seiner erdigen Verunreinigung sehr gut durch Sublimation reinigen, damit es bei der Projektion (auf die zu veredelnden Metalle) keine dunkle, bleiartige Farbe erzeugt. Man muß ferner seine flüchtigen, wäßrigen Teile zerstören, damit sie nicht die ganze Medizin bei der Projektion flüchtig machen. Seine mittlere Substanz (zwischen Erdigem und Flüchtigem) muß man für die Medizin zurückbehalten, weil sie die Eigenschaft hat, nicht zu verbrennen und auch vor der Verbrennung zu schützen und weil sie nicht flüchtig ist und auch andere Stoffe nicht flüchtig (fix) macht. Ich habe bewiesen, daß das Quecksilber veredelnd wirkt. Die Erfahrung zeigt das. Man sieht nämlich, daß das Quecksilber stark am Quecksilber hängt und sich gern mit ihm vereinigt[93]), dann auch mit dem Gold und schließlich mit dem Silber. Man muß daraus schließen, daß diese Metalle eine ähnliche Natur haben wie das Quecksilber. Andere Körper haben keine so große Neigung, sich mit dem Quecksilber zu vereinigen, und man sieht daraus, daß sie weniger von seiner Natur an sich haben. Die Körper, die am wenigsten leicht verbrennen, haben, nach unserer Annahme, am meisten die Natur des Quecksilbers. Es ergibt sich daraus, daß das Quecksilber das vollkommenste Veredlungsmittel ist und ein

Mittel, das die Körper vor der Verbrennung schützt, was der höchste Grad der Vollkommenheit ist. Der zweite Grad der Reinigung des Quecksilbers besteht nur darin, daß man seine erdigen Verunreinigungen fortwäscht[94]). Die Methode ist folgende: Man nimmt eine irdene Schale, bringt das zu reinigende Quecksilber hinein und gießt eine kleine Menge von stärkstem Essig oder von einer ähnlichen Substanz darüber, und zwar so viel, daß das Quecksilber davon bedeckt wird. Dann bringt man die Schale auf ein gelindes Feuer, ohne stark zu erhitzen, und rührt fortwährend um, bis das Quecksilber so fein verteilt ist, daß es wie ein ganz feines, weißes Pulver aussieht. Der Essig verraucht, und das Quecksilber nimmt wieder seine Form an. Das Unreine und Schwarze, das aus dem Quecksilber herausgekommen ist und an der Schale hängt, wäscht man mit Wasser ab und schüttet es weg. Das wiederholt man so oft, bis die schmutzige, erdige Farbe des Quecksilbers sich in eine helle, weiße, etwas bläuliche Farbe verwandelt hat. Das ist das Zeichen, daß die Waschung vollendet ist. Wenn man mit dem Quecksilber so weit gekommen ist, projiziert man die Medizin darauf, die seine Koagulation bewirkt, und koaguliert es zu einem goldartigen oder silberartigen Körper, je nach der Art der Präparierung, die man bei der Darstellung der Medizin angewendet hat. Darüber sprechen wir später. Aus dem schon Gesagten sieht man, daß das eigentliche Quecksilber in seiner natürlichen Form, so wie es in der Natur, in der Mine vorkommt, keine veredelnde Substanz ist; sondern erst diejenige Substanz hat veredelnde Wirkung, die wir aus dem Quecksilber durch unsere Kunst darstellen. Ebenso verhält es sich mit dem Schwefel und seinem Genossen, dem Arsenik. Wir können uns also hier nicht allein auf die Natur verlassen, sondern auf unsere Kunst und unseren Geist.

Kapitel 60.

Über die Natur des Markasits, der Magnesia und Tutia.

Über die anderen flüchtigen Körper (spiritus) müssen wir ebenfalls berichten. Es sind dies Markasit, Magnesia und Tutia, die auf die Metalle stark einwirken. Der Markasit enthält zweifache Substanz in sich. Erstens mortifiziertes Quecksilber, das dem fixen Quecksilber nahekommt, zweitens verbrennlichen, nicht fixen Schwefel. Daß er Schwefel enthält, erkennt man deutlich durch das Experiment; denn wenn er sublimiert wird, geht aus ihm verbrennliche Schwefelsubstanz in die Höhe. Auch ohne Sublimation erkennt man seinen Schwefelgehalt: denn wenn man ihn glüht, wird er nicht davon angegriffen, bis er durch die Entflammung des Schwefels entzündet wird und brennt. Daß der Markasit Quecksilbersubstanz enthält, zeigt sich deutlich, denn er gibt dem Kupfer weiße Farbe wie Silber, wie es das Quecksilber selbst tut. Man sieht ferner, daß der Markasit bei der Sublimation eine bläuliche Farbe zeigt und daß er Metallglanz besitzt. Daraus erkennt man, daß er diese zwei Bestandteile (Quecksilber und Schwefel) hat. Die Magnesia hat trüberen Schwefel und unreineres Quecksilber als Bestandteile. Der Schwefel ist in ihm fester gebunden und weniger leicht entzündlich. Durch die Versuche erkennt man, daß die Magnesia sich mehr der Natur des Eisens nähert. Die Tutia ist der Rauch der weißen Metalle. Das erkennt man deutlich dadurch, daß sich die Tutia ebenso verhält wie der Rauch, der sich aus der Mischung von Zinn und Kupfer bildet und der sich an den Wänden von Gießereien (an den Wänden von Bronze(Messing-)Gießereien,

Hüttenwerken) ansetzt. Die Tutia färbt rote Metalle gelb (Messing), aber nicht die weißen Metalle, da sie selbst ein Rauch von weißen Metallen ist. Die gelbe Färbung ist nämlich nichts anderes als eine Mischung von Rot und Weiß in bestimmter Proportion. Infolge ihrer Feinheit durchdringt die Tutia die Metalle durch und durch und verändert sie dabei mehr als sich selbst. Beim „Probieren" ist es ohne Anwendung großer Kunstfertigkeit ziemlich beständig.[95])

Kapitel 61.

Über die Natur des Goldes.

Ich will nun ausführlich von den Metallen und ihrem Wesen sprechen. Zunächst vom Gold, dann vom Silber und dann von den anderen Metallen. Das Gold ist entstanden aus subtilster Quecksilbersubstanz und etwas reiner, roter, fixer, in ihrer Natur umgewandelter Schwefelsubstanz, welche dem Gold seine Farbe gibt. Wie die rötliche Farbe des Schwefels verschieden sein kann, so muß also auch die Farbe des Goldes Verschiedenheiten zeigen. Es ist manchmal mehr, manchmal weniger intensiv gelb. Daß das Gold aus feinster Quecksilbersubstanz besteht, sieht man deutlich daran, daß das Quecksilber es leicht und gern in sich aufnimmt; und das Quecksilber nimmt nur solche Körper in sich auf, welche die gleiche Natur haben wie es selbst. Daß das Gold klare, reine Substanz enthält, zeigt sich an seinem leuchtenden, strahlenden Glanz, nicht nur am Tag, sondern auch in der Nacht. Daß es fixe Substanz ohne verbrennliche Schwefelsubstanz enthält, sieht man aus seinem Verhalten am Feuer. Es wird dabei nicht angegriffen und nicht verbrannt. Daß es selbst ein färbender Schwefel ist, geht daraus hervor, daß es, dem Quecksilber beigemischt, dieses rot färbt.*) Aus subtilster, reiner, fixierter Quecksilbersubstanz und subtilster, fixer, nicht verbrennlicher Schwefelsubstanz von klarer, roter Farbe besteht die ganze Materie des Goldes. Quecksilber ist aber mehr in ihm enthalten (als Schwefel), deshalb hat das Quecksilber auch größere Einwirkung auf das Gold. Weil das Gold subtile und fixe Teile bei seiner Entstehung hatte, konnten seine Teile sehr dicht gemacht werden. Das ist die Ursache seines großen Gewichtes. Aus dem früher Gesagten ersieht man, daß viel Quecksilber (in einem Metall) edle Eigenschaften verursacht, viel Schwefel aber schlechte Eigenschaften. Gleichmäßigkeit in der Substanz, wie sie durch gleichmäßige Mischung entsteht, verursacht edle Eigenschaften, Ungleichmäßigkeit aber unedle Eigenschaften. Verhärtung und Eindickung, welche durch gemäßigte Kochung entsteht, verursacht edle Eigenschaften, das Gegenteil unedle Eigenschaften. Wenn zu Quecksilber Schwefel von nicht geeigneter Beschaffenheit kommt, kann eine verschiedenartige Verschlechterung entstehen, je nach der verschiedenartigen Beschaffenheit des Schwefels. Es kann sein, daß der Schwefel, der mit dem Quecksilber zusammenkommt, nicht ganz verbrennlich ist, oder ganz verbrennlich, ganz rein oder unrein. Es kann viel Schwefel in der Mischung sein, und zwar mehr Schwefel als Quecksilber, oder wenig Schwefel und mehr Quecksilber, oder es können gleiche Anteile sein. Der Schwefel kann ferner eine helle oder rote oder auch eine mittlere Farbe haben. Alle diese Verschiedenheiten des Schwefels und des Quecksilbers waren die Ursache, daß in der Natur verschiedene metallische Körper entstanden. Wir berichten hier über sie und ihre Eigenschaften.

*) Vielleicht rote goldpurpurartige Präparate.

Kapitel 62.
Über die Natur des Silbers.

Aus dem Vorhergehenden sieht man, daß reines Gold entsteht, wenn reiner, fixer, roter Schwefel sich mit reinem, fixem, hellem Quecksilber verbindet, und zwar so, daß es weniger Schwefel als Quecksilber ist. Wenn aber reiner, fixer, rein weißer Schwefel sich mit reinem, fixem, hellem Quecksilber verbindet, derart, daß das Quecksilber mäßig vorherrscht, so entsteht Silber daraus. Das Silber hat geringere Reinheit als das Gold und größere Dichte. Es hat weniger beständige Substanz als das Gold, was man daran erkennt, daß es im Feuer abnimmt[96]). Die Ursache dieser Erscheinung ist die, daß sein Schwefel nicht beständig und nicht unverbrennlich ist. Im Vergleich zu der Schwefelsubstanz des Goldes ist die des Silbers nicht beständig und verbrennlich. Im Vergleich zu der Schwefelsubstanz anderer Metalle ist die des Silbers beständig und nicht verbrennlich.

Kapitel 63.
Über die Natur des Eisens.

Wenn in der Natur fixer, erdiger Schwefel mit fixem, erdigem Quecksilber sich mischt und wenn diese zwei Bestandteile nicht eine reine und helle, sondern eine unreine und etwas dunkle, weiße Farbe haben, und wenn der Schwefel an Quantität stark vorwiegt, so entsteht Eisen daraus. Da das Vorwiegen des fixen Schwefels in der Mischung das Schmelzen verhindert, so ergibt sich daraus, daß der Schwefel durch die Fixierung rascher die Fähigkeit zu schmelzen verliert als das Quecksilber. Nicht fixer Schwefel aber wird rascher flüssig als Quecksilber. Daraus ergibt sich die Ursache des raschen oder langsamen Schmelzens der Metalle. Diejenigen, die mehr fixen Schwefel enthalten, schmelzen langsamer, die, welche verbrennlichen Schwefel enthalten, schmelzen leichter und rascher. Daß aber fixer Schwefel die Metalle schwerer schmelzbar macht, geht daraus hervor, daß er selbst nur durch Calcination fixiert werden kann und daß er nach der Calcination nicht mehr schmilzt[97]). Also muß er als Bestandteil der Metalle diese schwerer schmelzbar machen. Wenn man den Schwefel aber nicht calciniert, wird er nicht fixiert. Das merkt man, wenn man ihn ohne Calcination fixieren will. Man sieht da nämlich, daß er sich verflüchtigt und schließlich zu einer Erde wird, die mit Kalk Ähnlichkeit hat. Beim Quecksilber kommt dies nicht vor, weil es fixiert werden kann, ohne daß es sich in eine Erde umwandelt. Es kann allerdings auch durch Umwandlung in eine Erde fixiert werden. Durch rasche Fixierung, welche durch Präcipitation während der Sublimation ausgeführt wird, wird das Quecksilber nämlich in eine Erde umgewandelt. Durch allmähliche und mehrmals wiederholte Sublimation bei mäßigem Feuer wird das Quecksilber ebenfalls fixiert, aber nicht in eine Erde umgewandelt, sondern es schmilzt dann nachher gut und richtig wie ein Metall[98]). Das ist ganz sicher und von allen erprobt, die in beiden Arten der Fixierung erfahren, nämlich durch rasche Präcipitation und durch allmähliche, langsame Sublimationen. Sie beobachten die Sache so, wie wir sie hier beschrieben haben. Dies kommt daher, daß das Quecksilber eine dickflüssige, dichte Beschaffenheit hat. Aus diesem Grund läßt es sich auch mit anderen Stoffen verreiben und vermischen, und man fühlt dabei deutlich seine zähe Dickflüssigkeit, mit der es sich an diese Stoffe hängt.

Daß das Quecksilber eine dichte Beschaffenheit hat, kann sogar ein Einäugiger ohne weiteres sehen und an seiner Schwere merken. Es ist noch schwerer als Gold[99]). Seine Zusammensetzung ist sehr fest, wie schon gesagt wurde. Daraus ergibt sich, daß es fixiert werden kann, ohne Vernichtung seiner Feuchtigkeit und ohne daß es in eine Erde umgewandelt wird. Infolge des guten Zusammenhalts seiner Teile und infolge seiner festen Zusammensetzung wird das Quecksilber nicht weiter verdorben oder durch Einwirkung starker Hitze verflüchtigt, wenn seine Teile einmal durch Hitze verdickt worden sind. Es verflüchtigt sich dann aus dem Grund nicht, weil seine Substanz dicht ist und weil es nicht verbrennlich ist. Die Verbrennlichkeit eines Körpers wird nämlich durch verbrennliche Schwefelsubstanz verursacht, die aber das Quecksilber nicht enthält. Dadurch kommen wir zwei merkwürdigen Naturgeheimnissen auf die Spur. Es ist dies nämlich die dreifache Ursache der Zerstörung eines jeden Metalles durch das Feuer. Die eine Ursache ist die verbrennliche Schwefelsubstanz, die sie in sich enthalten, die durch ihre Entzündung die Verflüchtigung der Metalle in Form eines Rauchs bewirkt, und zwar selbst wenn sie auch noch so viel Quecksilber enthalten, das sonst gute Schmelzbarkeit bewirkt. Die zweite Ursache der Zerstörung der Metalle ist starkes Feuer, das von außen auf sie einwirkt, sie durchdringt und sie in Rauch auflöst, wenn sie auch noch so beständig sind. Die dritte Ursache ist die Auflockerung der Metalle durch die Calcination. Das Feuer kann hierbei in die Metalle eindringen und sie in Rauch verwandeln, wenn sie auch noch so vollkommen (edel) sind. Wenn alle diese Umstände, welche Zerstörung der Metalle bedingen, zusammenwirken, so muß starke Zerstörung eintreten, andernfalls wird die Zerstörung des betreffenden Metalls langsamer und schwächer vor sich gehen. Das andere Geheimnis sind die guten Eigenschaften, die das Quecksilber den Metallen verleiht. Das Quecksilber kann nämlich durch nichts in seine Grundbestandteile zerlegt werden. Im Feuer verflüchtigt es sich entweder mit seiner ganzen Substanz, oder es bleibt darin mit seiner ganzen Substanz beständig. Man sieht also an ihm die Eigenschaften, welche die Vollkommenheit ausmachen. Es sei deshalb der große, glorreiche Herrgott gelobt, der das Quecksilber geschaffen und ihm eine unverbrennliche Substanz gegeben hat und Eigenschaften, wie sie sonst kein Ding in der Natur besitzt, so daß wir durch unsere Kunst im Quecksilber (mit Hilfe des Quecksilbers) die Veredlung finden können. Es überwindet das Feuer und wird nicht von ihm überwunden. Es bleibt ruhig im Feuer, und es freut sich daran[100]).

Kapitel 64.
Über die Natur des Kupfers.

Wenn unreiner Schwefel, der größtenteils fix ist, zum kleineren Teil nicht fix ist und rot, sich mit unreinem Quecksilber verbindet, derart, daß weder Schwefel noch Quecksilber vorherrschen, so muß Kupfer aus ihnen entstehen. Man kann das durch Versuche beweisen. Wenn man nämlich Kupfer an das Feuer bringt, kann man eine schwefelartige Flamme beobachten[101]), die immer kennzeichnend für nicht fixen Schwefel ist, der sich verflüchtigt. Daß es fixen Schwefel enthält, merkt man, wenn man es glüht. Hierbei erkennt man, daß es schwer schmelzbar und hart ist. Das ist ein Zeichen dafür, daß es viel fixen Schwefel enthält. Daß sein Schwefel unrein und rot und mit unreinem Quecksilber vermischt ist, sieht man ohne weiteres[102]). Das braucht nicht weiter bewiesen zu werden. Durch das Experiment kann man das Geheimnis lösen. Man sieht, daß jedes Metall durch die Einwirkung des Feuers in eine Erde oder Asche umgewandelt wird[103]) und sich dann leicht löst und dadurch in flüssige, wässerige Form gebracht wird. Das kommt daher, daß seine Teilchen durch das Feuer feiner gemacht werden und sich dann leichter lösen. Daraus ergibt sich die Ursache für die Unvollkommenheit und Unreinheit des Eisens und Kupfers. Sie enthalten viel fixen und wenig nicht fixen Schwefel, und zwar das Eisen mehr als das Kupfer. Wenn nun der Schwefel durch die Hitze fixiert wird, werden seine Teile feiner und lösen sich. Man sieht das, wenn Eisen und Kupfer mit den Dämpfen von Essig oder einer andern scharfen Substanz in Berührung kommen. Es blüht dann auf ihrer Oberfläche aus ihrem Schwefel eine Alaunbildung aus[104]), die durch die Wärme in den Metallen erzeugt und verfeinert wurde. Wenn man Eisen und Kupfer in eine scharfe, saure Flüssigkeit bringt, lösen sich viele Teile von ihnen darin unter Sprudeln[105]). Und wenn man sich in den Erzlagerstätten dieser Metalle umsieht, so findet man, daß von ihnen eine alaunartige Substanz[106]) abtropft, die sich aus ihnen gebildet hat und sich an ihnen ansetzt. Diese alaunartige Substanz erkennt man daran, daß sie sich leicht in Wasser löst. Man findet nämlich keine anderen scharfen und leichtlöslichen Substanzen als Alaun und Salze und ihnen verwandte Stoffe. Die dunkle Farbe eines Metalls und besonders des Eisens und Kupfers wird durch nicht fixen, verbrennlichen Schwefel verursacht, der in ihnen enthalten ist. Im Kupfer ist viel, im Eisen weniger, und zwar in seiner Natur mehr dem fixen Schwefel ähnlicher Schwefel. Er läßt sich deshalb nicht leicht aus dem Eisen entfernen. Nicht fixer Schwefel verursacht und erleichtert das Schmelzen, fixer Schwefel verursacht es nicht und verhindert es. Das weiß jeder, der durch keine Methode imstande war, den Schwefel zu schmelzen, nachdem er einmal fixiert worden war. Das Quecksilber dagegen konnte durch oft wiederholte Sublimation fixiert werden und es nahm dadurch gute Schmelzbarkeit an. Es ergibt sich daraus, daß diejenigen Metalle am vollkommensten sind, die am meisten Quecksilber enthalten, und daß diejenigen weniger vollkommen sind, die wenig Quecksilber enthalten. Bemühe dich also, liebster Sohn, daß bei allen deinen Arbeiten das Quecksilber in der Mischung den Schwefel überwiegt. Und wenn es dir gelingen sollte, durch das Quecksilber allein zu veredeln, so wirst du der Erforscher der wertvollsten Veredlung sein, die sogar das Werk der Natur übertrifft. Du kannst dann nämlich die Metalle durch und durch veredeln, was die Natur nicht vermag. Der Beweis dafür, daß diejenigen Metalle edler sind, die mehr Quecksilber enthalten, ist die Tatsache, daß sie Quecksilber leicht aufnehmen. Wir sehen nämlich, daß die edlen Metalle das Quecksilber gern in sich einsaugen. Die Schwefelsubstanz in den Metallen ist, wie sich aus dem früher Gesagten ergibt, zweifacher Art. Die eine ist seit Urbeginn fest an das Quecksilber gebunden und kann auf keine Weise mit Hilfe unserer Arbeitsmethoden, z. B. durch Hitze, künstlich von ihm getrennt werden, da sie eben in tiefster Wurzel bei der Entstehung mit ihm vereinigt wurde. Die andere Art von Schwefel ist zufällig beim Quecksilber und kann künstlich von ihm getrennt werden. Durch dieses Experiment wird bewiesen, daß verbrennliche Schwefelsubstanz durch Feuer zerstört wird, fixer Schwefel aber nicht. Wenn wir gesagt haben, daß Metalle durch Calcination und Reduktion gereinigt und fixiert werden können, so meinen wir natürlich immer nur von solchen unreinen, erdigen Stoffen gereinigt, die nicht in tiefster Wurzel ihrer Natur mit den Metallen vereinigt sind. Von solchen innig vereinten Stoffen kann man die Metalle nicht durch Feuer reinigen, es sei denn daß die Medizin des Quecksilbers dabei helfe, welche auf die Verunreinigung verdeckend und mäßigend einwirkt oder sie von der beigemischten Substanz trennt. Diese Trennung der erdartigen Substanz von dem ursprünglich und innig mit ihr vereinten Metall kann durch Sublimation geschehen, mit solchen Stoffen, welche die Substanz des Quecksilbers zum Sublimieren bringen und dadurch von dem erdigen Schwefel trennen, wegen seiner Verwandtschaft mit ihnen. Solche Stoffe sind z. B. Tutia und Markasit, flüchtige Stoffe, die mehr Quecksilber als Schwefel enthalten. Das erkennt man, wenn man diese flüchtigen Stoffe kräftig und rasch mit Metallen zusammenschmilzt. Sie verflüchtigen sich dabei und reißen die Metalle mit[107]). Auf diese Weise kann man also Metalle mit Hilfe flüchtiger Substanzen sublimieren. Oder man reinigt durch Mischung mit Quecksilber, wie früher erwähnt. Denn das Quecksilber hält verwandte Stoffe fest und stößt die anderen ab.

Kapitel 65.
Über die Natur des Zinns.

Wenn ein von Urbeginn an wenig fixer Schwefel von heller, jedoch nicht ganz weißer Farbe, als nicht überwiegender Anteil, mit unreinem, teils fixem, teils nicht fixem Quecksilber von heller, jedoch nicht ganz reiner Farbe zusammenkommt, so entsteht daraus Zinn. Man kann dies durch das Experiment beweisen. Wenn man nämlich Zinn calciniert, so merkt man, daß ein schwefliger Geruch aus ihm kommt. Das ist ein Zeichen, daß nichtfixer Schwefel in ihm enthalten ist. Wenn nun dabei keine schweflige Flamme entsteht, so muß man deshalb nicht denken, es sei fixer Schwefel. Nicht deshalb, weil es fixer Schwefel ist, entsteht keine Flamme, sondern deshalb, weil das Quecksilber in der Mischung an Quantität weitaus den Schwefel überwiegt und ihn vor dem Verbrennen bewahrt. Es sind im Zinn zwei Arten von Schwefelsubstanz und ebenso auch von Quecksilbersubstanz enthalten. Die eine ist verbrennliche Schwefelsubstanz, denn sie macht sich, wie man beim Versuch wahrnimmt, beim Calcinieren durch Schwefelgeruch bemerkbar[108]). Die andere, mehr fixe Schwefelsubstanz riecht nicht. Es ist auch eine zweifache Quecksilbersubstanz im Zinn nachweisbar. Die eine ist nahezu fix und knirscht, die andere, fixe, knirscht nicht. Der Versuch zeigt: Vor der Calcination knirscht das Zinn, nach dreimaliger Calcination knirscht es nicht mehr und zwar deshalb, weil seine flüchtige Quecksilbersubstanz, die das Knirschen verursacht, sich verflüchtigt hat und von ihm fort ist. Daß die Quecksilbersubstanz das Knirschen verursacht, erkennt man durch Behandeln des Bleis mit Quecksilber. Wenn man nämlich Blei mit Quecksilber wäscht und nachher das Blei mit Hilfe eines Feuers schmilzt, das nicht stärker ist, als es zum Schmelzen des Bleis sein muß, so bleibt bei dem Blei ein Teil des Quecksilbers zurück. Dieses Quecksilber gibt dem Blei die Eigenschaft zu knirschen und wandelt es in Zinn um. Andererseits kann man diese Sache auch bei der Umwandlung von Zinn in Blei erkennen. Durch oftmalige Wiederholung der Calcination und durch Reduktion, mit Hilfe von dazu geeignetem Feuer, wird das Zinn nämlich in Blei umgewandelt. Am besten aber geschieht dies dadurch, daß man das Zinn in starkem Feuer calciniert und die Schlacken, die sich dabei bilden, abzieht. Von den Verschiedenheiten dieser Substanzen kann man sich dadurch überzeugen, daß sie durch verschieden starkes Feuer getrennt werden können. Dazu sind wir mit viel Mühe und Arbeit gekommen und wir sind sicher, daß unsere Ansicht richtig ist. Was nun das ist, was nach Entfernung der nichtfixen Teile aus dem Zinn, d. h. des Schwefels und Quecksilbers zurückbleibt, darüber will ich dich aufklären, damit du die Zusammensetzung des Zinns vollständig kennst. Diese Substanz ist bleifarbig, schwer wie Blei, jedoch mehr weiß als Blei. Es ist also ein sehr reines Blei und es hat die gleichen Bestandteile, nämlich Quecksilber und Schwefel. Die Mengenverhältnisse sind aber nicht die gleichen wie beim Blei, denn beim Zinn überwiegt in der Mischung das Quecksilber. Das zeigt sich darin, daß das Zinn leicht vom Quecksilber angegriffen wird. Wenn nämlich nicht ein größerer Anteil Quecksilber im Zinn enthalten wäre, würde sich das Quecksilber nicht so leicht mit dem Zinn verbinden. Es verbindet sich z. B. nicht, oder doch nur bei Anwendung besonders feiner Kunstgriffe, mit Eisen, auch nicht mit Kupfer, und zwar wegen der geringen Menge des Quecksilbers, das diese Metalle in ihrer Mischung enthalten. Daraus erklärt sich also, daß sich Quecksilber mit Eisen sehr schwer verbindet. Mit Kupfer verbindet es sich etwas leichter, weil das Kupfer mehr Quecksilber enthält. Ein Zeichen dafür ist, daß das Kupfer leichter schmilzt, das Eisen schwerer. Zinn und Blei können ziemlich fest fixiert werden, allerdings nicht dauernd. Das sieht man an folgendem: Wenn man das Zinn calciniert und nachher einem sehr starken Feuer aussetzt, so tritt keine Trennung ein, sondern die ganze Substanz steigt in die Höhe[109]), allerdings in reinerer Form. Die verbrennliche Schwefelsubstanz des Zinns kann leichter abgetrennt werden, als die des Bleis. Es ergibt sich daraus, daß das Zinn leichter gehärtet und calciniert wird. Auch sein Glanz wird leichter vergrößert (verbessert). Wir nehmen deshalb an, daß die verunreinigenden, zerstörenden Stoffe nicht als ursprüngliche Bestandteile in ihm enthalten gewesen, sondern später zufällig dazu gekommen sind. Und weil dies der Fall ist, können diese Stoffe auch leicht vom Zinn getrennt werden. Ebenso können deshalb Veränderungen wie Reinigung und Härtung an ihm rasch und leicht vorgenommen werden. Bei diesen Operationen, wie z. B. Calcination und Reduktion, entsteht durch die heftige Einwirkung des Feuers ein Rauch, der, wie wir sehen, gelblich ist. Da dies eine Eigenschaft des fixen Schwefels ist, nehmen wir an und sind darin ganz sicher, daß das Zinn viel von der Natur des fixen Schwefels in sich habe. Wer nun in unserer Wissenschaft die Wahrheit sehen will, der studiere und suche mit großem Fleiß, bis er die Urbestandteile der Metalle und die Natur der flüchtigen Stoffe findet, und zwar sicher und bestimmt, nicht nur nach Vermutungen. Darüber habe ich in diesem Buch schon genügend gesprochen.

Kapitel 66.
Über die Natur des Bleis.

Ich will nun noch das Blei beschreiben. Es unterscheidet sich in seinem Wesen und seiner Natur nicht vom Zinn, es sei denn daß es eine unreinere Substanz hat, die aus zwei gröberen Substanzen, nämlich aus einer Mischung von Schwefel und Quecksilber besteht. Der verbrennliche Schwefel im Blei ist fester mit der Quecksilbersubstanz verbunden, als es im Zinn der Fall ist, und das Blei enthält mehr von der Substanz des fixen Schwefels in seiner Mischung als das Zinn. Wir werden das klar beweisen. Daß das Blei mehr erdige und unreine Substanz enthält als das Zinn, sieht man ohne weiteres[110]). Man erkennt es auch durch Behandlung des Bleis mit Quecksilber. Es kommt hierbei mehr Verunreinigung aus ihm, als aus dem Zinn. Es läßt sich leichter calcinieren als das Zinn, was auch ein Zeichen dafür ist, daß das Blei mehr unreine erdige Substanz enthält. Denn Metalle, die viel erdige Substanz enthalten, lassen sich leicht calcinieren, diejenigen, die wenig erdige Substanz enthalten, lassen sich schwerer calcinieren. Ein Beweis dafür ist die äußerst schwierige, vollständige Calcinierung des Goldes. Die unreine Substanz des Bleis wird durch wiederholte Calcination und Reduktion nicht gereinigt, wie es beim Zinn der Fall ist. Das ist ein Zeichen dafür, daß das Blei von Natur aus unreiner ist als das Zinn. Der verbrennliche Schwefel ist im Blei fester an die Quecksilbersubstanz gebunden als im Zinn. Das erkannte man daraus, daß keine bemerkenswerte Menge davon abgetrennt und in Rauchform entfernt wird, ohne eine intensiv gelbe Färbung zu zeigen. Es sind drei Möglichkeiten vorhanden: Das Blei enthält gar keinen verbrennlichen Schwefel oder sehr wenig, oder es enthält viel, aber derart, daß er mit fixem Schwefel fest verbunden ist. Der Geruch zeigt uns aber bestimmt an, daß das Blei Schwefel enthält und zwar nicht wenig, weil der Schwefelgeruch von ihm nicht rasch entfernt werden kann. Wir nehmen also bestimmt an, daß im Blei verbrennlicher Schwefel und nicht verbrennlicher, nahezu fixer Schwefel mit Quecksilbersubstanz einheitlich verbunden ist. Wenn der Rauch des Bleis aufsteigt, nimmt er den nicht verbrennlichen Schwefel mit, der den Rauch gelb färbt[111]). Daß im Blei mehr nichtverbrennlicher Schwefel ist als im Zinn, haben wir daraus sicher ersehen, daß seine Farbe in gelb umgewandelt wird, die des Zinns in weiß, wenn man ihre Kalke präpariert. Daraus können wir auch eine Erklärung dafür finden, daß das Zinn bei der Calcination leichter in feste, harte Form kommt als das Blei, daß es aber bei langsamem Schmelzen sich nicht rascher verändert als das Blei. Das Blei hat nämlich mehr Härte bewirkende Substanz in sich als das Zinn. Die Ursache der leichten Schmelzbarkeit ist eine zweifache, nämlich Quecksilber und nichtfixer Schwefel. Quecksilber allein schon bewirkt bessere Schmelzbarkeit auch schon bei geringerer Hitze. Weil nun im Zinn viel nichtfixes Quecksilber enthalten ist, schmilzt es leicht. Die Ursache der Weichheit ist ebenfalls zweifacher Art, nämlich nichtfixes Quecksilber und verbrennlicher Schwefel. Da nun der überflüssige, verbrennliche Schwefel, also die eine Ursache der Weichheit, aus dem Zinn leichter entfernt werden kann als aus dem Blei, so muß das Zinn rascher hart werden. Das Blei besitzt beide Ursachen der Weichheit in sich vereinigt und wird daher nicht leicht hart. Es ist übrigens ein Unterschied zwischen der Weichheit, die durch Quecksilber, und der, die durch verbrennlichen Schwefel verursacht ist. Die Weichheit, die durch verbrennlichen Schwefel verursacht ist, hat eine spröde Natur, die durch Quecksilber verursachte Weichheit hat eine dehnbare Natur. Das sieht man deutlich daran, daß solche Metalle, die viel Quecksilber enthalten, sehr dehnbar sind, und solche, die wenig Quecksilber enthalten, wenig dehnbar sind. Deshalb läßt sich Zinn leichter und feiner dehnen als Blei, Blei leichter als Kupfer, Kupfer leichter als Eisen,

Silber leichter als Zinn; noch leichter und feiner als Silber läßt sich das Gold dehnen. Die Ursache der Härte ist fixes Quecksilber und fixer Schwefel. Die Ursache der Weichheit ist das Gegenteil (nichtfixes Quecksilber und verbrennlicher Schwefel). Die Ursache der Schmelzbarkeit ist eine zweifache, nämlich nichtfixer Schwefel und Quecksilber jeder Art (fix und nichtfix). Nichtfixer Schwefel bewirkt Schmelzen ohne Anwendung von heftigem Feuer (sine ignitione). Das sieht man deutlich, wenn man Arsenik auf schwer schmelzbare Metalle bringt. Er bewirkt nämlich, daß sie ohne Anwendung von heftigem Feuer leicht schmelzen. Eine Ursache leichter Schmelzbarkeit ist auch nichtfixes Quecksilber. Die Ursache des Schmelzens bei stärkerer Hitze ist fixes Quecksilber. Erschwert oder verhindert wird die Schmelzbarkeit durch fixen Schwefel. Hieraus ergibt sich die Lösung eines Geheimnisses: Da diejenigen Metalle die vollkommensten (edelsten) sind, die am meisten Quecksilber enthalten, so stehen diejenigen weniger vollkommenen Metalle, die mehr Quecksilber enthalten, den vollkommenen am nächsten. Andererseits sind diejenigen Metalle die unvollkommensten (unedelsten), die viel Schwefelsubstanz enthalten. Aus dem Gesagten ergibt sich, daß das Zinn sich den edlen Metallen am meisten nähert, da es viel Quecksilber enthält. Das Blei ist den edlen Metallen weniger ähnlich, das Kupfer noch weniger, das Eisen am wenigsten.

Hier ist nun eine Medizin nützlich[112]), die auf die unvollkommenen Metalle einwirken kann. Die Medizin veredelt diese Metalle, gleicht ihre Mängel aus und schwächt sie ab, verdeckt und mäßigt ihre Häßlichkeit und macht sie glänzend. Am leichtesten läßt sich das Kupfer veredeln, das Eisen weniger, noch weniger das Zinn, am wenigsten das Blei. Man hat sich bemüht, je nach der Verschiedenheit der Metalle auch verschiedene Medizinen zu finden und herzustellen. Ein hartes Metall, das starkes Feuer erträgt, braucht z. B. eine andere Medizin als ein weiches, nicht feuerbeständiges Metall. Das harte, schwer schmelzbare Metall braucht eine weichmachende, verdünnende, das weiche, leicht schmelzbare Metall eine hartmachende, verdickende Medizin. Wir gehen nun also zu den Medizinen über und schildern die Gründe ihrer Erfindung und zeigen, wie weit ihre veredelnde Wirkung geht.

Zweiter Teil des zweiten Buches.

Über die Medizinen im allgemeinen.

Kapitel 67.

Für jedes unvollkommene Metall und für das Quecksilber, braucht man zwei Medizinen, nämlich für die Weißfärbung und für die Rotfärbung. Diese Medizinen kann man durch eine einzige vervollkommnete Medizin ersetzen.

Wir haben in unseren Lehren gezeigt, daß die flüchtigen Stoffe (spiritus) sich leicht mit den Metallen verbinden und vereinigen und zwar deshalb, weil sie zu den Metallen stärker hinneigen, als irgendwelche andere Stoffe in der Natur. Wir sind dadurch zu der Überzeugung gekommen, daß diese flüchtigen Stoffe die rechte Medizin für die Veränderung der Metalle sind. Wir haben uns deshalb mit allem Scharfsinn und mit Hilfe von allen möglichen Methoden bemüht, durch

Anwendung der Medizinen jedes unvollkommene (unedle) Metall durch eine echte und feste (dauerhafte) Umwandlung in ein vollkommenes, silber- und goldartiges Metall[113]) umzugestalten. Wie schon gesagt, muß man verschiedene Medizinen schaffen, entsprechend der Verschiedenheit der zu verändernden Metalle. Es gibt nämlich zwei Arten von Körpern, die bei der Veränderung in Frage kommen: Nämlich das Quecksilber, das veredelt und koaguliert wird. Dann die weniger edlen Metalle. Von diesen gibt es wieder verschiedenartige: Die einen sind hart und ertragen starkes Feuer, die anderen sind weich und ertragen kein starkes Feuer (d. h. sie haben niedrigeren Schmelzpunkt bzw. sie oxydieren sich an der Luft). Die ersteren harten Metalle sind Eisen und Kupfer, die weichen sind Zinn und Blei. Dem entsprechend müssen auch die veredelnden Medizinen verschiedenartig sein. Das Quecksilber braucht eine andere Medizin, um koaguliert und veredelt zu werden, als die zu transformierenden Metalle. Die harten, feuerbeständigen Metalle, Kupfer und Eisen, brauchen eine andere Medizin als die weichen, leicht schmelzbaren Metalle, Blei und Zinn. Da diese Metalle wieder unter sich verschieden sind, brauchen sie natürlich auch verschiedene Medizinen. In der Härte sind sich z. B. Eisen und Kupfer ähnlich, aber im einzelnen sind sie verschieden. Eisen ist z. B. schwer schmelzbar, Kupfer leichter. Eisen ist ganz unrein, Kupfer nicht. Eisen hat eine graue, Kupfer eine rote Farbe. Sie alle brauchen verschiedene Medizinen. Eisen wird also durch eine andere Medizin veredelt als Kupfer. Von anderer Art sind die weichen Metalle, Zinn und Blei. Sie sind auch unter sich wieder verschieden und brauchen deshalb verschiedene Medizinen. Das Zinn ist rein, das Blei nicht. Alle diese Metalle können nun in silberartiges und in goldartiges Metall umgewandelt werden. Jedes einzelne Metall braucht also zwei Medizinen: Eine rote Medizin, die in gelbes — d. h. wahres goldartiges — Metall umwandelt, und eine zweite weiße Medizin, die in weißes silberartiges Metall umwandelt. Da also vier unedle Metalle je zwei Medizinen brauchen, so müssen es im ganzen acht Medizinen sein, die für die Veredlung der Metalle nötig sind. Auch das Quecksilber wird in goldartiges und silberartiges Metall umgewandelt und braucht also zwei Medizinen. Zehn Medizinen sind es also zusammen, die wir mit Fleiß und Arbeit zur vollständigen Veränderung jedes einzelnen unvollkommenen Körpers erfunden haben. Wir haben nun in täglicher, fleißiger Arbeit und unermüdlichem Suchen uns bemüht, die Herstellung dieser zehn Medizinen zu ersparen und dafür nur eine einzige Medizin zu erfinden. Und wir haben durch langwierige Arbeit und mit vielen Kosten, dank unserer Erfahrung, diese eine Medizin gefunden. Durch sie werden harte Metalle weich — und weiche Metalle hart gemacht. Flüchtige Körper werden beständig gemacht, unreine Körper gereinigt und unbeschreiblich glänzend und leuchtend gemacht, so daß sogar die Natur übertroffen wird. Wir müssen jede Medizin einzeln besprechen. Wir behandeln zuerst die zehn Medizinen, dann die Medizinen für die Metalle, nachher die Medizin für das Quecksilber und schließlich zuletzt die Medizin, die das Meisterstück der Veredlung vollbringt.

Damit schlechtgesinnte Menschen uns nicht den Vorwurf machen könnten, wir erklärten unsere Kunst nicht genügend, so bringen wir zunächst Näheres über die Präparierung der unvollkommenen Körper und über die Notwendigkeit der Erfindung dieser Präparierungen. Durch sie werden nämlich die unvollkommenen Körper künstlich erst so weit gebracht, die Medizin für die Veredlung in weiß und rot (d. h. in Silber und Gold) anzunehmen (auf sich einwirken zu lassen) und dadurch veredelt zu werden[114]). Nachher will ich über alle Medizinen selbst, die angewendet werden, alles Nötige sagen.

Kapitel 68.

Jedes unvollkommene Metall braucht eine besondere Präparierung.

Aus dem bisher Gesagten ergibt sich schon, was von Natur aus in jedem unvollkommenen Körper zuviel oder zu wenig ist. Wir wollen das Gesagte hier ergänzen. Es gibt zwei Arten von unvollkommenen Körpern, die umgewandelt (veredelt) werden sollen. Nämlich weiche, nicht feuerbeständige, wie Blei und Zinn, und harte, schwer schmelzbare, wie Eisen und Kupfer. Die Natur hat uns gelehrt, diese Metalle je nach ihren Verschiedenheiten verschieden zu präparieren. Es gibt also zwei unvollkommene Metalle ähnlicher Art, die umgewandelt werden sollen, nämlich das Blei, das mit einem Kunstausdruck auch *μέλαν*, das schwarze, oder Saturn genannt wird, und das knirschende Blei, das auch *λευκὸν*, das weiße, und Jupiter genannt wird[115]). Sie sind unter sich verschieden, in ihrer tiefen, verborgenen, eingeborenen Natur, und auch nach außen hin. Das Blei ist dunkel, bläulich und schwer, es knirscht nicht und gibt keinen Klang. Das Zinn dagegen ist weiß, wenig bläulich. Es knirscht stark und gibt einen mäßig starken, klingenden Ton. Über die tiefgehenden Verschiedenheiten dieser Metalle (in ihrer Zusammensetzung) haben wir oben gesprochen. Ein Künstler von gutem Verstand kann das Nötige über die Präparierungen daraus ersehen. Nun will ich zunächst die Präparierung der Metalle besprechen, dann die des Quecksilbers; zuerst die Präparierung der weichen, dann die der anderen Metalle.

Kapitel 69.

Das, was den unvollkommenen Metallen fehlt, wird durch die Medizin ergänzt, das überflüssige wird entfernt.

Die Präparierung des Bleis und des Zinns ist verschieden, entsprechend dem Grad von Vollkommenheit, den diese Metalle teils mehr, teils weniger besitzen. Sie können dadurch unvollkommen sein, daß sie zerstörende Stoffe, wie erdige Schwefelsubstanz und unreine Quecksilbersubstanz, als ursprüngliche Grundbestandteile von Urbeginn an enthalten. Es können aber auch verunreinigende Stoffe, wie verbrennlicher Schwefel und unreines Quecksilber, später, nach ihrer ursprünglichen Mischung, zufällig an die Metalle gekommen sein. Alle diese Stoffe können die Substanz des Bleis und Zinns verschlechtern. Die erstgenannten verschlechternden Bestandteile kann man durch keine Medizin erster Ordnung, und durch kein Verfahren, bei dem Feuer verwendet wird, entfernen. Die anderen, zufälligen Verunreinigungen bringt man mit einfachen geringen Hilfsmitteln fort. Daß man die ersteren, verschlechternden Bestandteile nicht entfernen kann, kommt daher, daß sie in diesen Metallen von Ursprung an als wesentliche Bestandteile enthalten sind, so daß sie selbst einen Teil des eigentlichen Wesens dieser Metalle ausmachen. Da es nun unmöglich ist, das eigentliche, von Natur aus zu ihm gehörende, Wesen eines Dinges von ihm zu nehmen, während eben dieses Ding weiterbesteht, so war es nicht möglich, diese verschlechternden

Stoffe in ihnen zu vernichten. Aus diesem Grund glaubten manche Philosophen, daß man zu unserer Kunst nicht gelangen könne. Auch wir selbst kamen früher, als wir seinerzeit unserer Wissenschaft nachgingen und nachspürten, zu solcher Auffassung. Denn wir brachten es mit keinerlei Methoden und Präparierungen fertig, die unedlen Metalle leuchtend und glänzend zu machen. Wir kamen vielmehr im Gegenteil so weit, daß wir die Metalle durch und durch verdarben und sie unrein und schwarz machten. Da erschraken wir und lebten lange Zeit im Dunkel der Verzweiflung. Dann fanden wir uns zurück und quälten uns selbst mit endlosem Nachdenken. Wir sagten uns, daß die unedeln Metalle von Natur aus unrein seien, und daß man keinen Glanz bei ihnen findet, weil sie ihn von Natur aus nicht besitzen. Man kann ja in einem Ding nichts finden, das in ihm nicht vorhanden ist. Da man nun nichts Vollkommenes an jenen Metallen findet, kann man auch nichts Überflüssiges bei ihnen finden, dadurch, daß man ihre verschiedenen Bestandteile trennt. Wir nahmen also an, daß etwas Mangelhaftes in ihnen sei, das man ergänzen müsse und zwar durch eine geeignete Medizin, die das Unvollständige in diesen Körpern ergänzt. Das Mangelhafte in ihnen ist nun die geringe Menge Quecksilber und seine ungenügende Verdichtung. Man müßte also die Quantität des Quecksilbers in diesen Metallen vermehren, es mehr verdichten und es beständiger machen. Das gelingt nun mit Hilfe einer Medizin, die aus dem Quecksilber selbst hergestellt wird[116]). Diese aus dem Quecksilber gezogene Medizin verdeckt das Trübe der unedlen Metalle mit leuchtender Helligkeit und gibt diesen Metallen Glanz. Wird nun das Quecksilber präpariert, durch unsere Kunst gereinigt, in eine ganz reine und glänzende Substanz umgewandelt und dann als Medizin auf unedle Metalle gebracht, so erleuchtet und veredelt es diese vollkommen, durch seine eigene Beständigkeit, Reinheit und Vollkommenheit. Diese Medizin werden wir unten ausführlich besprechen. Aus dem schon Gesagten ergibt sich, daß die Veredlung eine zweifache sein muß. Eine mit Hilfe einer Medizin, die aus einer Mischung das Unreine abscheidet. Eine zweite durch eine Medizin, die das Unreine durch ihren eigenen Glanz verdeckt. In der eigentlichen, ursprünglichen Mischung der unedlen Metalle kann man nichts Überflüssiges, sondern vielmehr nur Mangelhaftes finden. Wenn aber später überflüssige Stoffe hinzugekommen sind, muß man diese zufällig später dazugekommenen Stoffe wegschaffen. Dies gelingt mit Hilfe verschiedener Präparierungen, die wir beschreiben werden.

Kapitel 70.

Über die Präparierung des Bleis und Zinns.

Blei und Zinn werden mit Hilfe mannigfacher Zubereitungen präpariert, je nach dem zu erreichenden Grad von Veredlung. Und zwar nach zwei Methoden, einer gewöhnlichen und einer besonderen. Bei der gewöhnlichen Methode handelt es sich um verschiedene Grade der Annäherung an Vollkommenheit der Metalle. Der erste Grad der Annäherung an die Vollkommenheit (Natur eines Edelmetalls) ist Glanz und reine Substanz. Der zweite Grad ist Härte und schwere Schmelzbarkeit. Der dritte Grad ist Fixierung durch Entfernen der flüchtigen Substanz. — Gereinigt und glänzend gemacht werden die unvollkommenen Körper auf dreifache Weise: Durch reinigende Stoffe, durch Calcination und Reduktion, oder durch Lösung. — Durch reinigende Stoffe werden sie auf zwei=

fache Weise gereinigt: Sie werden zuerst in ihren Kalk umgewandelt oder sie bleiben in Metallform. Wenn man sie zuerst in ihren Kalk überführt, werden sie auf folgende Weise gereinigt: Durch Salze, Alaune oder durch Glas. Und zwar so: Man calciniert das Metall (Zinn oder Blei) und gießt auf den Metallkalk eine Lösung von Alaun oder Salzen, oder vermischt ihn mit zerstoßenem Glas und reduziert in das betreffende Metall. Das wiederholt man mit diesen Metallen so oft, bis sie sich ganz rein zeigen. Da nämlich die Salze, Alaune und das Glas anders schmelzen wie die Metalle, so scheiden sie sich von diesen, nehmen die erdige Substanz mit sich und lassen die Metalle ganz rein zurück. In Metallform werden Blei und Zinn ebenso, nach der gleichen Methode, gereinigt und zwar so: Die Metalle werden ganz fein gefeilt, dann werden sie mit den gleichen Alaunen, Salzen oder mit Glas, behandelt und dann wieder in Metall reduziert. Das wird so oft abwechselnd wiederholt, bis die Metalle reiner sind[117]). Diese Metalle (Blei und Zinn) werden auch durch Waschen mit Quecksilber gereinigt, wie wir es schon beschrieben haben. Sie werden auch durch abwechselnde wiederholte Calcination und Reduktion durch Anwendung von genügend starkem Feuer gereinigt. Durch diese Methode werden diese unvollkommenen Metalle von zwei verschlechternden Substanzen befreit, nämlich von verbrennlicher, flüchtiger Substanz und von erdiger, unreiner Substanz[118]). Dies geschieht, weil das Feuer jede flüchtige Substanz in die Höhe treibt und verzehrt. Das Feuer teilt bei der Reduktion jede Substanz nach ihrer Proportion[119]). Diese Proportion beschreiben wir in unserem anderen, nachher folgenden Buch: „De investigatione magisterii". Die Metalle werden auch durch Auflösung gereinigt[120]) — deren Art wir schon beschrieben haben —, und durch Reduktion der aus ihnen gelösten Substanz. Durch diese Art der Präparierung erhält man reinere und vollkommenere Körper, als bei jeder anderen Art. Man kann mit dieser Methode keine andere vergleichen, abgesehen von der Sublimation. Diese kommt ihr gleich. Eine weitere Art der Präparierung der Metalle ist die Härtung ihrer weichen Substanz und die Erhöhung ihrer Feuerbeständigkeit (Erhöhung des Schmelzpunktes). Diese Präparierung besteht darin, daß wir uns bemühen, fixe Quecksilbersubstanz mit ihnen tiefgehend zu vermischen und zu vereinigen; oder fixen Schwefel oder dessen Genossen, in fixer Form (Arsenik), oder einen harten, schwer schmelzbaren Körper, wie Talk[121]), Markasit und Tutia. Diese Substanzen verbinden sich innig mit Zinn und Blei[122]), machen diese Metalle hart, so daß sie erst in starkem Feuer schmelzen. Dies wird auch durch eine veredelnde Medizin bewirkt, deren Zusammensetzung wir im folgenden zeigen werden. Eine andere Methode der Präparierung des Zinns und Bleis besteht in der Entfernung ihrer flüchtigen Substanz. Das wird dadurch erreicht, daß man sie nach dem ersten Grad der Calcination längere Zeit in einem geeigneten Feuer hält[123]). Bei den Methoden der Präparierung soll eine bestimmte Ordnung eingehalten werden, die wir hier mitteilen. Zuerst sollen die Metalle von allen flüchtigen und verbrennlichen Substanzen gereinigt werden[124]), durch die sie verdorben sind. Dann sollen die erdigen Verunreinigungen zerstört werden. Dann löst man die Metalle auf und reduziert wieder[125]). Oder man reinigt sie durch Behandlung mit Quecksilber. Diese Reihenfolge ist nützlich und notwendig. Die besondere Präparierung dieser Metalle, besonders die des Zinns, ist vielseitig. Zunächst durch Calcination. Hierdurch wird das Zinn besser gehärtet, wie das Blei[126]). Dann durch Alaune, wie oben schon gesagt wurde. Sie wirken besonders auf das Zinn. Ferner dadurch, daß man das Zinn längere Zeit im Calcinationsfeuer läßt. Dadurch verliert es das Knirschen und die Eigenschaft, Metalle spröd und zerbrechlich zu machen. Beim Blei ist das nicht nötig, weil es nicht knirscht, und auch andere Metalle nicht spröd macht. Eine weitere Methode ist die Wiederholung von Calcination und Reduktion. Das Zinn verliert auch durch Einwirkung von scharfen Salzen und Alaunen das Knirschen. Das Blei wird durch Calcination und mit scharfen Salzen behandelt und wird dadurch härter und weißer. Ebenso auch durch Markasit und Tutia[127]). Die Präparierungsmethoden sind in unserem Buch: „De investigatione magisterii" näher beschrieben.

Kapitel 71.

Über die Präparierung des Kupfers.

Die Präparierungsmethoden des Kupfers sind von verschiedener Art. Die eine geschieht durch Sublimation, die andere ohne solche. Die Sublimation geht so vor sich, daß man Tutia nimmt, mit der das Kupfer sich gern verbindet, und daß man sie mit dem Kupfer künstlich vereinigt. Dieses Produkt wird in ein Sublimationsgefäß gebracht und sublimiert[128]). Bei einem außerordentlich hohen Hitzegrad steigt der feinere Teil der Substanz in die Höhe und zeigt sehr großen Glanz. Oder man vermischt sehr innig mit Schwefel und sublimiert nach der schon erwähnten Methode[129]). Ohne Sublimation wird das Kupfer präpariert durch Stoffe, die seine Reinigung bewirken. Oder man reinigt es in Form seines Kalks. Oder in Metallform mit Hilfe von Tutia, Salzen und Alaunen. Oder durch Waschung mit Quecksilber, deren Methode wir schon beschrieben haben. Oder durch Calcinationen und Reduktionen, wie wir es an anderer Stelle gezeigt haben. Oder durch Auflösung, und Reduktion des Gelösten in das Metall.

Kapitel 72.

Über die Präparierung des Eisens.

Die Präparierung des Eisens geschieht auf verschiedene Weise. Durch Sublimation oder auch ohne Sublimation. Die Präparierung durch Sublimation geschieht mit Hilfe des Arseniks und zwar auf folgende Art.

Wir bemühen uns, nichtfixen Arsenik mit dem Eisen so innig wie möglich zu vereinigen, damit das Eisen dadurch leichter schmilzt[130]). Dann sublimiert man im Sublimationsgefäß, das ist die beste Präparierung. Eine andere Art der Präparierung des Eisens ist die, daß man es mit dem Arsenik öfters sublimiert, bis eine gewisse Quantität des Arseniks bei ihm zurückbleibt. Wenn man dieses Produkt reduziert, erhält man eine reine, weiße schmelzbare Substanz. Die dritte Methode der Präparierung besteht im Schmelzen des Eisens mit Blei und Tutia[131]). Mit diesen Körpern fließt das Eisen rein und hell. Wir wollen nun, wie versprochen, über die Härtung weicher Metalle und die Weichmachung harter Metalle sprechen. Zunächst die Härtung der weichen Metalle. Man löst präcipitiertes Quecksilber und löst das Calcinationsprodukt des Metalls, das hart gemacht werden soll. Diese zwei Lösungen werden gemischt und man behandelt das calcinierte Metall damit, durch Einsaugenlassen der Lösung, durch Verreiben, Calcinieren und Reduzieren, bis es hart und schwer schmelzend wird[132]). Das gelingt auch mit Hilfe von Kalk, Tutia und Markasit, indem man diese Stoffe calciniert, löst und das zu präparierende Metall mit dieser Lösung behandelt. Harte Metalle werden auf ähnliche Weise weich gemacht, indem man sie mit Arsenik verbindet und sublimiert[133]). Nach der Sublimation des Arseniks werden die Metalle bei geeignetem Feuer erhitzt. Das habe ich in dem „Buch über die Öfen" besprochen. Schließlich werden sie im Feuer reduziert, in der schon besprochenen Weise. Sie schmelzen dann leicht[134]). Das sind Umwandlungen erster Ordnung, ohne die man das Magisterium nicht erlangt[135]).

Kapitel 73.
Über die Reinigung des Quecksilbers.

Das Quecksilber wird durch Sublimation gereinigt, die wir schon beschrieben haben, oder durch Waschen[136]). Das Quecksilber wird in eine gläserne oder irdene Schale gebracht und mit soviel Essig übergossen, daß es davon bedeckt wird. Dann wird es mäßig erwärmt und mit den Fingern verrührt, bis es sich in viele kleinste Teile teilt, so daß es wie ein Pulver aussieht. Man rührt es so lange, bis der Essig sich verflüchtigt hat. Die erdartigen Verunreinigungen, die sich zeigen, werden mit Essig abgespült und weggeschüttet. Das wird so oft wiederholt, bis sich die erdige Farbe des Quecksilbers in eine reine, etwas bläuliche Farbe verwandelt hat. Das ist das Zeichen dafür, daß die Waschung gelungen und beendigt ist.

Kapitel 74.
Eine richtige Medizin muß den unvollkommenen Metallen fünf verschiedene Edelmetalleigenschaften geben.

Wir sprechen zunächst über die Medizinen im allgemeinen und bemerken, daß man die unvollkommenen Körper nur dadurch veredeln kann, daß man alles Überflüssige durch eine Medizin oder durch Präparierung von ihnen entfernt. D. h. man muß alle überflüssige Schwefelsubstanz und alle unreine erdige Substanz von ihnen entfernen, damit sie sich beim Schmelzen nicht von der zugesetzten Medizin trennen, durch deren Projektion sie umgewandelt werden sollen[137]). Wenn man das gefunden hat, hat man schon eines von den Merkmalen der Veredlung. Die unvollkommenen Körper werden nur dann wirklich und vollständig veredelt, wenn die Medizin ihnen die gewünschte weiße oder gelbe Farbe gibt, welche den Metallen strahlenden Glanz verleiht. Wenn die Medizin die Metalle nicht so umwandelt, daß sie schmelzen, wie Silber und Gold, so bewirkt sie keine wahre Umwandlung. Das Produkt besteht dann die Probe nicht, sondern seine Teile trennen sich voneinander[138]). Dies wird später ausführlich in dem Kapitel, welches das Cineritium[139]) behandelt, besprochen. Ferner: Wenn die umwandelnde Wirkung der Medizin nicht andauert, so taugt die Umwandlung nichts, weil die Einwirkung nicht anhält, sondern wieder verschwindet. Ferner: Wenn die Medizin dem umgewandelten Metall nicht das Gewicht des Edelmetalles gibt, so ist seine veredelnde Wirkung nicht so fest und echt, daß jede Täuschung durch Leichtgläubigkeit ausgeschlossen wäre. Das natürliche Gewicht ist nämlich eines der Zeichen der Vollkommenheit (d. h. Merkmal eines Edelmetalles). Da es fünf Unterscheidungsmerkmale der Veredlung gibt, muß auch die Medizin durch ihre Wirkung diese Merkmale herbeiführen. Es ist nun klar, woraus unsere Materie (die Medizin) gewonnen wird, nämlich aus den Substanzen, die sich am besten mit den Metallen verbinden und die sich gern mit ihnen fest vereinigen und sie dabei umwandeln. Wir haben beim Suchen keine andere Substanz gefunden, die sich besser mit den Metallen verträgt und verbindet als das Quecksilber. Und wir haben uns überzeugt, daß es die wahre Medizin für die zu veredelnden Metalle ist, mit seiner ergänzenden, echten und wertvollen Umwandlungsfähigkeit.

Kapitel 75.
Über die Darstellung der Medizinen.

Wir wollen nun die Substanz der Medizin und ihre Eigenschaften genau beschreiben. Das Quecksilber selbst hat, wie wir gefunden haben, ohne Veränderung seiner eigenen Natur keine umwandelnde Wirkung. Wir müssen es deshalb präparieren, und seine Substanz muß so werden, daß sie sich tiefgehend durch und durch mit dem zu veredelnden Metall für ewige Zeiten vereinigt, ohne sich jemals von ihm zu trennen. Das ist nur dadurch möglich, daß das Quecksilber verfeinert wird, und zwar durch die Präparierung, wie wir sie im Kapitel über die Sublimation beschrieben haben. Seine Einwirkung ist keine dauernde, wenn es nicht beständig gemacht wird: und es verleiht keinen Glanz, wenn nicht die leuchtendste, glänzendste Substanz in der richtigen Weise, durch Operationen bei geeignetem Feuer, aus ihm gezogen wird. Es gibt (dem zu veredelnden Metall) auch nicht die richtige Schmelzbarkeit, wenn man bei seiner Beständigmachung (Fixierung) nicht die nötige Vorsicht anwendet. Diese ist nötig, damit es harte Metalle weich, und weiche hart macht. Man muß genügend auf den Grad seiner Feuchtigkeit achten, welche dem gewünschten Grad von Schmelzbarkeit (des zu veredelnden Metalles) entsprechen soll. Man muß sich deshalb bei der Fixierung bemühen, das Feuer in richtiger Stärke anzuwenden, damit man die Feuchtigkeit des Quecksilbers so weit vermindert, daß es bei der Veredlung eine richtige Schmelzbarkeit bewirkt[140]). Wenn man durch diese Medizin harte Metalle weich machen will, muß man bei ihrer Darstellung gelindes Feuer anwenden. Gelindes Feuer erhält nämlich die Feuchtigkeit und fördert die Schmelzbarkeit (des umgewandelten Metalles). Wenn man dagegen weiche Metalle hart machen will, muß man bei der Herstellung der Medizin starkes Feuer anwenden. Dieses verzehrt die Feuchtigkeit und verzögert das Schmelzen[141]) (des umgewandelten Metalles). Alle diese Regeln soll ein vernünftiger Künstler beachten. Auch über die Umwandlung des Gewichtes (der zu veredelnden Metalle) ist Verschiedenes zu sagen. Die Ursache des hohen Gewichtes der Metalle ist die Feinheit ihrer Substanz und die Einheitlichkeit ihres Wesens. Dadurch können ihre Teilchen sich verdichten; und die Verdichtung der Teilchen bewirkt das Gewicht und die Vollkommenheit der betreffenden Metalle. Je schwerer die umgewandelten Metalle sind, desto vollkommener sind sie, wie man durch die kunstgerechte Untersuchung feststellen kann.

Kapitel 76.
Über die verschiedenen Medizinen erster, zweiter und dritter Ordnung.

Wir besprechen nun die Verschiedenheiten aller Medizinen und bemerken, daß es drei verschiedene Arten gibt: Die Medizinen erster, zweiter und dritter

Ordnung. Ich nenne eine Medizin erster Ordnung jede präparierte Mineral-substanz, die bei der Einwirkung auf weniger edle Metalle dieselben verändert, ohne sie aber richtig zu veredeln. Das so veränderte Metall läßt sich wieder umwandeln und in die geringere Form zurückbringen, wobei die Medizin, die eingewirkt hatte, sich vollständig verflüchtigt. Das trifft auf jede Sublimation zu, durch welche Kupfer oder Eisen weiß gefärbt werden, ohne daß diese Färbung von Bestand ist[142]. Ebenso verhält es sich mit allen gold- und silberartigen Färbungen, sowie mit der Anwendung von kupferhaltigen Stoffen, wie Ziniar und ähnlichen Substanzen, — auf dem Cementierofen[143]. Auf solche Weise erhält man keine dauerhafte Umwandlung, sondern nur eine Veränderung, die infolge der Verflüchtigung (der zugesetzten Substanzen) wieder nachläßt.

Eine Medizin zweiter Ordnung nenne ich jedes Präparat, das, auf unvollkommene Metalle gebracht, diese so verändert, daß sie zwar in einigen Punkten verbessert werden, daß aber andere Merkmale der unedlen Beschaffenheit zurückbleiben. So verhält es sich z. B. mit der Calcination von Metallen, bei der alles Unbeständige, Flüchtige vernichtet wird. Hierher gehört die Medizin, die das Silber dauerhaft gelb, oder das Kupfer dauerhaft weiß färbt, wobei aber andere Merkmale der unvollkommenen Beschaffenheit dieser Metalle in ihnen zurückbleiben[144].

Eine Medizin dritten Grades nenne ich jedes Präparat, das, mit unedlen Metallen zusammengebracht, ihnen bei der Projektion alles Schlechte, Verdorbene nimmt und sie ganz und gar, mit allen Merkmalen (eines Edelmetalls) veredelt. Diese Medizin aber ist einzig. Durch sie werden wir der Mühe enthoben, zehn Medizinen zweiter Ordnung herzustellen. Die Medizin erster Ordnung nennt man opus minus; die Medizin zweiter Ordnung nennt man opus medium und die Medizin dritter Ordnung opus majus. Das bezeichnet die verschiedenen Medizinen zur Genüge.

Kapitel 77.

Über die Medizinen erster Ordnung für die Weißfärbung des Kupfers.

Wir besprechen jetzt die verschiedenen Medizinen, die für die Metalle, und die für das Quecksilber. Die Medizin erster Ordnung für die Metalle ist eine andere für die harten — und eine andere für die weichen Metalle. Man braucht eine andere Medizin für das Kupfer, eine andere für das Eisen und wieder eine andere für das Silber. Die Medizinen für das Kupfer und Eisen bewirken eine reine Weißfärbung dieser Metalle, die für das Silber eine Rotfärbung mit gelblichem Glanz. Kupfer und Eisen werden durch die Medizinen erster Ordnung nicht rot gefärbt und nehmen auch keinen Glanz an, weil sie durch und durch unrein sind und nicht fähig, den roten Glanz (des Goldes) anzunehmen, bevor sie besonders dafür präpariert sind. Wir besprechen nun zuerst die Medizinen für das Kupfer, dann die für das Eisen, soweit sie zu den Medizinen erster Ordnung gehören. Es gibt eine Medizin, die das Kupfer weiß färbt und aus Quecksilber hergestellt ist, und eine andere, die aus Arsenik hergestellt ist. Aus Quecksilber wird die weißfärbende Medizin auf folgende Art hergestellt: Man löst präcipitiertes Quecksilber und calciniertes Kupfer. Die beiden Lösungen werden zusammen gemischt und dann koaguliert. Diese Medizin projiziert man auf das Kupfer, das hierdurch weiß gefärbt wird[145]. Oder man löst präcipitiertes

Quecksilber und löst Bleiglätte (lithargyrum). Diese beiden Lösungen werden vereinigt. Man löst ferner das Calcinationsprodukt desjenigen Metalles, das man weiß färben will, und vermischt diese Lösung mit der anderen, eben genannten. Diese gemischte Lösung wird koaguliert, und dieses Produkt wird auf das betreffende Metall projiziert, das hierdurch weiß gefärbt wird. Oder nach einer anderen Methode: Man sublimiert über dem betreffenden Metall (das man weiß färben will) eine Quantität Quecksilber, solange, bis ein Teil des Quecksilbers auch bei starker Hitze mit dem Metalle vereinigt bleibt. Dieses Produkt wird dann mit destilliertem Essig wiederholt behandelt und verrieben, damit eine innige Mischung entsteht. Dann erhitzt man mit Quecksilber, behandelt wieder mit Essig, und erhitzt wieder. Das wiederholt man so oft, bis eine größere Menge Quecksilber auch bei starkem Feuer mit dem Kupfer vereinigt bleibt. Das ist eine gute Weißfärbung erster Ordnung des Kupfers. Nach einer anderen Methode sublimiert man präcipitiertes Quecksilber mit eigentlichem (metallischem) Quecksilber, bis sich diese Stoffe fest miteinander verbinden und ein schmelzbares Produkt geben. Wenn man es auf Kupfer bringt, wird dieses dadurch weiß gefärbt. Nach einer anderen Methode löst man Silber und Bleiglätte und vereinigt die Lösungen. Durch sie wird Kupfer weiß gefärbt. Noch besser wird es weiß gefärbt, wenn in allen Medizinen dauernd Quecksilber wirksam ist. Kupfer wird auch durch sublimierten Arsenik weiß gefärbt, wenn man calciniertes Kupfer nimmt und über ihm Arsenik wiederholt sublimiert, bis der Arsenik beim Kupfer bleibt und es weiß färbt. Wenn man sich aber bei der Ausführung der Sublimation keine rechte Mühe gibt, so bewirkt der Arsenik im Kupfer keine dauernde Veränderung. Die Sublimation wird so ausgeführt, daß man sie nach dem ersten Grad der Sublimation wiederholt, wie wir es bei der Sublimation des Markasits beschrieben haben. Das Kupfer wird auch noch auf andere Art weiß gefärbt. Sublimierten Arsenik bringt man auf Silber, dann dieses Produkt auf Kupfer. Das gibt eine gute Weißfärbung. Oder man vermischt zuerst gelöstes Lithargyrum oder gebranntes Blei mit Silber; dazu bringt man Arsenik. Das Ganze auf Kupfer gebracht, färbt es weiß. Das ist eine gute Weißfärbung erster Ordnung. Oder man löst Lithargyrum und reduziert es, bringt sublimierten Arsenik dazu und bringt das Ganze auf geschmolzenes Kupfer, welches dadurch prächtig weiß gefärbt wird. Oder man mischt Silber und Kupfer und bringt eine weißfärbende Medizin dazu. Silber verbindet sich mit Arsenik leichter als irgendein anderes Metall und nimmt ihm die Sprödigkeit. In zweiter Linie das Blei. Nach einer anderen Methode schmilzt man sublimierten Arsenik, und behandelt ihn so (durch Zerschlagen des Produktes), daß man Stücke (Brocken) bekommt. Dann wirft man ein Stück nach dem andern auf (glühendes) Kupfer. Ich rate, den Arsenik lieber in Stücken als in Form von Pulver auf das glühende Metall zu projizieren, weil das Pulver sich leichter entzündet wie die Stücke und leichter sich verflüchtigt und verzehrt wird, bevor es auf das glühende Metall fällt. Dem Kupfer wird auch auf andere Weise seine rote Farbe genommen, z. B. mit Tutia, wodurch es hell gemacht wird. Aber weil die Tutia nicht genügende Fähigkeit hat, das Kupfer weiß zu färben, so färbt es nur gelb[146]), und die Gelbfärbung ist der Weißfärbung verwandt. Die Methode ist so, daß man jede Art von Tutia löst und calciniert, daß man auch ebenso das Kupfer löst und die zwei Lösungen vereinigt[147]). Damit wird das Kupfer gelb gefärbt. Wenn man Versuche damit macht, wird man Nutzen davon haben. Das Kupfer wird auch durch sublimierten Markasit weiß gefärbt[148]), ebenso wie mit sublimiertem Quecksilber. Die Art ist die gleiche.

Kapitel 78.
Über die Medizinen erster Ordnung für die Weißfärbung des Eisens.

Wir wollen nun die Weißfärbung des Eisens durch seine dazu hergestellten Medizinen erster Ordnung beschreiben. Weil das Eisen aber sehr schwer schmilzt, muß man es mit einer Medizin weiß färben, die es leichter schmelzbar macht. Die weißfärbenden Medizinen für Kupfer und Eisen sind die gleichen und werden auf gleiche Weise hergestellt. Aber das spezielle Flußmittel für das Eisen ist Arsenik. Damit wird es weiß gefärbt und leichter schmelzbar[149]). Oder man behandelt und reinigt es mit Quecksilber, bis alle Unreinheit von ihm genommen und es weiß und leicht schmelzbar wird[150]). Oder man erhitzt es stark und wirft Arsenik darauf. Und wenn es geschmolzen ist, bringt man es auf eine Quantität Silber[151]). Wenn sich diese Körper vereinigt haben, sind sie nicht leicht wieder voneinander zu trennen. Oder man calciniert das Eisen und entfernt daraus die verunreinigenden, alaunartigen Stoffe, indem man auf oben beschriebene Art löst. Dann sublimiert man mit diesem Produkt durch Sublimation gereinigten Arsenik und wiederholt dies so oft, bis die Stoffe sich vereinigen. Dann behandelt man mit einer Lösung von Bleiglätte, mischt, rührt, erhitzt und reduziert zuletzt im Feuer, wie wir es bei der Reduktion des Zinns aus seinem Kalk gelehrt haben. Hieraus gewinnt man das Eisen weiß, rein und gut schmelzend[152]). Oder man reduziert es aus seinem Kalk mit sublimiertem Arsenik allein und erhält es so ebenfalls weiß, rein und gut schmelzend. Der Künstler muß aber hierbei Vorsicht gebrauchen, wie wir beim Kupfer es gelehrt haben. Das Eisen wird auch durch Markasit und Tutia weiß gefärbt, wenn man geschickt und fleißig ist. Diese Weißfärbung oder Reinigung ist aber nicht genügend.

Kapitel 79.
Über die Medizinen erster Ordnung für die Gelbfärbung des Silbers.

Wir wollen die Medizin erster Ordnung beschreiben, die das Silber gelb färbt. Es ist eine Medizin, die sich mit dem Silber innig verbindet und es dabei färbt, durch seine eigene Natur, oder durch unsere Kunst. Wir besprechen nun die Medizin, die sich durch und durch mit dem Silber verbindet. Dann beschreiben wir die künstlichen Methoden, mit denen wir die Einwirkung bewerkstelligen. Wir gewinnen die Medizin aus dem Schwefel oder aus Quecksilber, oder aus der Vermischung der beiden. Aus dem Quecksilber aber besser als aus dem Schwefel. Man gewinnt sie auch aus einigen Mineralien, die nicht von dieser Art sind, wie z. B. Vitriol und Cuperosa, eine Substanz, die auch Gumma cupri oder Stillicidium (tropfende Feuchtigkeit) des Kupfers genannt wird[153]). Wir beschreiben nun im folgenden alle Darstellungsmethoden der Medizinen, die aus Quecksilber gewonnen werden, dann die aus Schwefel, oder aus der Vermischung der beiden, schließlich die aus Gumma cupri und ähnlichen Stoffen. Die Herstellungsweise der Medizin aus Quecksilber ist folgende: Man bringt präcipitiertes Quecksilber, das durch die Präcipitation mortifiziert und fixiert ist, in einen Ofen mit starkem Feuer, wie man ihn zur Calcination benutzt, bis es eine rote Farbe annimmt[154]), ähnlich wie Usufur (Zinnober). Wenn es nicht rot wird, so nimm etwas gewöhnliches Quecksilber und sublimiere es mehrmals mit Schwefel. Der Schwefel und das Quecksilber sollen aber ganz rein sein. Und wenn man die Sublimation zwanzigmal über dem Präcipitat wiederholt hat, so löse dieses mit einem auflösenden scharfen Wasser, calciniere und löse es wiederholt, bis es genug ist. Dann löse etwas Silber auf, vermische die Lösungen und koaguliere. Dieses Produkt projiziere auf geschmolzenes Silber. Es wird dadurch richtig gelb gefärbt. Durch Schwefel wird das Silber rot gefärbt. Aber diese Rotfärbung ist schwierig und macht äußerst viel Arbeit. Durch eine Lösung von Eisen wird das Silber gelb gefärbt. Zu diesem Zweck müssen wir das Eisen erst calcinieren und fixieren, was viel Arbeit verursacht. Es bewirkt aber bei der Projektion auf Silber doch keine helle, glänzende, sondern eine trübe, leblose Gelbfärbung. Die Gelbfärbung durch Vitriol oder Cuperosa geschieht auf folgende Weise: Man nimmt von einer dieser Substanzen eine gewisse Quantität und sublimiert davon den Teil, der sich sublimieren läßt[155]). Das Sublimierte sublimiert man nochmals wiederholt bei geeignetem Feuer, damit ein Teil nach dem anderen beständig gemacht wird, solange bis der größere Teil beständig gemacht (fixiert) ist. Dann calciniert man vorsichtig und löst die Substanz in Wasser, das sich dadurch hochrot färbt und zwar so, daß es nicht seinesgleichen hat. Dann muß man sich durch Nachdenken bemühen, eine Einwirkung dieser Lösung auf das Silber zu erzielen. Der Weg dazu wurde dir hier genügend gezeigt, wenn du nur verstehst, das vollkommene Werk, das wir geschrieben haben, zu erforschen und auszulegen. Das sind also die Medizinen erster Ordnung. Man könnte übrigens noch zahlreiche andere Arten anführen, ganz abgesehen von den verschiedenen, nur oberflächlich färbenden Mitteln. Die Medizin des Quecksilbers gehört nicht zur ersten Ordnung, da sie das Quecksilber nicht in einzelnen Punkten, sondern vollständig im ganzen verändert. Manche Leute haben noch mehrere Medizinen erfunden. Hierbei sind zwei Fälle möglich. Sie müssen ihre Medizinen aus den gleichen oder ganz ähnlichen Stoffen gewinnen, wie die oben beschriebenen Medizinen. Oder sie setzen eine Medizin zusammen, die, was ihre Fähigkeit anbelangt, (Metalle) umzuwandeln, soviel wie nichts taugt, und die der Welt und ihren Teilen nichts nützt, solange der Beweger (der Welt) unversehrt in der Erhabenheit der bewegten Natur in Ruhe verweilt[156]).

Kapitel 80.

Über die verschiedenen Eigenschaften der Medizinen zweiter Ordnung.

Wir gehen jetzt zu den Medizinen zweiter Ordnung über. Es gibt eine Medizin für die Umwandlung der Metalle und eine Medizin für die Koagulation des Quecksilbers. Wir besprechen zuerst die Medizinen für die Metalle und dann die Medizin, welche das Quecksilber in einen gold- oder silberähnlichen Körper koaguliert. Zweiter Ordnung ist eine Medizin, wenn sie unvollkommene Metalle in bezug auf ein bestimmtes Merkmal der Vollkommenheit verbessert. Da nun viele Ursachen der Unvollkommenheit in jedem unedlen Metalle vorhanden sind, z. B. im Blei flüchtige Schwefelsubstanz und flüchtiges Quecksilber, welche notwendigerweise die Unvollkommenheit und die erdige Beschaffenheit des Bleis verursachen, so stellt man eine Medizin her, die einen dieser schlechten Bestandteile ganz entfernt oder ihn verdeckt. Die übrigen Ursachen der Unvollkommenheit des betreffenden Metalls bleiben dabei in ihm zurück. Die Metalle besitzen nämlich auch nichtumwandelbare Bestandteile, die ihnen eingeboren sind, und die man aus ihnen durch eine Medizin zweiter Ordnung nicht entfernen kann. Deshalb nennt man eine Medizin, die jene Bestandteile aus einer Mischung entfernen kann, nicht zweiter, sondern dritter oder höherer Ordnung. Weil der Überschuß an flüchtigen Bestandteilen eines Körpers, wie wir wissen, durch Calcination, und die erdigen Bestandteile, soweit sie dem betreffenden Körper nicht eingeboren sind, durch wiederholte Reduktion beseitigt werden, so war es nötig, eine Medizin zweiter Ordnung zu finden, welche auch die eingeborenen (d. h. von Natur aus ursprünglich zu dem betreffenden Körper gehörenden) erdigen Bestandteile unwirksam macht, eine Medizin, die das Harte weich macht und das Weiche hart. Das darf aber nicht in trügerischer, sophistischer Weise geschehen, sondern die unvollkommenen Körper sollen dabei wirklich gold- und silberähnlich werden. Es ist klar, daß man den weichen Metallen mit den üblichen Mitteln der Kunst ihre leichte Schmelzbarkeit nicht nehmen kann, und auch nicht die ihnen eingeborene Unreinheit. Es war deshalb nötig, eine Medizin zu finden, die bei der Projektion diese Metalle verdichtet und härtet, so daß sie auch starkes Feuer aushalten. Bei den harten Metallen dagegen soll diese Medizin die dichte Beschaffenheit lockern und soll bewirken, daß diese Metalle leichter schmelzen. Bei beiden Arten von Metallen soll diese Medizin das Dunkle aufhellen und die einen in weißes, die anderen in gelbes vollkommenes Metall verwandeln. Diese Medizin unterscheidet sich von der Medizin dritter Ordnung dadurch, daß sie weniger vollkommen präpariert ist; und unter sich unterscheiden sich die Medizinen zweiter Ordnung nicht durch verschiedenartige Einwirkung auf die Metalle, sondern durch verschiedene Art der Herstellung. Die Medizin für die weichen Metalle, welche diese verdichtet, wird anders hergestellt als die Medizin, welche die dichten, harten Metalle auflockert[157]). Die ersteren brauchen ein verzehrendes Feuer, bei den zweiten muß die Feuchtigkeit durch geeignete Behandlung erhalten werden.

Kapitel 81.

Über die lunare und solare Medizin.

Wir besprechen nun diese Medizinen zweiter Ordnung und zwar die Medizinen, die unvollkommene Metalle in silberähnliche umwandeln, und diejenigen, welche in goldähnliche Metalle umwandeln. Wir haben schon gezeigt, daß in der Natur Schwefel jeder Art der Veredlung hinderlich ist, und daß das Quecksilber sie fördert. Wir wollen die Natur keineswegs verändern, sondern wollen ihre Werke, soweit es möglich ist, nachahmen[158]). Wir verwenden deshalb auch das Quecksilber für jede Medizin, welche die unvollkommenen Metalle und das Quecksilber selbst zu silber- oder goldähnlichen Metallen veredeln soll. Wie wir schon sagten, gibt es zwei verschiedene Arten von Medizinen, nämlich solche für die Veredlung der unedlen Metalle und andere für die Veredlung des koagulierbaren Quecksilbers. Wir behandeln zuerst die Medizin für die Metalle, dann die für das Quecksilber. Jede dieser Medizinen hat eine besondere Materie für sich und besteht aus den schon genannten Substanzen. Nimm also diese Substanzen und behandle sie nach den bekannten Methoden, wobei es darauf ankommt, die reine Substanz abzuscheiden, einen Teil beständig zu machen und den anderen Teil durch Ceration zu behandeln. So wende die ganze Kunst an, bis die Substanz so schmilzt, wie du es willst. Diese Medizin auf ein unvollkommenes Metall gebracht, verwandelt es in ein silberähnliches, vollkommenes Metall, sofern die Medizin richtig präpariert worden ist. Ist dies nicht der Fall, so läßt die Medizin das Metall unvollkommen, verbessert es aber in einigen Punkten, soweit es bei der Anwendung einer Medizin dieser Ordnung möglich ist. Die Medizin zweiter Ordnung für die Umwandlung der unvollkommenen Metalle in goldähnliches Metall, hat die gleiche Materie und wird ebenso angewendet. Sie unterscheidet sich jedoch durch größere Verfeinerung ihrer Teile, die durch besondere Methoden erzielt wird, sowie durch besonders gute Präparierung des in der Mischung angewandten Schwefels. Das Wichtigste ist die Anwendung von reinstem Schwefel und seine Fixierung und Lösung nach bestimmter Methode. Durch den Schwefel bekommt nämlich die Medizin ihre Farbe und die Fähigkeit, bei der Projektion auf ein unvollkommenes Metall, dieses zu einem goldähnlichen Metall umzuwandeln und zu verbessern. Wenn man diese Medizin auf Silber projiziert, veredelt sie es reichlich zu goldähnlichem Metall.

Kapitel 82.

Über die Medizin, die das Quecksilber koaguliert.

Wir wollen nun zu der Medizin übergehen, die das Quecksilber koaguliert. Ihre Materie wird aus den gleichen Substanzen gewonnen, d. h. aus den bekannten Stoffen, die in den verschiedenen Kapiteln dieses Werkes beschrieben worden sind. Weil das Quecksilber leicht flüchtig ist, ohne sich dabei zu entzünden, so braucht es eine Medizin, welche sich rasch mit ihm innig verbindet, bevor es sich verflüchtigt, eine Medizin, die sich durch und durch mit ihm vereinigt, die es verdickt und es feuerbeständig macht. Das Quecksilber verträgt dann ein starkes Feuer, das seine Feuchtigkeit verzehrt und das es hierdurch rasch in einen wahren gold- oder silberähnlichen Körper umwandelt, je nach der Art der Zubereitung der Medizin. Da wir nun nichts kennen, das sich besser mit dem Quecksilber verträgt als das, was seine eigene Natur hat, so kamen wir auf den Gedanken, mit Hilfe des Quecksilbers selbst seine Medizin darzustellen, und bemühten uns, dem Quecksilber selbst auf sinnreiche Weise die Form der Medizin zu geben. Das Quecksilber wird zu diesem Zweck auf schon beschriebene Weise in langwieriger Arbeit präpariert, wodurch seine feinste und reinste Substanz auf das vollkommenste zur Erscheinung kommt, und zwar die weiße Substanz (bei der Veredlung) in Silber und die intensiv gelbe Substanz (bei der Veredlung) in Gold. Mit dieser reinsten Substanz des Quecksilbers wird dann mit Hilfe der Methoden unserer Kunst die Medizin hergestellt, die sich mit dem Quecksilber vereinigt, es koaguliert, und in einen wahren gold- und silberähnlichen Körper umwandelt. Man pflegt zu fragen, aus welchen Stoffen man am besten diese reinste Substanz des Quecksilbers gewinnen kann. Und wir antworten, daß sie aus denjenigen Stoffen gewonnen wird, in denen sie ist. Sie ist sowohl in Metallen, als naturgemäß im Quecksilber selbst, da sie die gleiche Natur haben. Aus den Metallen gewinnt man die Substanz schwerer, aus dem Quecksilber leichter. Welcher Art auch die Medizin ist, in den Metallen und in der Substanz des Quecksilbers selbst findet man die Medizin des kostbaren Steines.

Kapitel 83.
Wie die Medizinen einwirkungsfähig gemacht werden.

Da es bisweilen gelingt, die Medizin (mit den Körpern, die sie veredeln soll) zu mischen, bisweilen nicht, so will ich zeigen, wie man sie mischt, bzw. wie jeder Stoff und jede unwirksame Medizin die Fähigkeit erlangt, auf andere Körper tiefgehend einzuwirken (reagieren). Das geschieht dadurch, daß man Stoffe, die auf die Metalle einwirken, und solche, die nicht einwirken, löst und beide Lösungen vermischt. Dadurch wird alles einwirkungsfähig. Das wird durch das Lösen erreicht. Durch das Lösen werden nichtflüssige Stoffe in flüssige Form gebracht. Diese Stoffe haben dann mehr die Fähigkeit, auf andere Körper einzuwirken und sie zu verändern. Das ist auch der Grund, weshalb wir manche Körper calcinieren: nämlich, damit sie sich besser lösen. Und man löst sie deshalb, damit sie besser auf die Metalle einwirken, und damit die Metalle dadurch präpariert und gereinigt werden. Oder man macht die Stoffe, die infolge ihrer Verdickung keine Einwirkung (auf andere Körper) haben, dadurch einwirkungsfähig, daß man unverbrennliche flüchtige Stoffe, nämlich Arsenik und Quecksilber in nichtfixer Form, wiederholt über den betreffenden Stoffen sublimiert. Oder dadurch, daß man die nicht einwirkungsfähigen Stoffe öfters löst. Solche Stoffe, die sich mit anderen Körpern nicht mischen (indifferente Stoffe), kann man auch durch einen guten Kunstgriff zur Einwirkung (Reaktion) bringen. Man löst nämlich den Körper (Metall), der durch die betreffenden Stoffe umgewandelt werden soll, und man löst auch die Stoffe auf, welche auf die betreffenden Körper (Metalle) einwirken und sie umwandeln sollen. Es sollen übrigens nicht alle, sondern nur manche Teile gelöst werden. Dann wird dieser Körper und kein anderer mit der Lösung (der Stoffe, die auf ihn einwirken sollen) behandelt und vermischt. Dadurch wirken die Stoffe aufeinander ein, was sonst nicht immer der Fall zu sein braucht [frei übersetzt][159]). Durch dieses Verfahren muß jeder Stoff Einwirkungsfähigkeit bekommen und sich mit anderen Körpern vermischen und sie verändern. Damit haben wir die Medizinen zweiter Ordnung genügend behandelt und gehen nun zu der Medizin dritter Ordnung über.

Kapitel 84.
Über die Medizin dritter Ordnung im allgemeinen.

Die Medizin dritten Grades ist eine zweifache, nämlich für die Veredlung in goldähnliches und silberähnliches Metall (solaris et lunaris). Ihrem Wesen nach ist sie aber nur eine einzige Medizin und ebenso in ihrer Wirkung. So wird sie auch von unseren Alten, deren Schriften wir durchgelesen haben, als eine einzige Medizin bezeichnet. Was nun die Gelbfärbung betrifft, die durch die reinste Substanz des fixen Schwefels bewirkt wird, so ist zwischen der lunaren und der solaren Medizin der Unterschied, daß die letztere, d. h. die Medizin, die in goldartiges Metall verwandelt, auch die in silberartiges Metall verwandelnde Medizin in sich enthält, aber nicht umgekehrt. Man nennt diese Medizin dritter Ordnung auch die des größeren Werkes (majoris operis), und zwar deshalb, weil man größeren Scharfsinn und größere Anstrengung für ihre Herstellung und Anwendung braucht. Die Medizin dritter Ordnung unterscheidet sich von der Medizin zweiter Ordnung nur durch feinste Unterschiede der Präparierung bei ihrer Herstellung, und durch langwierigere Arbeit hierbei. Diese Unterschiede will ich ausführlich besprechen und ebenso auch die verschiedenen Arten der Anwendung dieser Medizin. Die solare Medizin braucht eine andere Präparierung wie die lunare. Bei der Präparierung der ersteren muß man Schwefel anwenden, der ihr die Fähigkeit zu färben (zu goldartigem Metall) gibt, bei der lunaren Medizin nicht.

Kapitel 85.
Über die lunare Medizin dritter Ordnung.

Ich will nun die erste Methode der Herstellung der lunaren Medizin beschreiben. Sie besteht in folgendem. Nimm den bekannten Stein[160]) (als Ausgangsmaterial) für die Medizin, trenne seinen reinsten Teil ab und lege ihn beiseite. Dann fixiere etwas von dem reinsten Teil und lasse etwas davon zurück. Wenn diese Substanz fixiert ist, löse das, was davon löslich ist. Das, was nicht löslich ist, calciniere und wiederhole dann das Lösen, bis alles, was von der Substanz löslich ist, ganz aufgelöst ist. Man kocht dann diesen Anteil, bis das Meiste gelöst ist, vermischt die Lösungen und koaguliert. Dann erhitzt man die Substanz leicht in gelindem Feuer, bis sie stärkeres Feuer erträgt. Dann erhitzt man den ersten Teil der Lösung, bis alles, was davon löslich ist, gelöst ist, koaguliert wieder, erhitzt wiederholt in gelindem Feuer, bis die Substanz stärkeres Feuer aushält. Diese Stufen (Grade, Ordines) der Präparierung wiederhole viermal. Zuletzt calciniere. So hast du die höchst kostbare Erde des Steins richtig präpariert. Mit diesem Teil der verarbeiteten Erde verbinde nun eine Quantität des aufbewahrten nichtfixen Teils recht fest, mit Hilfe einer passenden feinen Methode. Diese Methode soll in der bekannten Anwendung der Sublimation bestehen, damit die fixen und nichtfixen Teile zusammen vollständig sublimieren. Wenn dies nicht geschieht, gibt man wiederholt etwas von der nichtfixen Substanz dazu, solange bis die Sublimation richtig vor sich geht. Dann wiederholt man die Sublimation, bis durch die Wiederholung dieser Operation alles fixiert ist. Wenn die Substanz fixiert ist, vermische mit einer Quantität des nichtfixierten Teils auf bekannte Art, bis alles wiederholt sublimiert. Man fixiert dann nochmals, bis eine leichte Schmelzbarkeit erreicht wird. Das ist die Medizin, die jedes unvollkommene Metall und jede Art von Quecksilber in ein silberähnliches unvollkommenes Metall transformiert.

Kapitel 86.
Über die solare Medizin dritter Ordnung.

Bei der Präparierung der zu goldartigem Metall veredelnden Medizin wird nichtverbrennlicher Schwefel hinzugefügt, durch Fixieren, Calcinieren und wiederholtes Lösen, mit Fleiß und Klugheit, bis die Substanz rein ist. Man wendet dabei die Sublimation an, und das Hinzufügen des Schwefels geschieht so, daß der nichtbeständige Teil des Steins mit der Substanz, die mit ihm vereinigt werden soll, wiederholt sublimiert wird, bis sich zeigt, daß alles beständig (fixiert) ist. Je öfter dies wiederholt wird, desto vollkommener und besser wird die Medizin, und desto mehr wird ihre Veredlungsfähigkeit vermehrt. Wir beschreiben nun den ganzen Vorgang dieses Magisteriums kurz und vollständig, damit wir von schlechten Menschen keine Vorwürfe bekommen. Durch die Sublimation wird der vortreffliche Stein und die Substanz, die hinzugefügt wird, gereinigt. Durch geschickte Methoden wird das Flüchtige fixiert und dann abwechselnd wieder flüchtig gemacht und wieder fixiert. So wird das kostbarste Arcanum erhalten, das ein unvergleichlicher Schatz ist und jedes andere Arcanum übertrifft, das durch die Wissenschaft dieser Welt erlangt wurde. Und du übe dich darin mit unablässiger Arbeit und mit ständigem tiefstem Nachdenken. Dadurch wirst du das Arcanum finden, sonst findest du es nicht. Diese Medizin kann durch wiederholte und vorsichtige Präparierung des Steines so weit gebracht werden, daß sie Quecksilber unbegrenzt in wahres gold- und silberähnliches Metall umwandelt. Das hängt nur davon ab, in welchem Grad die Medizin verstärkt werden kann. Daher sei Gott gelobt, der Erhabene, Gepriesene und Glorreiche, der uns die ganze Reihe der Medizinen enthüllte, die wir durch seine Güte und Eingebung und durch unsere fleißige Arbeit suchten und fanden.

Wenn wir nun unsere Lehre verhüllt vorgetragen haben, so möge sich der Jünger der Wissenschaft darüber nicht wundern. Denn nicht für ihn haben wir die Lehre verhüllt, sondern für die Schlechten und Unredlichen. Und wir haben unsere Worte so gewählt, daß sie den Toren verborgen bleiben, daß aber die Klugen durch sie zur Erforschung und Aufklärung der Wahrheit angespornt werden. Ihr Söhne der Weisheit, durchforscht dieses vortreffliche Geschenk Gottes, das für euch bestimmt ist. Ihr törichten Söhne der Nichtswürdigkeit und der böswilligen Verworfenheit, flieht diese Wissenschaft, denn sie ist euch feindlich und abgeneigt und wird euch in Unglück und Armut bringen. Dieses Geschenk ist euch durch Gottes Ratschluß und Fürsorge ganz und gar verborgen und versagt.

Nachdem wir nun alle Arten von Medizinen besprochen haben, gehen wir jetzt zu den Proben über, die uns die Wirkung des Magisteriums zeigen.

Dritter und letzter Teil des zweiten Buches.

Über die Proben.

Kapitel 87.

Einteilung.

Wir können einige Dinge, über die wir noch nicht gesprochen haben, übergehen, da sie jedem bekannt sind, wie z. B. Gewicht, Farbe, Dehnbarkeit unter dem Hammer, und wir wollen verschiedene Proben behandeln, die uns zeigen, ob eine Veredlung wirklich gelungen ist. Diese Proben sind: Das Cineritium, die Cementierung, das Glühen, das Schmelzen, das Behandeln mit Dämpfen von scharfen Substanzen, die Prüfung durch Mischen mit verbrennlichem Schwefel, das Ablöschen, die Wiederholung von Calcination und Reduktion, die leichte oder schwierige Aufnahme von Quecksilber. Wir wollen diese Proben jetzt der Reihe nach besprechen.

Kapitel 88.

Über die Cineritium-Probe.

Wir sprechen zunächst über das Cineritium. Nur die Substanz des Goldes und des Silbers hält die Cineritiumprobe aus[161]). Wir wollen nun die Unterschiede der Substanz der edlen Metalle untersuchen und wollen sehen, warum einige unvollkommene Metalle bei der Probe sich mehr, andere weniger ausdauernd zeigen. Wir haben das Geheimnis der Zusammensetzung der zwei edlen Metalle zur Genüge besprochen. Es verhält sich damit so, daß von Urbeginn an in ihnen viel Quecksilbersubstanz war, die zunächst sehr fein war, dann aber sich verdichtete, bis auf diese Weise ein schwer schmelzbares Metall entstand. Diejenigen unvollkommenen Metalle, die viel erdige Substanz in sich haben, halten die Probe schlecht aus, diejenigen, die wenig in sich haben, halten sie besser aus. Letztere Metalle sind widerstandsfähiger, infolge der Feinheit ihrer Teilchen, die innig miteinander vermischt und vereinigt sind. Metalle, die eine weniger dichte Beschaffenheit als die Edelmetalle haben, nämlich die zwei Bleimetalle (Blei und Zinn) und Metalle, die dichter wie die Edelmetalle sind, nämlich Eisen und Kupfer, müssen sich bei der Probe, wenn sie den Edelmetallen beigemischt sind, von ihnen scheiden, da sie nicht ebenso schmelzen wie sie. Auch die Metalle, die weniger Quecksilber enthalten, scheiden sich bei der Probe leichter von beigemischten anderen Metallen. Es ist also klar, daß das Blei von allen übrigen Metallen sich am wenigsten bei der Cineritiumprobe beständig zeigt, und daß es sich rasch von den anderen Metallen trennt und scheidet, da es viel erdartige und wenig Quecksilbersubstanz enthält und leicht schmilzt. Das sind Eigenschaften, die bei der Cineritiumprobe auf Vollkommenheit (Probe, ob ein Metall die Natur eines Edelmetalls hat oder nicht), ungünstig sind. Das Zinn enthält mehr Quecksilber und weniger Erdsubstanz, aber reinere und feinere Substanz als das Blei. Es ist deshalb in einer Mischung (bei der Probe) beständiger als Blei und Kupfer, weil es mit anderen Metallen, mit denen es vermischt ist, fester zusammenhängt. Das Kupfer schmilzt, wenn es in starkem Feuer erhitzt wird. Da es aber langsamer schmilzt als die Edelmetalle, trennt es sich von diesen, jedoch langsamer als Blei, weil es erst bei starkem Erhitzen schmilzt[162]). Da das Kupfer weniger Quecksilber enthält wie das Zinn und mehr erdige und dichte Substanz, läßt es sich leichter von den beigemischten Metallen trennen. Das Eisen ist sehr schwer schmelzbar und läßt sich deshalb mit Blei nicht mischen. Die Ursache davon ist der Umstand, daß das Eisen keine Feuchtigkeit besitzt. Wenn aber die Vermischung (mit anderen Metallen) doch gelingt, und zwar durch heftiges Feuer, so vereinigt sich die Feuchtigkeit des Silbers und Goldes innig mit ihm, da es selbst keine Feuchtigkeit besitzt. Und wenn es auch viel erdige Substanz und wenig Quecksilber enthält und schwer schmilzt, so läßt es sich doch nicht leicht von den anderen Metallen trennen. Durch fleißiges Arbeiten wird es dem Künstler gelingen, die einzelnen Metalle rein darzustellen, wenn er meine Lehren richtig versteht und befolgt. Wenn er aber phantastische Folgerungen daraus zieht, wird er zu nichts Richtigem kommen. Zwei Metalle sind es, die sich bei dieser Probe beständig erweisen, nämlich Gold und Silber, und zwar infolge ihrer guten Zusammensetzung und Mischung und ihrer reinen Substanz.

Kapitel 89.

Die Ausführung der Cineritium-Probe.

Wir beschreiben nun, wie die Probe ausgeführt wird. Man nimmt gesiebte Asche oder Kalk, oder gepulverte, gebrannte Knochen von Tieren, oder diese Stoffe zusammengemischt, oder einige davon, feuchtet sie mit Wasser an und drückt die Hand darauf, damit die Masse fest und dicht wird. In der Mitte macht man eine runde Vertiefung (fovea) und streut etwas gestoßenes Glas auf ihren Boden. Dann läßt man trocknen. Wenn die Masse trocken ist, bringt man die Substanz, die geprüft (probiert) werden soll, in die erwähnte Vertiefung. Darüber bringt man ein starkes Kohlenfeuer und bläst es über der Oberfläche des zu probierenden Metalles an, bis dieses schmilzt. Wenn es geschmolzen ist, bringt man etwas Blei nach und nach dazu und bläst mit starker Flamme darauf. Sieht man das geschmolzene Metall sich heftig bewegen und wallen, so ist es nicht rein. Man warte dann, bis alles Blei verraucht ist. Hört dann die Bewegung des Metalls noch nicht auf, so ist es noch nicht rein. Man bringt dann nochmals Blei darauf und bläst die Flamme darauf, bis das Blei sich getrennt hat. Wenn dann noch keine Beruhigung eingetreten ist, bringt man wiederholt Blei darauf und erhitzt, bis das geschmolzene Metall ruhig ist und bis man sieht, daß seine Oberfläche rein und klar ist. Dann bringt man die Kohlen und das Feuer auseinander und gießt Wasser darauf. So ist die Probierung richtig ausgeführt. Wenn man während des Probierens bisweilen etwas Glas daraufwirft, wird das Metall noch besser gereinigt, da das Glas die Schlacken wegnimmt und sie einhüllt. Man kann statt des Glases auch Salz daraufbringen, oder Borax, oder irgendeinen Alaun. Man kann die Probe auch in einem irdenen Tiegel vornehmen, wobei man um den Tiegel herum, und über seiner Oberfläche, das Kohlenfeuer unterhält und anbläst, damit das zu probierende Metall von allen Seiten erhitzt wird. Das hier Gesagte genügt, und wir gehen nun zu der Prüfung durch das Cementieren über.

Kapitel 90.

Über die Cement-Probe.

Wir haben gesagt, daß manche Metalle mehr, manche weniger durch das Feuer der Calcination verbrannt werden, je nachdem sie mehr oder weniger verbrennlichen Schwefel enthalten. Da das Gold unter allen anderen Metallen am wenigsten Schwefel enthält, verbrennt es am wenigsten im Feuer. Nach dem Gold enthält das Silber am wenigsten Schwefel, aber mehr als das Gold. Demgemäß kann es starkes Feuer entsprechend weniger lang ertragen als das Gold. Noch weniger das Kupfer, da es noch mehr Schwefel als das Gold und Silber enthält und mehr erdige Substanz. Zinn enthält weniger Schwefel und Erdsubstanz als Kupfer, aber mehr als Gold und Silber, und erträgt deshalb starkes Feuer noch weniger als das Kupfer. Das Blei enthält noch mehr Erd- und Schwefelsubstanz in seiner Mischung als die genannten Metalle und verbrennt leichter als sie. Das Eisen ist nicht an und für sich unverbrennlich, sondern infolge zufälliger Umstände: Wenn es nämlich mit Körpern vermischt wird, die viel Feuchtigkeit enthalten, so saugt es diese auf, da es selbst wenig davon besitzt. So verbrennt es nicht, wenn nicht andere Körper mit ihm vereinigt werden, die entzündlich und verbrennlich sind. Wenn dies aber der Fall ist, verbrennt das Eisen, entsprechend seiner eigentlichen verbrennlichen Natur. Da der Zement aus verbrennlichen Stoffen zusammengesetzt wird, so ergibt sich daraus, warum man ihn erfinden mußte, nämlich, damit alle verbrennlichen Stoffe verbrannt werden. Wenn nun ein einziges, unverbrennliches Metall vorhanden ist, so bleibt es bei der Cementprobe unverändert zurück. Manche Metalle sind bei der Probe mehr, manche weniger ausdauernd. Das haben wir schon besprochen und erklärt.

Das Silber ist also beständiger, das Eisen weniger, das Zinn und dann das Kupfer noch weniger; am wenigsten das Blei.

Kapitel 91.
Die Ausführung der Cement-Probe.

Wir wollen jetzt die Art und Weise der Cementprobe beschreiben, deren Kenntnis für die Prüfung auf edle Metalle sehr nötig ist[163]). Der Cement wird aus Stoffen zusammengesetzt, die eine verbrennende Wirkung haben. Hierzu gehören alle schwärzenden, flüchtigen, durchdringenden und verbrennenden Stoffe, z. B. Vitriol, Salmiak, Grünspan, alte zerstoßene Ziegelsteine, etwas oder auch gar kein Schwefel, männlicher Urin und ähnliche scharfe, durchdringende Stoffe. Diese Stoffe bringt man auf dünne Plättchen von dem Metall, das man prüfen und untersuchen will und breitet die Plättchen in einem geschlossenen Tongefäß auf einem eisernen Rost aus, aber so, daß sie sich gegenseitig nicht berühren, damit das Feuer ungehindert auf sie einwirken kann. So läßt man die Plättchen drei Tage in starkem Feuer in dem Gefäß, gibt aber acht darauf, daß sie zwar glühen, aber nicht schmelzen. Nach drei Tagen findet man die Plättchen frei von jeder Verunreinigung, falls sie aus edlem Metall bestehen. Andernfalls findet man sie vollständig zerstört und durch die Calcination verbrannt vor. Manche bringen die Plättchen ohne den zusammengesetzten Cement in das Feuer. Die Plättchen werden auch so gereinigt, falls sie aus edlem Metall bestehen; andernfalls werden sie verbrannt. Wenn man die Probe so ausführt (ohne Cement), dauert die Verbrennung (der Plättchen) länger, da sie in diesem Fall durch das Feuer allein bewirkt wird (ohne die scharfen Stoffe). Da sich das Silber von der Natur des Goldes nicht sehr unterscheidet, so bleibt es, bei dieser einfachen Ausführungsweise der Probe, bei dem Golde zurück. Bei diesen zwei Arten von Proben trennen sich die verschiedenen Metalle voneinander, infolge ihrer verschiedenartigen Zusammensetzung. Diese verursacht die Unterschiede in der Schmelzbarkeit und die verschiedene Dichte. Diese Eigenschaften wieder verursachen die Trennung (der verschiedenen Metalle). Die Substanz der Edelmetalle wird nämlich infolge ihrer widerstandsfähigen Zusammensetzung durch die Substanz eines anderen Körpers nicht zerstört, da keine innige Mischung dieser Substanzen eintritt. So unterscheidet man die Metalle vollständig durch die Prüfung ihrer Schmelzbarkeit, Feuerbeständigkeit und Widerstandsfähigkeit.

Kapitel 92.
Über das Glühen.

Ich will jetzt das Glühen behandeln und ich sage, daß die vollkommensten Metalle einen bestimmten Grad von Glut und Hitze aushalten, bevor sie schmelzen Wenn wir also feststellen wollen, ob ein Metall durch ein Veredlungsverfahren vollständig umgewandelt (veredelt) worden ist, so müssen wir es dadurch prüfen, daß wir es zum Schmelzen bringen. Bevor die vollkommenen (edlen) Metalle schmelzen, fangen sie an zu glühen und zeigen dabei eine schöne bläuliche Farbe, werden aber nicht so weißglühend, daß das Auge es nicht ertragen kann. Die Edelmetalle kommen also, bevor sie schmelzen, in starke Rotglut und nicht in Weißglut. Wenn nämlich die so behandelten Metalle schmelzen, schon bevor sie in starke Glut kommen, so sind sie keine Edelmetalle, und wenn man sie mühsam mit heftigem Feuer erhitzen muß (damit sie schmelzen), so war ihre Behandlung (Umwandlung in Silber oder Gold) nicht richtig[164]). Das erstere gilt für die weichen Metalle (Blei und Zinn), das letztere nur für das Eisen. Die nichtfeuerbeständigen Metalle (d. h. Metalle, die bei geringer Hitze schmelzen) werden nämlich durch die Präparierung nicht leicht feuerbeständig gemacht, und die schwerschmelzbaren Metalle bekommen durch die Präparierung nicht leicht die richtige Schmelzbarkeit, wie man sie bei den Edelmetallen, ihrer Natur entsprechend, findet. Wenn beim Glühen der Metalle keine schöne, bläuliche Flamme[165]) entsteht, so war die Behandlung (Umwandlung in Edelmetall) nicht richtig und vollständig. Ebenso verhält es sich, wenn irgend etwas an den Metallen nicht richtig ist, wie Gewicht, Farbe, schönes Aussehen, Verhalten im Feuer, oder sonst eines der Merkmale der guten (edlen) Beschaffenheit. Dann waren die Bemühungen des Künstlers nicht genügend. Er muß dann von neuem anfangen und suchen, bis er das Richtige durch die Güte Gottes findet.

Kapitel 93.

Über das Schmelzen.

Wir wollen jetzt das Schmelzen ausführlich behandeln, weil es eine sichere Probe für alle Körper ist. Ich sage: Ein Metall kann gleichzeitig schmelzen und glühen[166]), aber das ist nicht immer der Fall, sondern dann, wenn ein Metall nicht ganz weißglühend wird und dann, wenn das Glühen nicht ganz dunkel ist und das Metall nicht ganz rasch nach dem Erhitzen schmilzt und fließt. Wenn ein Metall bei ganz geringer Hitze schmilzt, ohne daß es glüht, oder so, daß es dunkel glüht, so muß es ein ungenügend präpariertes, unedles Metall sein. Und wenn ein Metall nach dem Schmelzen nicht langsam und allmählich abkühlt, sondern rasch aus dem glühenden Zustand heraus dunkel wird und früher zu glühen aufhört, als es fest wird (erstarrt), so ist es kein Edelmetall, sondern man darf annehmen, daß es ein weiches, unedles Metall ist. Und wenn man ein Metall mit starkem heftigem Feuer erhitzen muß, bevor es schmilzt, und wenn es dabei in glänzende, unvergleichliche Weißglut kommt, so ist es kein edles, sondern nur ein hartes Metall. Ferner: Wenn ein Metall nach dem Schmelzen vom Feuer weggenommen wird, und sofort fest wird, so daß es nicht mehr fließt, während es aber noch weiter hell glüht, so ist es kein Metall von der Vollkommenheit des Silbers oder Goldes, von welcher Art auch der behandelte Körper war und wie man diesen auch präpariert, sondern man muß es zur Art des Eisens zählen. Es ergibt sich aus dem Gesagten, daß man drei verschiedene Stufen des Glühens und Schmelzens bei den Metallen feststellen kann. Die erste Stufe ist dunkel, die zweite rot und hell, die dritte aber sehr weiß und strahlend hell. Die erste Art des Glühens findet man bei den weichen — die zweite Art bei den vollkommenen (edeln) — die dritte Art bei den harten Metallen, wie das Experiment zeigt. Wer diese verschiedenen Grade des Glühens untersuchen will, muß alle Metalle in Feuer schmelzen und muß beachten, welchen Grad des Feuers man zu jeder Schmelze braucht, und muß sich alle Merkmale und Unterschiede beim Schmelzen einprägen. Dann wird er finden, sonst aber nicht. Damit bekommst du ein Bild von den verschiedenen Proben und Untersuchungen.

Kapitel 94.
Über das Behandeln von Metallen mit Dämpfen scharfer Stoffe.

Wir wollen jetzt über die Behandlung der Metalle mit den Dämpfen scharfer Stoffe sprechen. Wenn man die Metalle mit Dämpfen scharfer, ätzender und saurer Stoffe in Berührung bringt, sieht man bei manchen schön bläuliche Ausblühungen, bei anderen keine solchen. Das ganz reine Gold zeigt hierbei keine Ausblühung. Das Silber und das nicht ganz reine Gold bekommen in Berührung mit scharfen Dämpfen schöne bläuliche Ausblühungen[167]), das Gold schönere als das Silber. Wir können hierin die Natur nachahmen und bei den präparierten Metallen die bläuliche Farbe erzeugen, und zwar mit Hilfe des Quecksilbers, wie wir früher gezeigt haben. Präparierte Metalle, die in Berührung mit den scharfen Dämpfen die schöne bläuliche Farbe bekommen, sind nicht völlig präpariert. Eines von den Metallen bekommt bei dieser Probe eine dunkelrote Ausblühung auf seiner Oberfläche, oder eine dunkelgelbe mit etwas grün vermischt: das ist das Eisen. Eines bekommt eine dunkelgrüne, mit trübem Blau vermischte Ausblühung auf seiner Oberfläche, nämlich das Kupfer. Eines eine weiße, etwas dunkle, nämlich das Blei. Und eines eine rein weiße Ausblühung, nämlich das Zinn. Ein edles Metall bekommt wenig oder gar keine Ausblühungen, und wenn es welche bekommt, sehr langsam. Das Zinn bekommt von den weniger vollkommenen Metallen die Ausblühungen am wenigsten und langsamsten. Wir sehen also aus dieser Probe, daß sich das Zinn am meisten der Vollkommenheit nähert, bei dem Werk der höheren Ordnung. Du kannst also durch diese Prüfung untersuchen, welchen Grad der Vollkommenheit ein Metall besitzt, wenn du über das in diesem Kapitel Gesagte richtig nachdenkst. Wenn dir das nicht gelingt, so schreibe es deiner Dummheit zu.

Kapitel 95.
Über das Ablöschen geglühter Metalle.

Wir wollen jetzt die Ablöschungsprobe beschreiben[168]). Man wendet sie in verschiedener Weise an und kann mit ihrer Hilfe erkennen, ob das Meisterstück der Veredlung gelungen ist. Zunächst: Wenn man ein geglühtes Metall in einer Flüssigkeit ablöscht, und es zeigt nicht die weiße Farbe des Silbers oder die glänzendgelbe Farbe des Goldes, sondern eine andere Farbe, so ist das Metall nicht veredelt. Ebenso, wenn sich, nach wiederholtem Glühen und Ablöschen des Metalls in einer Lösung von Salz oder von Alaun verschiedener Art, auf seiner Oberfläche eine dunkle Haut bildet. Wenn man ferner das geglühte Metall in Schwefel ablöscht, dann das Metall nochmals glüht, und dabei beobachtet, daß sich viel verflüchtigt und daß es unrein und schwarz wird, oder unter dem Hammer zerbricht, so ist das Veredlungswerk trügerisch gewesen. Oder man glüht das Metall mit einem Cement aus einer Mischung von Salmiak und Grünspan oder ähnlichen Stoffen und löscht es nachher in Schwefel ab. Verliert das Metall hierbei vollständig seine eigene Silber- oder Goldfarbe, oder bekommt es schlackenartige Verunreinigungen, so ist es sicher unveredelt geblieben. Ich will dir noch eine allgemeine sichere Regel angeben, die für alle Proben gilt. Wenn bei der Prüfung eines Metalls mit den schon beschriebenen oder noch zu beschreibenden Proben sich bestimmte Merkmale, wie Farbe oder Gewicht, ändern, so hat der Künstler das Werk nicht richtig, sondern mit trügerischem Ergebnis ausgeführt. Es taugt daher nichts.

Kapitel 96.
Über das Behandeln mit Schwefel.

Auch durch Mischen mit Schwefel erkennt man, ob eine Veredlung gelungen ist[169]). Durch die Erfahrung haben wir ja gefunden, daß der Schwefel manche Metalle mehr und manche weniger verbrennt, und daß manche Metalle aus der Verbrennung wieder (in ihre Metallform) zurückgehen, manche nicht. Hierdurch kann man bei trügerischen Veredlungsversuchen unvollkommene Metalle erkennen. Von allen Metallen wird das Gold am wenigsten durch Schwefel verbrannt. Leichter wird das Zinn, noch leichter das Silber, dann das Blei, noch leichter das Kupfer und am leichtesten das Eisen durch die ölige Substanz des Schwefels verbrannt. Daran sieht man, welche Metalle sich mehr und welche sich weniger der Natur eines edlen Metalles nähern. Und aus den verschiedenen Farben, welche die Metalle nach ihrer Verbrennung (mit Schwefel) zeigen, kann man ihre Art und Natur erkennen. Das Gold zeigt (nach der Behandlung mit Schwefel) eine intensiv klare gelbe oder rötliche Farbe, das Silber eine schwarze Farbe mit etwas bläulichem Ton, das Zinn eine schwarze Farbe mit etwas rötlichem Ton, das Blei eine tiefschwarze Farbe mit Rötlichem und Bleifarbigem vermischt, das Kupfer eine schwarze Farbe mit etwas Bleigrau vermischt, wenn Verbrennung mit Schwefel, und eine schöne violette Farbe, wenn Mischung mit Schwefel stattgefunden hat[170]). Das Eisen gibt bei der Verbrennung mit Schwefel eine tiefschwarze Farbe. Auch bei der Reduktion aus der Verbrennung durch Schwefel erkennt man die Unterschiede der Metalle. Manche Metalle (Sulfide) gehen dabei wieder (in Metallform) zurück, manche andere verflüchtigen sich durch die Einwirkung des Feuers bei der Reduktion zusammen mit dem Schwefel vollständig oder zum größten Teil. Manche Metalle (Sulfide) können aus der Verbrennung mit Schwefel wieder in ihre entsprechende Metallform zurückgeführt werden, manche gehen in die Form eines anderen Körpers über. In ihre gleiche eigene Metallform werden, aus der Verbrennung mit Schwefel, Gold und Silber reduziert. Zinn und Blei verflüchtigen sich dabei. Das Zinn ganz oder größtenteils, das Blei nicht vollständig, aber es wird bisweilen zum größten Teil, bisweilen zum kleineren Teil dabei zerstört. Diese Verschiedenheiten erklären sich aus der Natur der Metalle und aus der verschiedenen Behandlung bei ihrer Präparierung. Das Zinn wird durch rasche, heftige Einwirkung des Feuers bei der Reduktion zerstört[171]). Durch langsame, vorsichtige Einwirkung des Feuers kann man Blei und Zinn unzerstört hierbei erhalten. Man bekommt aber bei ihrer Reduktion (aus dem Sulfid) eher einen anderen Körper als ihren eigentlichen, ursprünglichen. Das (mit Schwefel behandelte, also Schwefelzinn) Zinn wird, wie die Erfahrung zeigt, bei der Reduktion in ein helles, das Blei in ein dunkles Antimon umgewandelt[172]).

Kapitel 97.
Über Calcination und Reduktion.

Wir behandeln jetzt das Probieren durch wiederholte Calcination und Reduktion. Die vollkommenen (edeln) Metalle verlieren bei wiederholter

Calcination und Reduktion nichts von den Merkmalen ihrer Vollkommenheit, wie Farbe, Gewicht, Glanz und Masse, so oft man auch diese Operationen wiederholt. Wenn also irgendwelche Metalle bei wiederholter Calcination und Reduktion aus ihrem Kalk etwas von ihren guten Merkmalen verlieren, so muß man annehmen, daß das Ergebnis des Künstlers trügerisch ist. Übe dich also, damit du das alles kennen lernst.

Kapitel 98.
Über das Verhalten der Metalle gegen Quecksilber.

Es ist bekannt, daß die vollkommenen Metalle viel Quecksilbersubstanz enthalten und sich deshalb gern mit Quecksilber vereinigen. Deshalb kann man annehmen, daß diejenigen Körper (Metalle) am vollkommensten sind, die besonders gern Quecksilber in sich einsaugen. Man sieht ja, wie leicht Silber und Gold Quecksilber aufnehmen. Wenn also ein umgewandeltes Metall nicht leicht Quecksilber aufnimmt, so muß es weit von der Veredlung entfernt sein.

Kapitel 99.
Zusammenfassung des Ganzen.

Nachdem wir nun unsere Kenntnisse und Erfahrungen in dieser Lehre ausführlich hier behandelt haben, wie wir es vorhatten, wollen wir nun das ganze göttliche Werk in einem Kapitel zusammenfassen und noch einmal in abgekürzter Form über das Magisterium alles sagen, was in den einzelnen Kapiteln verstreut ist. Wir sagen also: Gesamtinhalt und Sinn des ganzen Werkes ist der: Man nimmt den Stein, der aus den einzelnen Kapiteln bekannt ist, und führt über ihm mit fleißiger Arbeit die Sublimation ersten Grades aus. Dadurch wird er von verderbender Unreinheit gereinigt. Die Wirkung der Sublimation ist die, daß durch sie der Stein verfeinert wird, bis er schließlich den letzten Grad der Reinheit erreicht und flüchtig wird. Dann macht man den Stein mit den Methoden der Fixierung beständig, bis er im starken Feuer sich nicht mehr verflüchtigt. Das ist das Ziel des zweiten Grades der Präparierung. Aber der Stein wird auch mit dem dritten Grade, d. h. mit der höchsten Stufe der Präparierung, behandelt, und zwar so: Man macht den schon beständig gemachten Stein mit den Methoden der Sublimation flüchtig, dann wieder beständig und löst ihn auf. Das Gelöste macht man wieder flüchtig und dann wieder beständig, bis der Stein flüssig wird und bis er zu wirklichem gold- und silberartigem Metall veredelt. Durch die Wiederholung der Präparierung dritten Grades wird die Güte und veredelnde Wirkung der Medizin vervielfacht, und zwar derartig, daß manche Medizinen das Siebenfache, Zehnfache, Hundertfache, manche sogar das Tausendfache ihres eigenen Gewichtes, und manche unbegrenzt in wahres gold- und silberartiges Metall umwandeln. Zuletzt schließlich prüft man, ob das Magisterium der Veredlung wirklich gelungen ist.

Kapitel 100.
Die Methode, die der Autor bei der Behandlung des Themas in diesem Buche angewandt hat.

Damit wir von neidischen Menschen nicht angegriffen werden, sagen wir, warum wir unsere Wissenschaft nicht in fortlaufender Rede behandelt, sondern sie in einzelnen Kapiteln zerstreut haben: Gute wie schlechte Menschen hätten unsere Lehre gleichgültig aufgenommen, wenn wir sie gleichmäßig, ohne Abwechslung, gebracht hätten. Wir mußten manches verhüllt andeuten, aber da, wo wir offen reden konnten, haben wir nicht in Rätseln, sondern ganz klar zu dem Künstler gesprochen. Und wir haben so geschrieben, daß man es verstehen kann; durch die Gnade Gottes, des Einzigen, Großen, Gepriesenen, Glorreichen, der nach seinem Willen spendet und nimmt. Der Jünger der Wissenschaft soll also nicht verzweifeln: Wenn er das Wissen sucht, wird er es finden, und zwar nicht durch Bücherstudium, sondern durch Erforschen der Natur. Denn wer das Wissen durch eigene fleißige Arbeit sucht, wird es finden; wer es aber durch Bücherstudium zu erlangen sucht, wird sehr langsam zu unserer höchst kostbaren Kunst kommen[173]). Die Kunst, die wir selbst erforscht haben, haben wir für uns selbst und nicht für andere beschrieben. Aber alles, was wir beschrieben haben, ist wahr und richtig. Wir wenden uns nur an die Verständigen und zeigen ihnen Mittel und Wege für die Forschung. Gute und kluge Künstler (Forscher) mögen sich nun in dem, was wir hier behandelt haben, üben und mögen sich, wenn sie es gefunden haben, an der Gabe Gottes erfreuen. Wir haben hier genug gesagt, um die Erforschung dieser Dinge zu ermöglichen.

2. Liber de investigatione perfectionis. — Das Buch von der Erforschung der Metallveredlung.

Kapitel 1.
Vorrede.

Die Erforschung unserer edlen Wissenschaft, die Frucht eifriger Arbeit und tiefen Nachdenkens, will ich euch jetzt bekanntgeben, damit ihr die später folgenden Bücher besser versteht und damit ihr das richtig Erkannte leicht und sicher praktisch ausführen könnt. Was ist die Erforschung der vollendeten Kunst anderes als kluges, sachgemäßes Suchen, Ausprobieren von Feinheiten und Methoden, bis man durch praktische Arbeit, Untersuchung und Experimente zum gewünschten Ziele kommt. In diesem Buch beschreiben wir alles, was wir auf diesem Gebiet erforscht haben. Man soll aber nicht glauben, daß wir das vorliegende Buch „de investigatione" vor unserem Werk „summa perfectionis magisterii" verfaßt haben. In jenem Werk beschreiben wir ausführlich unsere Erfahrungen und Forschungen über die Wirkungen der Mineralien und über die verschiedenen Umwandlungen. Unsere „summa perfectionis magisterii", die früher entstanden ist, geben wir hier zusammen mit diesem „liber de investigatione" heraus, den wir als Ergänzung und Erklärung dazu verfaßt haben. Deshalb steht die „Summa perfectionis" mit Recht an erster Stelle. In ihr wird die Kenntnis der veredelnden Materie behandelt.

Kapitel 2.
Über die Stoffe, welche die Metalle veredeln und verschlechtern.

Unsere Wissenschaft handelt von den unvollkommenen Mineralkörpern und ihrer Veredlung. Wir müssen also zunächst zwei Dinge betrachten: Unvollkommenheit und Vollkommenheit. Diese zwei Dinge bilden die Grundlage für unsere Arbeiten. Über die veredelnden und verderbenden Stoffe haben wir auf Grund unserer Erfahrungen und Forschungen dieses Buch geschrieben. Entgegengesetzte Dinge werden ja klarer erkannt, wenn man sie gegeneinanderstellt. Die Substanz nun, welche veredelnd in den Mineralkörpern wirkt, ist die Quecksilber- und Schwefelsubstanz, die in bestimmten Mengenverhältnissen vermischt und durch lange Kochung bei mäßiger Wärme im Innern der Erde verdichtet und beständig gemacht wurde, wobei ihre ursprüngliche, nicht schädliche Feuchtigkeit erhalten blieb. Hierdurch entstand eine gediegene Substanz, die feuerbeständig und schmelzbar, und unter dem Hammer dehnbar ist. Durch diese Definition der Natur dieser veredelnden Materie, kommen wir leichter zum Verständnis der verderbenden Materie, welche die entgegengesetzten Eigenschaften hat. Diese ist also unreine Quecksilber- und Schwefelsubstanz, die nicht in bestimmtem Verhältnis vermischt ist, die zu wenig oder zu viel im Innern der Erde gekocht ist, die nicht richtig verdichtet und beständig geworden ist, die noch ihre verbrennliche und verderbende Feuchtigkeit besitzt und die locker und porös ist, die schmilzt, ohne dabei richtig zu glühen und die nicht hämmerbar ist. Die erste Definition trifft auf die zwei Metalle Gold und Silber zu, infolge ihrer Vollkommenheit (infolge ihrer Eigenschaften, die sie als Edelmetalle besitzen). Die zweite Definition gilt für die vier Metalle: Zinn, Blei, Eisen und Kupfer, infolge ihrer Unvollkommenheit. Diese unvollkommenen Körper kann man nur dadurch vollkommen machen, daß man sie entsprechend behandelt, d. h. daß man ihre (schlechten) Eigenschaften, die sich bemerkbar machen, verdeckt und ihre verborgenen (guten) Eigenschaften zur Entfaltung bringt. Dies geschieht dadurch, daß man die unvollkommenen Körper präpariert. Präparieren heißt also, Überflüssiges wegnehmen und Fehlendes ergänzen und dadurch Vollkommenheit in die unvollkommenen Körper bringen. Die vollkommenen (edeln) Metalle brauchen keine solche Präparierung, da sie nicht unrein sind, sondern sie brauchen eine Präparierung, durch die ihre Teile mehr verfeinert und von ihrer körperlichen zu einer spiritualen beständigen Natur gebracht werden. Der Sinn dieser Präparierung ist der, aus den vollkommenen Körpern einen beständigen spiritualen Körper zu machen, d. h. sie viel feiner und subtiler zu machen, als sie vorher waren[174]). — Diese Präparierungen behandeln wir in diesem Buch auf Grund unserer Forschungen. Wenn die vollkommenen Metalle genügend so präpariert worden sind, werden sie dazu tauglich, daß aus ihnen das weiße Elixir oder das rote Magisterium hergestellt wird.

Kapitel 3.
Über den Stein der Philosophen.

Wir sehen, daß die Modernen uns nur einen einzigen Stein beschreiben, der zum weißen und roten Elixir veredelt wird. Ich gebe zu, daß dies richtig ist. Denn aus welcher Substanz man auch das weiße oder rote Elixir darstellt, nie ist etwas anderes in dieser Substanz als Quecksilber und Schwefel. Von diesen beiden kann eines ohne das andere nichts bewirken und nicht existieren. Und in diesem Sinne sprechen die Philosophen von einem einzigen Stein (als Ausgangsmaterial für das Elixir), obwohl er aus vielen Körpern gewonnen wird. Den Stein aus etwas gewinnen zu wollen, in dem er nicht enthalten ist, wäre ganz töricht und sinnlos. So etwas tun nur einfältige Menschen. Die Philosophen wollten dies nie. Allerdings sagen sie gar vieles und reden oft in Gleichnissen. — Alle metallischen Körper sind aus Quecksilber und Schwefel zusammengesetzt. Diese Bestandteile können nun rein sein, aber auch unrein, und zwar zufällig, und nicht an und für sich, von Urbeginn an. Deshalb kann man diese Unreinheit durch geeignete Präparierung entfernen. Denn die Entfernung zufälliger Bestandteile ist nicht unmöglich. Die Präparierung der unvollkommenen Körper besteht also darin, Überflüssiges wegzunehmen und Fehlendes zu ergänzen. Dies kann nur durch Anwendung geeigneter Operationen und reinigender Stoffe geschehen. Die Präparierung ist verschieden je nach der Art der zu veredelnden Körper. Durch die Erfahrung sind wir zu verschiedenen Arbeitsmethoden gekommen, wie Calcination, Sublimation, Descension, Lösung, Destillation, Koagulation und Fixierung (Beständigmachung), die wir in der „summa perfectionis magisterii" genügend beschrieben haben. Das sind also Arbeitsmethoden für die Präparierung.

Kapitel 4.

Über die Stoffe, die bei der Präparierung nützlich sind.

Stoffe, mit denen die Präparierung durchgeführt wird (Reagentien), sind alle Arten von Salzen, Alaunen, Atramenten (Vitriole), ferner auch Glas, Borax und verwandte Stoffe, ganz scharfer Essig und das Feuer. Man kann aber, wie wir aus Erfahrung wissen, mit diesen Stoffen die unvollkommenen Körper nicht präparieren, d. h. reinigen, wenn die betreffenden Stoffe selbst unrein sind. Man muß also diese Stoffe (Reagentien) zuerst reinigen.

Die Reinigung des gewöhnlichen Salzes.

Gewöhnliches Salz wird auf folgende Weise gereinigt. Zuerst wird es gebrannt. Das gebrannte Salz wird in gewöhnlichem, warmen Wasser gelöst, das Gelöste wird abfiltriert, das Filtrat läßt man über gelindem Feuer in einem glasierten Topf fest werden[175]). Das Festgewordene calciniert man einen Tag und eine Nacht in mäßigem Feuer und bewahrt es — so genügend gereinigt — auf.

Die Reinigung des Alkalisalzes.

Alkalisalz[176]) wird so gereinigt, wie es beim gewöhnlichen Salz beschrieben wurde. Es wird zuerst zerrieben, dann in gewöhnlichem, warmem Wasser gelöst, filtriert, koaguliert und bei gelindem Feuer calciniert.

Die Reinigung des Sal Gemmae[177]).

Um es zu reinigen, behandelt man es in allem wie das gewöhnliche Salz.

Die Reinigung des Salmiaks.

Es wird zuerst mit einem gleichen Teil von gewöhnlichem, gereinigtem Salz verrieben, dann in einer hohen Aludel sublimiert, bis es dadurch ganz rein extrahiert ist (aus dem Ausgangsmaterial). Dann löst man es im Freien „super porfidum"[178]) auf, wenn man es in flüssiger Form haben will. Oder man bewahrt die sublimierte reine Substanz als solche auf.

Die Reinigung anderer Salze.

Man hat noch verschiedene andere Arten von Salzen entdeckt, die man auf die gleiche, schon genannte Weise präpariert und reinigt.

Die Reinigung der Alaune.

1. Des eisartigen Alauns. Manche Alaune können ohne besondere Reinigung präpariert werden. Bisweilen reinigt man sie auf folgende Weise. Man bringt den Alaun in einen Alembik und entzieht ihm seine ganze Feuchtigkeit, die in unserer Kunst sehr geschätzt ist. Der Rückstand, der auf dem Boden des Gefäßes bleibt, wird über dem Stein gelöst oder in dem Wasser, das man aus dem Alaun gewonnen hat. Oder er wird so (ungelöst) aufbewahrt.

2. Der Jamen-Alaun[179]) wird ebenso präpariert. Er hat aber für unsere Kunst bessere Eigenschaften.

3. Man hat noch mehrere Alaune gefunden, die ebenso wie die schon genannten präpariert und gereinigt werden.

Die Reinigung der Atramente.

Schwarzer Atrament[180]) wird so gereinigt: Man löst ihn zuerst in reinem Essig, filtriert und koaguliert (krystallisiert), oder man bringt ihn in einen Alembik und entfernt hier seine ganze Feuchtigkeit. Der Rückstand wird in dem abdestillierten Wasser gelöst und koaguliert (krystallisiert). Oder man bewahrt das destillierte Wasser auf.

Die Reinigung des Cuperosa.

Cuperosa oder Vitriol[181]) wird wie schwarzer Atrament gereinigt. Der letztere enthält aber mehr grüne, erdige Substanz. Andere Atramente werden wie die genannten gereinigt.

Glas und Borax.

Glas und Borax brauchen nicht präpariert zu werden, wenn sie richtig behandelt worden sind.

Die Reinigung der scharfen und saueren Stoffe.

Alle Arten von sauren und scharfen Stoffen werden durch Destillation verfeinert und gereinigt und in ihrer Wirkung verbessert. Das haben wir schon genügend behandelt. Durch diese (sauren und scharfen) Stoffe kann man die unvollkommenen Körper präparieren, verbessern und verfeinern, immer mit gehöriger Unterstützung von Wärme.

Kapitel 5.

Über die Präparierung und Verbesserung der Metalle im Allgemeinen.

Die unvollkommenen Körper enthalten überschüssige Feuchtigkeit und verbrennliche Schwefelsubstanz, durch welche sie selbst geschwärzt und verdorben werden. Sie enthalten auch unreine, verbrennliche, erdige Substanz, durch die ihre Einwirkungsfähigkeit (auf andere Stoffe) und ihre Schmelzbarkeit beeinträchtigt wird. Diese Substanzen sind, wie wir festgestellt haben, in den unvollkommenen Körpern als überflüssige Bestandteile enthalten. Da sie nur zufällige und keine ursprünglichen Bestandteile sind, so kann man sie entfernen. Mit Hilfe von Hitze und der oben genannten gereinigten Substanzen (Säuren usw.) kann man also die überflüssigen und zufällig in den Körpern enthaltenen Stoffe entfernen, wobei die Quecksilbersubstanz und Schwefelsubstanz als ursprüngliche Grundbestandteile zurückbleiben. Das ist die richtige Präparierung und vollständige Reinigung der unvollkommenen Körper. Die Verbesserung, Reinigung, Sublimation und Verfeinerung (subtiliatio) der unvollkommenen Körper geschieht auf verschiedene Weise, je nach der Präparierung, welche das Elixir braucht. Die Methode ist im allgemeinen folgende[182]): Zuerst entfernt man durch Feuer von passender Stärke die ganze überflüssige und verderbende Feuchtigkeit und die überflüssigen, flüchtigen, verbrennlichen Anteile, und zwar durch Calcinieren. Dann behandelt man die zurückgebliebene, verkalkte Substanz der unvollkommenen Körper mit den schon erwähnten gereinigten ätzenden, scharfen Stoffen, um die überflüssige Feuchtigkeit des verbrennlichen, schwärzenden Schwefels zu vernichten, bis die betreffenden Körper je nach ihrer Materie weiß oder rot und ganz rein geworden sind, und frei von den genannten überflüssigen, verderbenden Stoffen. Das geschieht dadurch, daß man die betreffenden Körper mit den gereinigten ätzenden Stoffen bearbeitet, verreibt, tränkt und wäscht. Nachher zerstört oder entfernt man die unreine, grobe, erdige, verbrennliche Substanz (der unvollkommenen Körper) mit Hilfe der genannten, gereinigten, nicht metallischen Stoffe, dadurch, daß man den Kalk der betreffenden unvollkommenen Körper mit diesen scharfen Stoffen vermischt und gut verreibt. Alles Grobe, Unreine, Erdige wird durch diese scharfen Stoffe weggenommen, und beim Reduzieren des Kalkes bleibt dann das reine Metall zurück, von allen überflüssigen, verderbenden Stoffen gereinigt. Das geschieht durch Descension in dem „botus barbatus" genannten Gefäß. Die Verbesserung und Verfeinerung geschieht auf folgende Weise: Zuerst werden die gereinigten Körper reduziert, dann nochmals durch Feuer und mit genannten Reinigungsmitteln calciniert. Dann werden sie mit denjenigen dieser Stoffe, die Lösungsmittel sind, aufgelöst. Diese Flüssigkeit ist nun unser Stein[183]). Sie ist Quecksilber vom Quecksilber und Schwefel vom Schwefel. Sie ist ein flüchtiggemachter, verfeinerter, verdünnter Körper. Sie kann noch dadurch verbessert werden, daß man ihre eigentliche, ursprüngliche Kraft durch andere Präparate verstärkt, die verwandt mit ihr sind. Außerdem kann ihre Farbe, Beständigkeit, ihr Gewicht, ihre Reinheit und Schmelzbarkeit erhöht und verbessert werden, sowie auch alles andere, was zu einem vollkommenen Elixir gehört. Das ist die, von uns allein gefundene, Methode zur Präparierung, Reinigung, Verfeinerung und Verbesserung der Mineralkörper im allgemeinen.

Wir gehen nun zur Präparierung der einzelnen unvollkommenen und vollkommenen Metalle über, wobei wir alle wichtigen Punkte berücksichtigen. Zunächst das Zinn.

Kapitel 6.

Über die Präparierung des Zinns.

Das Zinn wird auf verschiedene, am besten auf folgende Weise präpariert: Man bringt es in einem geeigneten Gefäß in einen Calcinierofen und schmilzt es über dem Feuer. Mit einem durchlöcherten Spatel rührt man das geschmolzene

Metall und nimmt die Haut, die sich auf dem Zinn bildet, weg. Man rührt unter dauerndem Erhitzen solange, bis sich auf der Oberfläche ziemlich viel von dem Pulver gebildet hat, nimmt dies weg und rührt wieder, und zwar solange, bis unter andauerndem Rühren und Abziehen der Haut sich ziemlich viel von dieser Schlacke gebildet hat, und bis das ganze Metall zu einem feinen Pulver geworden ist. Man siebt dieses Pulver, bringt es in den Ofen, erhitzt es, doch nicht so stark, daß es schmilzt, und rührt es öfters um. Man läßt es dann einen Tag in der gleichen Wärme stehen, bei der die Calcination vorgenommen wurde, bis alle im Zinn zufällig enthaltene Feuchtigkeit, alles Überflüssige und der verderbende verbrennliche Schwefel entfernt und zerstört ist. Das Feuer entfernt und verzehrt die ganze flüchtige und verbrennliche Substanz. Der von den eben genannten Verunreinigungen befreite Kalk wird dann mit gewöhnlichem Salz und Alaun und mit reinem, sehr scharfen Essig behandelt und an die Sonne bzw. an die Luft gebracht, nochmals mit Essig behandelt und getrocknet. Dies wird noch mehrmals wiederholt, bis durch die Schärfe des Salzes, des Alauns und des Essigs alle Feuchtigkeit, alles Schwarze und alles Unreine weggenommen und zerstört ist. Dann bringt man zerstoßenes Glas dazu. Und wenn alles gut durcheinandergemischt ist, nimmt man die Descension vor, indem man mit genügendem Feuer in dem botus barbatus[184]) genannten Gefäß erhitzt. Der reine Körper geht nach unten[185]) (descendet), während das Glas, das Salz, der Alaun und alles Unreine, Erdige zurückbleibt. In dem nach unten gegangenen und reduzierten Körper (Metall) sind gleiche Teile von reinem Quecksilber und reinem, unverbrennlichen Schwefel enthalten*). Das Feuer und die ätzenden Stoffe scheiden die ganze Feuchtigkeit und die flüchtige, verbrennliche und verderbende Substanz und alles Schwarze ab. Durch die Descension und durch das Salz, den Alaun und das Glas wird die erdige, unreine Substanz abgeschieden und die reine Substanz bleibt zurück. Dieser reine reduzierte Körper wird nun nochmals mit gereinigtem sublimiertem Salmiak allein calciniert. Wenn diese Calcination mit Salmiak richtig geschehen ist, und wenn die Substanz verfeinert und gereinigt ist, so daß ihr Gewicht ganz oder ungefähr stimmt[186]), zerreibt man das Calcinierte gut und lange super porfidum (in einer Reibschale) und bringt es im Freien an einen kühlen, feuchten Ort, oder in Glasflaschen in einen Ofen (in furno solutionis), oder in Pferdemist, bis alles flüssig geworden ist[187]). Diese Flüssigkeit bewahre mit aller Sorgfalt auf. Wir müssen sie achten; denn sie ist das, was wir für das weiße Elixir suchen. Soviel über die Präparierung des Zinns.

Kapitel 7.
Über die Präparierung des Bleis.

Das Blei wird auf folgende Weise präpariert: Es wird in einen Calcinationsofen gebracht und wie das Zinn geschmolzen und umgerührt, bis es in feines Pulver umgewandelt ist. Das Pulver wird gesiebt in den Ofen gebracht und im Calcinationsfeuer auf oben genannte Art erhitzt, bis alle flüchtige und verbrennliche Substanz zerstört ist. Man nimmt den roten, reinen Kalk heraus und tränkt und zerreibt ihn aufs Feinste mit gewöhnlichem gereinigtem Salz, Vitriol (Atra-

*) Hier sind wieder die hypothetischen Bestandteile der Metalle: „fixes Quecksilber" und „fixer Schwefel" gemeint.

mento) und reinem, sehr scharfen Essig. Man behandelt diesen roten Kalk, wie man es beim Zinn mit dessen weißem Kalk gemacht hat, mit gewöhnlichem Salz, Alaun und Essig, mit Trocknen, Anfeuchten und Zerreiben, bis durch die Einwirkung der genannten Stoffe alles Unreine zerstört ist. Dann bringt man etwas Glas dazu, nimmt im botus barbatus die Descension vor und erhält das reine, reduzierte Metall. Dieses calciniert man mit reinem Salmiak, wie man es mit dem Zinn gemacht hat, und verreibt und löst auf beschriebene Weise. Man erhält so eine Flüssigkeit, die zu gleichen Teilen aus Quecksilber und Schwefel besteht. Man gebraucht sie bei der Darstellung des roten Elixirs. Soviel über die Präparierung des Bleis[188]).

Kapitel 8.
Über die Präparierung des Kupfers.

Das Kupfer wird am besten auf folgende Weise präpariert: Man streut gewöhnliches, gereinigtes Salz in einen Tiegel, bringt Kupferplättchen (lamina) darüber, streut darauf wieder Salz und wiederholt dies so abwechselnd, bis der Tiegel gefüllt ist[189]). Dann deckt man ihn zu, verklebt ihn mit Lehm und setzt ihn einen Tag lang in den Calcinierofen. Dann schabt man das Calcinierte ab, bringt die Kupferplättchen mit frischem Salz wieder in den Ofen und wiederholt dies so oft, bis die Kupferplättchen vollständig durch die Wirkung des Salzes und des Feuers verzehrt und zerfressen sind. Das Salz zerstört nämlich die überflüssige Feuchtigkeit und die verbrennliche Schwefelsubstanz; und das Feuer entfernt die flüchtige, verbrennliche Substanz. Das entstandene Pulver verreibt man nun ganz fein und wäscht es mit Essig, bis es nichts Schwarzes mehr enthält. Das wiederholt man, setzt das Produkt zwei Tage in einem geeigneten Gefäß in den Calcinierofen, nimmt es dann heraus, verreibt und wäscht es so lange mit Wasser, bis es ganz rein ist, und trocknet es gut an der Sonne. Dann bringt man halb so viel Salmiak dazu und verreibt sehr gut, bis man die Substanz des Pulvers nicht mehr durch Betasten fühlen kann. Dann sublimiert man über dem Feuer, bis der Salmiak auf dem Boden des Gefäßes mit dem Kalk (des Kupfers) zurückbleibt. Dann bringt man die Substanz unter freien Himmel[190]) oder in den Ofen, oder in Mist, bis alles Lösliche gelöst ist.

Falls es nötig ist, erneuert man den Salmiak (die Sublimation mit Salmiak?), bis alles flüssig geworden ist. Diese Flüssigkeit soll man wohl achten. Wir nennen sie das Wasser des fixen Schwefels; durch diese Flüssigkeit wird das Elixir bis in das Unendliche veredelt. Soviel über die Präparierung des Kupfers.

Kapitel 9.
Über die Präparierung des Eisens.

Das Eisen wird auf folgende Weise gut präpariert: Es wird wie Kupfer mit gewöhnlichem reinem Salz calciniert. Das Calcinierte wird mit Essig gewaschen und an der Sonne getrocknet, nochmals mit Salz und Essig behandelt und für zwei Tage in den Ofen gebracht, wie es beim Kupfer gemacht wird. Das Gelöste achte wohl: Es ist die Flüssigkeit des fixen Schwefels und vermehrt ganz wunderbar die Farbe des Elixirs.

Soviel über die Präparierung der unvollkommenen Metalle.

Kapitel 10.

Über die Präparierung des Goldes.

Die vollkommenen Metalle brauchen keine Präparierung, soweit dieselbe die Veredlung betrifft, weil sie schon vollkommen sind. Aber man kann sie verfeinern, und zwar durch folgende Präparierung: Dünngeschlagene Goldplättchen bringt man mit sehr gut gereinigtem, gewöhnlichem Salz in ein Calcinationsgefäß und bringt es für drei Tage in den Calcinationsofen bzw. so lange, bis alles gut calciniert ist. Dann nimmt man die Substanz heraus, zerreibt sehr gut, wäscht mit Essig und trocknet an der Sonne. Dann verreibt man gut mit der halben Menge gereinigten Salmiaks und läßt die Substanz sich lösen, bis alles durch die Wirkung des Salzes und des Salmiaks zu einer wertvollen Flüssigkeit geworden ist. Das ist das kostbare Ferment für das rote Elixir und ein Metall in spiritualer Form (corpus spirituale)[191].

Kapitel 11.

Über die Präparierung des Silbers.

Das Silber wird auf die schon genannte Art und Weise verfeinert und in eine spirituale Gestalt gebracht. Mache alles bis ins Kleinste wie beim Gold. Die Flüssigkeit des gelösten Silbers ist das Ferment für das weiße Elixir.

Kapitel 12.

Über die Eigenschaften des großen Elixirs.

Wir haben nun die Präparierung der unvollkommenen Metalle und die Sublimation der edlen Metalle (mit Salmiak) zur Genüge beschrieben, so daß jeder Verständige Nutzen daraus ziehen kann. Man achte nun auf die Eigenschaften und die Wirkungsweise des großen Elixirs. Wir suchen eine einzige Substanz herzustellen, die aber mehrere Substanzen in beständiger Form in sich vereinigt, die feuerbeständig ist, sich mit geschmolzenen Metallen vermischt, mit ihnen flüssig wird, auf sie einwirkt und sich mit ihnen verbindet und fest vereinigt. Eine Substanz, die von den Stoffen, welche Gold und Silber nicht verbrennen, ebenfalls nicht verbrannt wird, und die auch Beständigkeit, das richtige Gewicht und gehörige Widerstandsfähigkeit gegen große Hitze verleiht (den unedlen Körpern). Glaube aber nicht, daß man eine solche Substanz in kurzer Zeit, in ein paar Tagen oder Stunden ohne weiteres herstellen kann. Die Philosophen sagen: Die Medizin ist ein Ding, das lange Zeit braucht. Deshalb sage ich euch: Habt Geduld und laßt euch Zeit, denn Eile ist eine Teufelssache. Wer also keine Geduld hat, lasse die Hände von diesem Werk, denn seine übertriebene Eile hindert ihn. Jeder natürliche Vorgang hat seinen bestimmten Verlauf und braucht seine bestimmte kürzere oder längere Zeit. Drei Dinge sind nötig: Geduld, Zeit und geeignete Vorrichtungen. Darüber haben wir dem Künstler in der „summa perfectionis magisterii“ in mehreren Kapiteln berichtet. Wir haben dort gesagt: daß unser Stein nichts anderes ist, als eine stinkende flüchtige Substanz und ein lebendiges Wasser, das wir auch trockenes Wasser genannt haben, das durch natürliche Kochung gereinigt und so zusammengesetzt ist, daß es nichts zuviel und nichts zu wenig enthält. Dazu soll nun noch etwas kommen, um das Werk (der Veredlung) abzukürzen, nämlich ein vollkommener verdünnter Körper[192]).

Kapitel 13.
Schlußwort.

Durch alles, was hier gesagt wurde, werden Dinge klargelegt, durch die man der Wahrheit und der Veredlung der Metalle nahekommt. Und wir sind sicher, daß alles wahr und richtig ist, was wir für euch hier in diesen Büchern auf Grund unserer Forschungen und Erfahrungen geschrieben haben. Unsere ganzen Erfahrungen, alles was wir mit den Augen gesehen, mit den Händen gefühlt haben, haben wir in der „summa perfectionis magisterii" beschrieben. Ein kluger und weiser Künstler studiere also in unseren Büchern und sammle unsere Lehren, die wir an verschiedenen Stellen zerstreut haben, damit sie nicht Übelwollenden und Unwissenden geoffenbart werden. Und wenn der Künstler alle diese Lehren gesammelt hat, soll er sie fleißig studieren und ausprobieren, bis er alles versteht und beherrscht. Der Künstler soll sich also üben, dann wird er finden (was er sucht). Wir sehen, daß unsere Wissenschaft von den vollkommenen und unvollkommenen Körpern handelt und daß sie uns über die veredelnde und verderbende Materie Aufschluß gibt. Wir sehen, daß die Materie der edlen Metalle ihrer ursprünglichen Zusammensetzung nach rein ist. Wir sehen auch, daß die Substanz der vollkommenen und unvollkommenen Körper ursprünglich die gleiche ist[193]), nämlich Quecksilber und Schwefel, die vor ihrer Vermischung rein sind. Daraus schließen wir, daß die Verderbnis der unvollkommenen Körper eine Eigenschaft ist, die später zufällig an sie gekommen ist und die ihrer Materie eine neue und verdorbene Form gegeben hat[194]).

3. Liber de inventione veritatis sive perfectionis. — Das Buch von der Auffindung der Wahrheit oder der Veredlung.

Kapitel 1.
Über die sechs Eigenschaften der Stoffe, aus denen die Medizin gewonnen wird.

Wir haben in unseren Büchern auf Grund der verborgenen Eigenschaften der Grundstoffe und auf Grund unserer Erfahrungen und unserer einwandfreien Forschungen die Ansicht geäußert, daß die Stoffe, aus denen man unsere Medizin gewinnt, folgende Eigenschaften haben müssen. Sie sollen erstens eine sehr zarte Erde enthalten, die unverbrennlich ist und fixiert werden kann. Zweitens eine luft- und feuerartige Feuchtigkeit, die gleichmäßig mit dieser Erde verbunden ist und zwar so, daß, wenn ein Bestandteil sich verflüchtigt, auch der andere dies tut. Durch Hitze soll diese Feuchtigkeit genügend verdichtet werden. Drittens: Diese Feuchtigkeit soll eine derartige natürliche Beschaffenheit haben, daß sie, dank ihrer ölartigen Natur, die Wirkung der Erde, die mit ihr verbunden ist, so ausgleicht, daß sie nach der Präparierung die Eigenschaft gibt, gut zu schmelzen. Viertens soll diese ölartige Substanz so rein und von jeder verbrennlichen Verunreinigung so gründlich gereinigt sein, daß jeder Körper, mit dem sie innig verbunden wird, ebenfalls unverbrennlich wird. Fünftens sollen diese Körper (aus denen die Medizin gewonnen wird) eine klare, glänzende Tinktur in sich haben und zwar eine weiße und eine rote, die rein, unverbrennlich, fest und beständig ist. Diese Körper dürfen ferner durch Feuer nicht verändert und durch verbrennlichen Schwefel sowie durch scharfe, ätzende Stoffe nicht zerstört und verunreinigt werden. Sechstens soll das fertige Produkt (die Medizinen) von so zarter, dünner Materie sein, daß es bei der Projektion (auf den umzuwandelnden Körper) schmilzt, dabei dünnflüssig wie Wasser wird und ganz tief in den Körper eindringt, der umgewandelt werden soll. Die Medizin soll sich hierbei fest und untrennbar mit dem betreffenden Körper vereinigen und ihn gleichzeitig widerstandsfähig gegen die Einwirkung des Feuers machen.

Kapitel 2.
Über die sieben Eigenschaften der Medizin.

Sieben Eigenschaften soll unser Stein besitzen, wie wir durch unsere Forschungen gefunden haben: ölige Beschaffenheit, dünne Materie, Neigung sich mit anderen Körpern zu verbinden (affinitas), Feuchtigkeit und Reinheit. Er soll ferner eine beständigmachende Erde enthalten und soll die Fähigkeit haben, Metalle zu färben (tinctura). Die erste Eigenschaft, die ölartige Beschaffenheit, bewirkt, daß die Medizin bei der Projektion auf umzuwandelnde Körper schmilzt. Es ist nämlich sehr notwendig, daß die Medizin bei der Projektion rasch und richtig schmilzt, und es wird dies durch die ölartig-mineralische Art der Medizin verursacht. Die zweite Eigenschaft ist dünne Beschaffenheit der Materie (der Medizin), ihre zarte, spirituale Natur. Dadurch schmilzt die Medizin, fließt so leicht wie Wasser und dringt tief in den zu verändernden Körper ein. Die Medizin soll nämlich gleich nach dem Schmelzen auf den umzuwandelnden Körper einwirken. Die dritte Eigenschaft ist die Affinität zwischen dem Elixir und dem umzuwandelnden Körper. Dadurch wirkt das Elixir auf den Körper ein und verbindet sich fest mit ihm. Denn gleich nach der Einwirkung (auf den umzuwandelnden Körper) soll sich die Medizin fest mit ihm vereinigen (adhaerentia). Die vierte Eigenschaft ist eine Feuchtigkeit, die als innere, ursprüngliche Eigenschaft vorhanden sein soll (radicalis) und welche die einzelnen Teilchen für ewige Zeiten zusammenhält. Denn — viertens — nach der Vereinigung (von Medizin und umzuwandelndem Metall) sollen sich die einzelnen Teilchen mit Hilfe ihrer zähen Feuchtigkeit fest miteinander vereinigen (consolidatio). Die fünfte Eigenschaft ist Reinheit der Substanz (der Medizin), die den umzuwandelnden Körper reinigt und ihm Glanz verleiht, der auch im Feuer standhält und dadurch nicht zerstört wird. Denn nach der festen Vereinigung der gereinigten einzelnen Teilchen verbrennt das Feuer alle überflüssigen, fremden, nicht fest mit der Substanz verbundenen Stoffe. Die Reinigung muß also sofort erfolgen. Die sechste Eigenschaft ist eine beständigmachende Erde (terra figens), die dünn, zart, beständig und unverbrennlich ist, die den mit ihr vereinigten Stoffen dauernde Beständigkeit verleiht und die feuerbeständig ist. Deshalb soll gleich nach der Reinigung die Fixierung erfolgen. Die siebente Eigenschaft ist die Tinktur (die Fähigkeit zu färben). Sie gibt glänzende und vollkommene, intensive, weiße oder gelbe Färbung, d. h. sie macht die umzuwandelnden Körper silber- oder goldähnlich. Deshalb ist — siebtens —

nach der Fixierung die Fähigkeit zu färben (tinctura) notwendig, welche die umwandlungsfähige Materie wie wahres Silber und Gold färbt, mit allen bekannten sicheren Merkmalen.

Kapitel 3.
Einteilung des ganzen Buches in vier Abteilungen.

Wir haben zur Genüge gegen diejenigen disputiert, die unsere Kunst leugnen. Wir haben ferner über die Urstoffe der Metalle geschrieben, über die Metalle selbst und ihre Präparierungen, schließlich über die Medizinen und über die Untersuchungen und Prüfungen der durch sie umgewandelten Metalle, daraufhin, ob ihre Veredlung gelungen ist. Das alles findet man in unserer „summa perfectionis magisterii". Wir haben dort auch auf Grund unserer Erfahrungen wahrheitsgemäß beschrieben, wie man unsere Kunst findet. Hier wollen wir nun die Auffindung der Veredlung behandeln und wollen im einzelnen darlegen, welche Stoffe bei unserem Magisterium notwendig sind, und wollen die Art beschreiben, diese Stoffe zu präparieren nach Gewicht und Maß, mit bestimmten, sicheren Angaben, nicht mit solchen, die nur auf Vermutungen beruhen. Wir wollen aber dieses Buch in vier Stücke einteilen. Im ersten Stück wollen wir die mittleren Mineralien[195]) und ihre Präparierung ausführlich behandeln. Im zweiten Stück die Reinigung der flüchtigen Körper (spirituum) und ihre Präparierungen. Im dritten Teil behandeln wir die verschiedenen Präparierungen der unvollkommenen Metalle. Im vierten Teil alle Medizinen und besonders diejenigen für die Transformierung jedes Metalls in Gold und Silber[196]) mit Hilfe der Projektion. Dies alles wollen wir genügend ausführlich erörtern.

Erster Teil.

Kapitel 4.
Die Präparierung der mittleren Mineralien.

Gewöhnliches Salz wird in reinem, klarem Quellwasser gelöst. Die filtrierte Lösung läßt man in einem irdenen Gefäß, oder in einem solchen aus Blei oder einem anderen Metall, congelieren (krystallisieren bzw. erstarren). Salpeter löst man in Quellwasser, filtriert und läßt in einem Glasgefäß krystallisieren. Sal nitri (Soda oder Salpeter?) wird so präpariert, daß man es in klarem Quellwasser löst und filtriert. Sal gemmae (Steinsalz) löst man ebenso und läßt es in einem glasierten, irdenen Gefäß erstarren. Echtes Alkalisalz (Sal Alkali verum) gewinnt man aus Zoza[197]) durch Lösen, Filtrieren und Einkochen auf den dritten Teil. Das Salz setzt sich dann in kurzer Zeit in Form von Krystallen auf den Boden des Gefäßes und ist so präpariert. Andere stellen Alkalisalz auf folgende Weise dar. Sie nehmen 5 Gewichtsteile Asche und 1 Teil Kalk, gewinnen daraus die Lauge (durch Behandeln mit Wasser), filtrieren sie und lassen erstarren[198]). Das wiederholen sie noch einmal. Damit ist das Alkalisalz präpariert. Salmiak[199]) gewinnt man aus 5 Teilen menschlichen Urins, 1 Teil Schweiß, 1 Teil gewöhnlichem Salz und einem halben Teil Ruß von Holz (fuliginis lignorum). Diese Stoffe kocht man zusammen, bis die Flüssigkeit verdampft, sublimiert den echten, nützlichen Salmiak, löst ihn nochmals, läßt wieder eintrocknen (congela) und sublimiert nochmals. So ist der Salmiak präpariert. Sal tartari gewinnt man aus den calcinierten Rückständen von destilliertem Wein. Man löst den Weinstein und läßt ihn erstarren (krystallisieren?). Damit ist er präpariert. Urinsalz (sal urinae) gewinnt man aus den calcinierten Rückständen von destilliertem (eingedampftem) Urin[201]). Man löst es nochmals in seinem Wasser (d. h. das Wasser, das abdestilliert wurde) und läßt erstarren (krystallisieren?). So ist es präpariert und sehr nützlich. Es gibt noch viele andere verschiedene Arten von Präparierungen von Salzen. Wir selbst aber haben diese (beschriebenen) Präparierungen erfunden, die rascher ausführbar (breviores), feiner und nützlicher für unsere Zwecke sind. Aus allen gut calcinierten Stoffen können Salze durch Lösen gewonnen werden, die durch genannte Methoden präpariert werden. Wir gehen nun zu anderen Präparierungen über. Eisartiger Alaun (alumen glaciale vel rochae) wird auf zwei verschiedene Arten präpariert. Den nach der ersten Art dargestellten Alaun verwendet man für Behandlung calcinierter Körper*), den nach der zweiten Art gewonnenen für flüchtige Stoffe, die sublimiert werden sollen. Auf die erste Art wird der Alaun auf folgende Weise präpariert: Löse ihn in klarem Quellwasser, filtriere, koche die Lösung bis auf den dritten Teil ein und lasse sie in glasierten Gefäßen stehen. Der präparierte, krystalline Alaun setzt sich dann an den Wänden des Gefäßes und auf seinem Boden an. Die zweite Art ist die, daß man den Alaun in einem irdenen Gefäß kocht, bis die Flüssigkeit verdampft ist. Man findet dann den Alaun weiß und porös (locker, schwammig, spongiosum) vor, und geeignet für Sublimationen und andere verschiedene Operationen. Alumen plumosum löst man und läßt ihn, wie oben, krystallisieren und präpariert ihn so.

Nun will ich die Präparierung der Atramente beschreiben.

Wir gewinnen durch ihre Anwendung sehr notwendige Stoffe, Tinkturen und ähnliches. Schwarzer Atrament[201]) wird in kochendem Wasser gelöst. Man filtriert die Lösung und läßt krystallisieren (congelatur). Der Atrament ist dann gebrauchsfertig (aptum). Cuperosa wird in destilliertem Essig gelöst und durch Filtrieren und Krystallisieren gereinigt. Römischer Vitriol braucht keine andere Präparierung[202]). Aus den unvollkommenen Körpern gewinnen wir notwendige Stoffe, die präpariert werden müssen. Zunächst das Bleiweiß (Cerussa plumbi)[203]). Man behandelt es mit destilliertem Essig und reinigt es von groben Stücken. Den milchartigen Teil läßt man an der Sonne oder über gelindem Feuer trocknen. Spanisches Weiß und Mennig behandelt man ebenso. Grünspan (viride aeris) löst man in destilliertem Essig. Eine rot gefärbte Substanz erhält man daraus in reiner, fester Form durch Anwendung von geringer Wärme (Kupferoxydul?). Eisencrocus (Oxyd) löst man in destilliertem Essig und klärt die Lösung (durch Filtrieren oder Absetzen lassen). Diese rote Lösung gibt beim Erstarren einen guten Crocus. Aes ustum (Kupferoxyd?) zerreibt man und wäscht es mit destilliertem Essig, wie es beim Bleiweiß beschrieben wurde. Lithargyrum (Bleiglätte) löst man in destilliertem Essig. Man klärt die Lösung und läßt fest werden. Antimon wird calciniert, gelöst und geklärt. Man läßt dann fest werden und zerreibt. Lapis lazuli wird calciniert, zerrieben, gewaschen und ist dann gereinigt. Haematit (lapis aemanthites) wird geglüht und wiederholt in Ochsen-

*) pro corporibus calcinatis abluendis. Also eigentlich Abwaschen, Auswaschen, Spülen.

galle abgelöscht. Armenischer Bolus wird zerrieben, gelöst und zum Erstarren gebracht, wie Bleiweiß. Zinnober sublimiert man einmal mit gewöhnlichem Salz. Tutia calciniert man und löst sie in destilliertem Essig. Sie wird dadurch sehr gut präpariert.

Zweiter Teil.

Kapitel 5.

Die Reinigung der flüchtigen Stoffe.

Wir haben im ersten Teil die Stoffe behandelt, die uns für die Präparierung der flüchtigen Stoffe und der unvollkommenen Körper notwendig erschienen. Wir wollen jetzt ausführlich die Sublimationen und Präparierungen der verschiedenen flüchtigen Stoffe besprechen. Zunächst die des Schwefels und seines Genossen (des Arseniks) und dann der Reihe nach die der übrigen flüchtigen Stoffe.

Kapitel 6.

Die Präparierung des Schwefels.

Reibe reinen Schwefel sehr fein und koche ihn in einer Lauge, die aus Asche und Kalk hergestellt ist. Hierbei sammelt man durch Wegnehmen den verbrennlichen, ölartigen Teil des Schwefels, bis die Lösung klar erscheint. Dann rührt man mit einem Stab und trennt die Lauge von den groben Stücken, die man unten liegen läßt. Die Lauge läßt man etwas abkühlen und gibt den vierten Teil ihrer Menge guten Essig dazu. Das Ganze wird dadurch wie Milch[204]). Die klare Lauge schüttet man so vollständig wie möglich ab. Den Rückstand trocknet man an schwachem Feuer und bewahrt ihn auf. Für die Behandlung der Faeces[205]) verwende folgende Methode: Nimm ein Pfund des wie oben präparierten Schwefels, ein Pfund gut calcinierten, roten Eisenhammerschlag (Oxyd), ein Pfund gut calcinierten Alaun (aluminis rochae) und ein halbes Pfund präpariertes, gewöhnliches Salz. Das alles tränke gut mit Essig, durch Verreiben, bis es flüssig wird, dann koche und rühre, bis alles schwarz geworden ist, trockne, verreibe sehr gut, bringe die Substanz in eine Aludel mit weitem Aufsatz, d. h. mit einem Alembik mit einem großen weiten Ring, wie man ihn zur Sublimation flüchtiger Stoffe verwendet. Die Aludel sei anderthalb Fuß hoch, damit die Hitze des Feuers nicht bis an den Ring des Alembiks kommt. Und so sublimiere, wie wir es in unserer „summa perfectionis" gelehrt haben. Sammle das dichte Produkt, das sich an dem Ring ansetzt. Das, was sich an den Seiten des Gefäßes leicht und pulverisierbar anhängt, bringe wieder nach unten, da es verbrennlich, unrein und verunreinigend ist. Das Gesammelte bringe in eine Flasche und koche es auf heißer Asche, solange bis seine verbrennliche Feuchtigkeit allmählich vernichtet ist. Bewahre es gut auf, denn es ist vollständig gereinigt.

Kapitel 7.

Die Präparierung des Arseniks.

Den Genossen des Schwefels, den Arsenik, zerreibt man und kocht ihn in Essig. Auch hier gewinnt man die ganze verbrennliche Fettigkeit und trocknet sie. Nimm dann ein Pfund calciniertes Kupfer, ein halbes Pfund calcinierten Alaun und ebensoviel präpariertes gewöhnliches Salz, verreibe mit Essig, bis es flüssig wird, koche wie beim Schwefel und sublimiere in einer Aludel ohne

Alembik, der einen Fuß lang sein soll, sammle das weiße, dichte, klare, leuchtende Produkt und bewahre es auf.

Kapitel 8.
Die Präparierung des Quecksilbers.

Quecksilber sublimiere auf folgende Weise: Nimm von ihm ein Pfund, von rotem Vitriol zwei Pfund, von calciniertem Alaun ein Pfund, von gewöhnlichem Salz ein halbes Pfund und von Salpeter ein viertel Pfund, vermische das alles und sublimiere. Sammle dann die weiße, dichte, helle, schwere Substanz, die man nach der Sublimation an den Wänden des Gefäßes findet, und bewahre sie auf. Wenn das Produkt bei der ersten Sublimation trübe und unrein wird, was durch Nachlässigkeit vorkommen kann, so sublimiert man dieses unreine Produkt nochmals mit den gleichen Materialien (fecibus)[206]).

Kapitel 9.
Die Präparierung des Markasits.[207])

Verriebener Markasit wird in einer Aludel mit geräumigem Boden gebracht, so hoch wie ein Finger dick ist. Zuerst entfernt man den Schwefel (durch Sublimation) bei gelindem Feuer und fängt ihn auf. Wenn der Schwefel fort ist, verstärke das Feuer und setze einen anderen Aufsatz auf die Aludel. Es sublimiert nun die Substanz, welche den Platz des Quecksilbers einnimmt, wie wir in unserer „summa perfectionis" ausführlich geschrieben haben.

Kapitel 10.
Die Präparierung der Tutia.[208])

Tutia wird pulverisiert, in eine Aludel gebracht und bei starkem Feuer sublimiert. Sie wird so gut präpariert. Salmiak sublimiert man mit gewöhnlichem Salz, wie oben bei den Salzen beschrieben wurde. Quecksilber wird in folgender Weise als hochrote Substanz durch Sublimation erhalten: Nimm ein Pfund Quecksilber, zwei Pfund roten Vitriol und ein Pfund Salpeter und sublimiere auch mit gleichen Mengen calciniertem Alaun und Salpeter[209]).

Dritter Teil.

Kapitel 11.
Die Präparierung der Metalle.

In diesem dritten Teil behandeln wir die vollständige Präparierung der unvollkommenen Metalle und untersuchen, wie man sie präparieren muß, um sie durch sie selbst, ohne Medizin, durch eine Veredlung erster oder zweiter Ordnung zu veredeln. Ferner behandeln wir ihre Präparierung mit Anwendung einer weißen oder roten Medizin.

Kapitel 12.
Die Präparierung des Bleis.

Calciniere geschmolzenes Blei mit präpariertem gewöhnlichem Salz und rühre dabei mit einem eisernen Spatel, bis das Blei zu Asche wird. Erhitze einen Tag lang und glühe etwas, aber nicht viel, lösche gut mit reinem Wasser ab und calciniere dann nochmals drei Tage lang, bis alles durch und durch rot wird. Willst du das Produkt zum Weißfärben[210]) verwenden, so behandle mit einer wässerigen Lösung von weißem Alaun und reduziere mit Oleum tartari oder dessen Salz. Willst du es zum Rotfärben, so behandle (tränke) mit einer wässerigen Lösung von Eisencrocus und Grünspan (viridis aeris) und reduziere mit sal tartari und wiederhole das, bis es genügt.

Kapitel 13.
Die Präparierung des Zinns.

Zinn calciniere wie Blei. Seinen Kalk behandle drei Tage lang, wie beim Blei, bis er weich wird. Mache aber bei der Reduktion (von Blei- und Zinnoxyd) keine Fehler, denn sie ist schwierig, wenn sie nicht im Ofen mit Hilfe derjenigen Stoffe ausgeführt wird, die bei Anwendung der Kupellation und Cementierung reduzierend wirken. Du, der Erforscher dieses Werks (der Veredlung), sollst wissen, daß wir die Präparierungen der reduzierbaren Stoffe in diesem Buch vollständig beschreiben. Es ist ein praktisches Buch, das auf Grund sicherer Forschungsergebnisse zusammengestellt ist. In unserer „summa perfectionis" dagegen haben wir einen anderen, mehr philosophischen Stil angewandt. Dort haben wir als Theoretiker, hier als reiner Praktiker unsere Kunst ausführlich beschrieben. — Um Zinn zu präparieren, löse calcinierte Tutia und calciniertes Zinn und mische die zwei Lösungen, mit dieser Flüssigkeit tränke Zinnkalk (Oxyd) allmählich so, daß in acht Teile des Kalks ein Teil Tutia eingeführt wird. Dann reduziere zum Metall und sieh, ob sich dieses richtig im Feuer verhält. Wenn dies nicht der Fall ist, wiederhole die Operation, bis das Metall das richtige Verhalten im Feuer zeigt[211]). Alle Flüssigkeiten, die flüchtige Stoffe und Metalle auflösen, behandle ich am Ende dieses Buches. Wundere dich nicht, daß wir diese praktischen Angaben über verschiedene Stellen unserer Bücher verstreuen: Wir wollen dadurch verhindern, daß Unwürdige in den Besitz unserer Kunst kommen. Mit Talk oder präcipitiertem Quecksilber, oder noch besser mit reinem Silber, können wir den beiden Metallen (Blei und Zinn) Feuerbeständigkeit und Härte sowie unbeschreiblichen Glanz geben. Du sollst aber wissen, daß die reine Spekulation, die in unserer „summa perfectionis" von großer Bedeutung ist, hier in unserem Buche „de inventione" wenig in Betracht kommt. Mit Reiben, Kochen, Erhitzen, Anfeuchten, Calcinieren, Schmelzen, Abbauen und Aufbauen[212]), sowie durch Reinigen der Metalle arbeiten wir und öffnen mit solchen Schlüsseln die verborgenen Schlösser unseres Arcanums, ohne die man von der Festtafel ausgeschlossen bleibt[213]). Zerstöre ohne Zorn, dann wirst du mit Freude aufbauen.

Kapitel 14.
Die Präparierung des Eisens.

Das Eisen präpariere auf folgende Weise: Verreibe ein Pfund Eisenfeilspäne mit einem halben Pfund sublimierten Arsenik. Tränke dieses Gemisch mit einer Lösung von Salpeter und Alkali dreimal hintereinander und schmilz bei starker Hitze. Du bekommst dann ein weißes Eisen. Wiederhole die Operation, bis es genügend leicht fließt und gut weiß gefärbt ist[214]).

Kapitel 15.
Die Präparierung des Kupfers.

Die Reinigung des Kupfers ist eine zweifache: Die eine bewirkt eine Weiß-, die andere eine Rotfärbung. Um weiß zu färben, reinige folgendermaßen: Calciniere Kupfer nur durch Feuer (d. h. ohne Zusätze), wie wir es in unserer „summa perfectionis" beschrieben haben. Nimm dieses calcinierte Kupfer, verreibe ein Pfund davon mit vier Unzen sublimiertem Arsenik, tränke diese Mischung drei- bis viermal mit einer Lösung von Bleiglätte (lithargyrum) und reduziere dann mit Salpeter und Oleum tartari. Du findest dann das Kupfer glänzend weiß gefärbt[215]) und in dem richtigen Zustand, die Medizin aufzunehmen[216]). Folgende Präparierung bewirkt Rotfärbung des Kupfers. Verreibe ein Pfund Kupferfeilspäne (limatura) mit vier Unzen Schwefel, oder behandle Kupferplättchen (laminas) mit Schwefel durch Cementieren, und calciniere dadurch, spüle mit Salz- und Alaunwasser ab und reduziere mit reduzierenden Mitteln in das reine Metall, das nun für die Einwirkung der roten Tinktur vorbereitet ist. Es gibt noch eine dritte Art der Präparierung. Calciniere das Kupfer nur durch Feuer und löse dann einen Teil davon auf. Löse ferner ebensoviel calcinierte Tutia und tränke (imbibe) mit diesen Lösungen, oder mit der gelösten Tutia allein, drei- bis viermal den Rest des calcinierten Kupfers, so daß die Tutia sich mit dem Kalk vereinigt. Reduziere dann mit reduzierenden Mitteln. Du bekommst so ein reines, glänzendes Metall, das mit geringen Hilfsmitteln in einen höheren Zustand (der Veredlung) gebracht wird, sofern du die Wahrheit richtig erforscht hast. Es gibt noch eine vierte Art der Präparierung. Calciniere Kupfer nur durch Feuer und mache daraus die intensiv grüne Substanz, die man Flos cupri nennt[217]). Löse diese grüne Substanz mit destilliertem Essig und lasse sie fest werden (congela). Die fest gewordene Substanz reduziere mit reduzierenden Mitteln. Das Produkt ist vielseitig verwendbar, sofern du ähnliche Angaben, die wir gemacht haben, nicht nachlässig studiert hast. Dieses Buch habe ich verfaßt, damit es eine Einführung in unsere „summa perfectionis" sei, oder auch ein Abschluß des Ganzen.

Vierter Teil.

Kapitel 16.
Die Medizinen.

In diesem vierten Teil bringe ich, entsprechend meinem Plan, Angaben über die Zusammensetzung beliebiger Medizinen, weißer und roter, je nach der Natur und Art der umzuwandelnden Metalle bzw. des Quecksilbers. Nun will ich zunächst über die weißen Elixire sprechen.

Kapitel 17.
Die weißen Medizinen für Zinn und Blei.

Die weiße Medizin für präpariertes Zinn: Nimm ein Pfund reinstes Silber, acht Pfund Quecksilber und mache daraus ein Amalgam. Wasche es mit destilliertem Essig und präpariertem gewöhnlichem Salz, bis es eine bläuliche Farbe bekommt[218]). Dann entferne soviel Quecksilber wie möglich aus dem Amalgam durch Ausdrücken durch ein dichtes Tuch. Bringe dann Quecksilbersublimat dazu — zweimal soviel als das Gewicht des Silbers war —, verreibe genügend und koche in einer geschlossenen Glasflasche[219]), einen Tag und eine Nacht, nimm das Produkt heraus, verreibe es, koche nochmals, zerbrich die Flasche und trenne das Sublimierte von dem unten sitzenden rötlichen Pulver (quasi rubeo). Vermeide aber zu große Hitze, sonst schmilzt das Ganze zu einer schwarzen Masse. Das Pulver bringe in eine Reibschale, bringe zwei Teile präparierten Salmiak und einen Teil Quecksilbersublimat dazu, verreibe sehr gut und tränke mit einer Lösung von Alkalisalz oder Salpeter, falls du keine Zoza[220]) findest. Dann bringe das Produkt über gelindem Feuer zum Destillieren und destilliere alle Flüssigkeit ab, so daß eine Masse wie geschmolzenes Pech zurückbleibt. Setze Wasser zu und wiederhole den Vorgang dreimal. Dann verreibe das Produkt auf einem Stein, trockne stark und tränke mit gereinigtem und getrocknetem Öl aus Eiern, oder mit Öl von Alkali[221]), Soda oder Weinstein, damit das Produkt besser schmilzt und einwirkt. Projiziere dann einen Teil der Substanz auf fünf Teile präpariertes Zinn. Dies wird hierdurch zu Silber[222]), durch eine Veredlung zweiter Ordnung. Ein Irrtum ist hierbei ausgeschlossen. Eine andere Medizin für Zinn: Nimm calcinierten Talk, verreibe mit ebensoviel Salmiak, sublimiere drei- oder viermal und löse in Wasser. Mit dieser Lösung tränke calciniertes Silber, solange bis es soviel davon aufgenommen hat, wie sein eigenes Gewicht beträgt. Behandle dann das Produkt mit oben genannten Ölen und projiziere e i n e n Teil auf zehn Teile präpariertes Zinn. Du wirst den Erfolg sehen. Die dritte Medizin für Zinn stellt man aus einem Teil Silber her, das man mit seinen Lösungsmitteln gelöst hat. Dieses wird, wie am Schluß gezeigt wird, aus Vitriol und Salpeter hergestellt[223]). Zu der Silberlösung bringe zwei Teile gelösten Talk oder calcinierte und gelöste Tutia, lasse fest werden (congela) und mache das Produkt mit sublimiertem Arsenik weich (incera), wodurch es schmilzt. Projiziere von diesem Produkt e i n e n Teil auf acht Teile präpariertes Zinn. Und, wenn du willst, projiziere diese Medizinen auf Blei, das man vorher zu einem weißen Metall präpariert hatte. Dann zerkleinere das Blei durch Reiben (Feilen) und verfahre weiter wie beim Zinn[224]).

Kapitel 18.

Die solaren Medizinen für Zinn und Blei.

Die erste solare (zu Gold veredelnde) Medizin wird so hergestellt: Calciniere Gold, indem du es zuerst mit Quecksilber amalgamierst, wie es beim Silber gemacht wird. Drücke das (überschüssige) Quecksilber durch ein Tuch aus, verreibe mit der doppelten Menge von gewöhnlichem präpariertem Salz, bringe das Produkt über leichtes Feuer, damit das Quecksilber sich verflüchtigt, extrahiere das Salz mit süßem Wasser[225]) und trockne. Sublimiere das Produkt mit ebensoviel Salmiak (wörtlich: sublimiere von ihm ebensoviel Salmiak), wiederhole dies viermal und löse es dann in einer Flüssigkeit, die aus Vitriol, Salpeter und Alaun hergestellt ist, wie es am Ende dieses Buches beschrieben wird[226]). Löse ferner Crocus, der aus Eisen durch Calcination gewonnen wird (Eisenoxyd), oder calciniertes rotes Kupfer. Vereinige diese zwei Lösungen zu gleichen Teilen (ana), entferne das Wasser durch Destillation, setze es wieder zu und wiederhole dies viermal. Zuletzt trockne und tränke mit gereinigtem Oleum tartari, bis das Produkt wie Wachs fließt und vier Teile (Zinn oder Blei) tingiert. Die zweite

Medizin wird aus gelöstem Gold und aus gelöstem Grünspan hergestellt. Die Lösungen werden zu gleichen Teilen gemischt, das Produkt wird leicht schmelzend gemacht. Man destilliert und behandelt zuletzt mit präpariertem Schwefel, bis die Substanz wie Wachs fließt. Sie tingiert acht Teile Blei zu glänzendem Metall. Die dritte Medizin wird aus gelöstem Gold, gelöstem Schwefel und gelöstem Grünspan durch Mischen und Präparieren, wie bei der zweiten Medizin, hergestellt und zuletzt mit Öl aus Eiern behandelt (inceratis). Einen Teil davon projiziert man auf zehn Teile Blei. Man kann diese Medizinen auch auf Zinn projizieren, das man (vorher) zu rotem Metall präparierte. Es wird dadurch zu einer glänzenden Materie, entsprechend dem Grad (der Veredlung). Diese Medizinen bewirken nämlich eine Veredlung zweiten Grades, wie schon gesagt wurde.

Kapitel 19.
Die weißen Medizinen für Kupfer und Eisen.

Wir gehen nun zu den Medizinen für das Kupfer und Eisen über und zunächst zu den Medizinen für Veredlung in weißes Metall (ad album). Nimm von calciniertem Silber einen Teil, verreibe es mit zwei Teilen präpariertem Arsenik und einem Teil präcipitiertem Quecksilber, tränke mit dem gleichen Gewicht einer Lösung von Salpeter, Bleiglätte und Salmiak, trockne, mache das Produkt mit einem Öl weich (incera), wie oben, bis es fließt. Einen Teil des Präparates projiziert man auf vier Teile präpariertes Kupfer oder Eisen. Die zweite Medizin macht man aus calciniertem Silber und der gleichen Menge calciniertem und gelöstem Zinn. Mische, trockne und mache mit der doppelten Menge sublimiertem Arsenik weich, bis das Produkt fließt. Die dritte Medizin stellt man aus calciniertem Silber her, wie oben, mit sublimiertem und verriebenem Arsenik und Schwefel, sowie der gleichen Menge Salmiak, den man dreimal über den genannten Stoffen sublimiert. Projiziere einen Teil auf sechs Teile präpariertes Kupfer oder Eisen.

Kapitel 20.
Die roten Medizinen für Kupfer und Eisen.

Die solare Medizin wird in folgender Weise hergestellt: Nimm ein Pfund Tutia, calciniere und löse sie in dem Lösungsmittel, das aus Vitriol und Salpeter hergestellt ist, tränke mit dieser Lösung Goldkalk (Oxyd bzw. Chlorid) so, daß er das Doppelte (seines Gewichts) davon aufsaugt, destilliere das Wasser (der eingesaugten Lösung) ab, gib es wieder dazu und wiederhole dies viermal. Zum Schlusse mache das Produkt mit Öl aus Haaren*) oder Ochsengalle und mit präpariertem Grünspan weich. Es wird dadurch vortrefflich, rein und lobenswert. Du aber halte dich an das, was ich sage, sonst arbeitest du umsonst. Beherzige die Lehren, die in unseren Büchern stehen und du wirst sehen, daß wir die Wahrheit erforscht haben.

Kapitel 21.
Die Medizin dritter Ordnung für Veredlung in weißes Metall (ad album.)

Wir kommen jetzt zur Medizin dritter Ordnung und zwar zunächst zur lunaren Medizin, die unvollkommene Metalle veredelt, und auch Quecksilber

*) „Öl aus Haaren" ist sehr oft Wollfett, der „Schweiß" der Rohwolle.

Tafel VII.

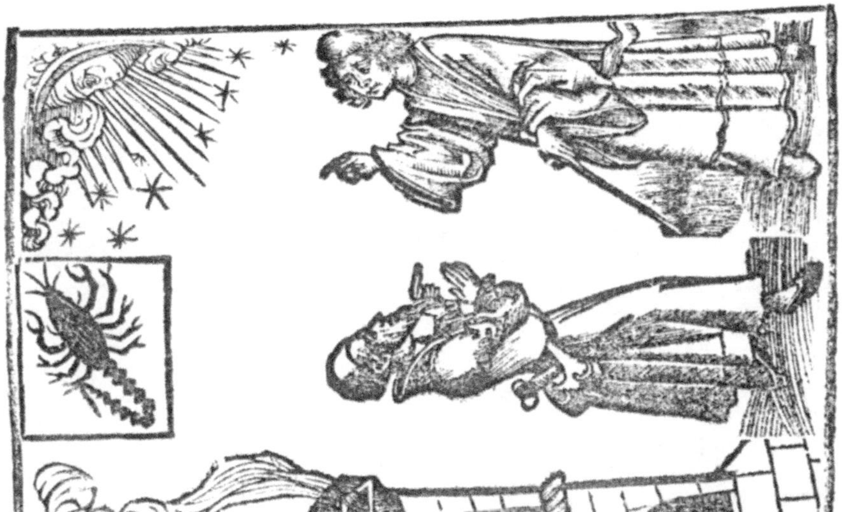

Destillation.

in wahres Silber koaguliert. Zuerst löse calciniertes Silber in seinem Lösungsmittel, dann koche diese Lösung in einem nicht verschlossenen Kolben mit langem Hals, bis die Flüssigkeit auf den dritten Teil eingedampft ist, und bringe sie an einen kühlen Platz. Es bilden sich zerfließliche Krystalle[227]). Das ist Silber, das zu unserem fixen, schmelzbaren Mercur reduziert worden ist. Nimm davon vier Unzen, von weißem, präpariertem Arsenik sechs Unzen und von präpariertem Schwefel zwei Unzen. Mische diese Stoffe gut durch Verreiben mit Salpeter oder Salmiak und lasse sie in einem Kolben mit langem Hals eine Woche lang stehen. Die Masse wird hart wie Pech. Nimm sie heraus und erweiche sie wie oben durch viertägiges Kochen, und dann erweiche nochmals. Du wirst dann sehen, daß das Produkt innerhalb drei Tagen zu einem Öl geschmolzen ist. Nach dem Erkalten zerbrich die Flasche und nimm das Produkt heraus. Es ist fest, schmilzt aber wie Wachs. Das ist der erste Grad. Nimm nun neues (Ausgangs-)Material soviel wie zuerst, verbinde es mit diesem Ferment und verfahre wie oben. So mache es zum dritten- und viertenmal. Du erhältst so eine Medizin, deren Güte außerordentlich groß ist. Sie verwandelt nämlich zehn Teile eines Metalls, und auch Quecksilber, in echtes Silber. Diesen Stein aber hüte, und behandle ihn so weiter, wie wir es in unserer „Summa" angegeben haben. Du gelangst dann zu höheren Graden von Medizinen. Wir wollten nicht alles in einem einzigen Buch bringen, sondern es ist besser, wenn ein Buch das andere auslegt und erklärt.

Kapitel 22.
Die solare Medizin dritter Ordnung.

Die solare Medizin wird aus Gold hergestellt, das man löst und präpariert wie Silber. Bringe drei Teile gelösten Schwefel dazu und einen Teil Arsenik, und mache alles, wie es beim Silber gesagt wurde. Es entsteht so eine Medizin, die alle Metalle, und auch das Quecksilber, in wahres Gold tingiert oder noch weiter, wie schon gezeigt wurde. Lese und studiere unsere „Summa perfectionis", und du wirst dann die angegebenen Mittel und Wege finden, um bis ins Unendliche zu tingieren, falls du einen scharfen Verstand hast. Lasse dich durch die verschiedenartigen Aussprüche der Philosophen nicht verwirren. All das Mannigfaltige, was sie sagen, bezieht sich immer auf die eine, einzige Veredlung, die wir zur Genüge behandelt haben. Du kannst sie finden, wenn du tüchtig genug bist. Andernfalls laß davon ab, denn du leidest sonst nur Schaden.

Kapitel 23.
Über auflösende Flüssigkeiten und weichmachende Öle.

Du, Jünger der Lehre, forsche und experimentiere und lasse nicht davon ab, denn du wirst tausendfache Früchte dabei ernten. Für dich habe ich dieses Buch geschrieben und will es nun durch die Angabe von einigen Lösungsmitteln und Ölen ergänzen, die für unser Magisterium sehr notwendig sind. Damit will ich dann mein Buch „De perfectionis inventione" beschließen. Zunächst will ich von unserem Lösungsmittel (aqua dissolutiva) sprechen, das ich in unserer „Summa" erwähnt habe, da wo ich über das Auflösen mit scharfen Flüssigkeiten sprach. Nimm zuerst ein Pfund Vitriol, ein halbes Pfund Salpeter und ein viertel Pfund Alaun (aluminis jameni). Stelle diese Flüssigkeit cum rubigine alembici[228]) her, denn sie hat stark auflösende Wirkung. Verwende sie, wie in den vorhergehenden Kapiteln angegeben ist. Sie wird noch viel schärfer, wenn du damit ein viertel Pfund Salmiak auflösest. Die Flüssigkeit löst dann nämlich Gold, Schwefel und Silber auf.

Unser weichmachendes philosophisches Wasser: Nimm destilliertes Öl von Eiern*), verreibe es mit der Hälfte Salpeter und ebensoviel Salmiak. Es wird dadurch sehr gut. Oder mische es mit Alkali und destilliere wie früher angegeben. Je öfter man dies wiederholt, um so besser macht das Öl weich. Oder verbinde dieses Öl mit Oleum tartari. Man erhält so ein weißes, weichmachendes Öl. Ein rotes weichmachendes Öl stellt man so her: Nimm Öl von menschlichen Haaren, setze ebensoviel Salmiak dazu und destilliere dann dreimal. Man erhält so ein hochrotes, weichmachendes Öl. Öl aus Grünspan stellt man her, indem man Grünspan (viride aeris) in Salmiaklösung löst. Lasse diese Lösung fest werden und vermische das Produkt mit Öl aus Eidotter. Destilliere und wiederhole das dreimal, und du erhältst so ein Oleum viridis aeris, das zum Weichmachen geeignet und nützlich ist. Oleum fellis (Öl aus Galle) stellt man her, indem man das Öl aus Galle, sowie aus menschlichen Haaren extrahiert und alles so macht wie dort. Ich behaupte nicht, daß diese Öle eine radikale mineralische Feuchtigkeit geben, wie wir es beim Schwefel und Arsenik sehen[229]), aber sie verhindern das Verbrennen der Tinktur, bis sie auf die zu veredelnden Körper eingewirkt hat, und sie verflüchtigen sich dann in der Hitze, wie wir an anderer Stelle schon gesagt haben. — Jeder Künstler, der nach den Angaben, die wir in diesem Buche bringen, richtig und fleißig arbeitet, wird nach Vollendung seiner Arbeit finden, daß unsere Forschungsergebnisse richtig sind. Damit ist unser Buch beendet, das betitelt ist:

„De inventione veritatis seu perfectionis".

4. Liber fornacum – Das Buch von den Öfen.

Kapitel 1.
Vorrede. Einteilung des Buches in 3 Teile.

Wir glauben zwar bestimmt, daß wir in unseren Büchern unsere ganze Kunst behandelt haben; damit man uns aber nicht den Vorwurf machen kann, wir seien mißgünstig, haben wir schon vorher dieses Buch über die Öfen geschrieben (praescripsimus), in welchem wir praktische Anweisungen für die Präparierungen von flüchtigen Körpern und von Metallen geben, damit der Forscher leichter zum Ziel kommt. Wir wollen zunächst die einzelnen Arbeitsmethoden behandeln und wollen beschreiben, wie jeder Ofen und seine Einrichtungen je nach der Art der Verwendung beschaffen sein soll, wie man ein richtiges Feuer darin unterhält, und welche Gefäße bei der Arbeit verwendet werden. Ferner will ich angeben, welche Stoffe man präparieren muß, um aus einfachen und zusammengesetzten Körpern wahres glänzendes Gold und Silber erzeugen zu können. Drittens will ich die Stoffe beschreiben, die durch Anwendung von umwandelnden Mitteln veredelt werden können. Schließlich wollen wir das alles zusammenfassen.

*) Destilliertes Öl: hier = abgetropftes (beim Auspressen); ebenso weiter unten.

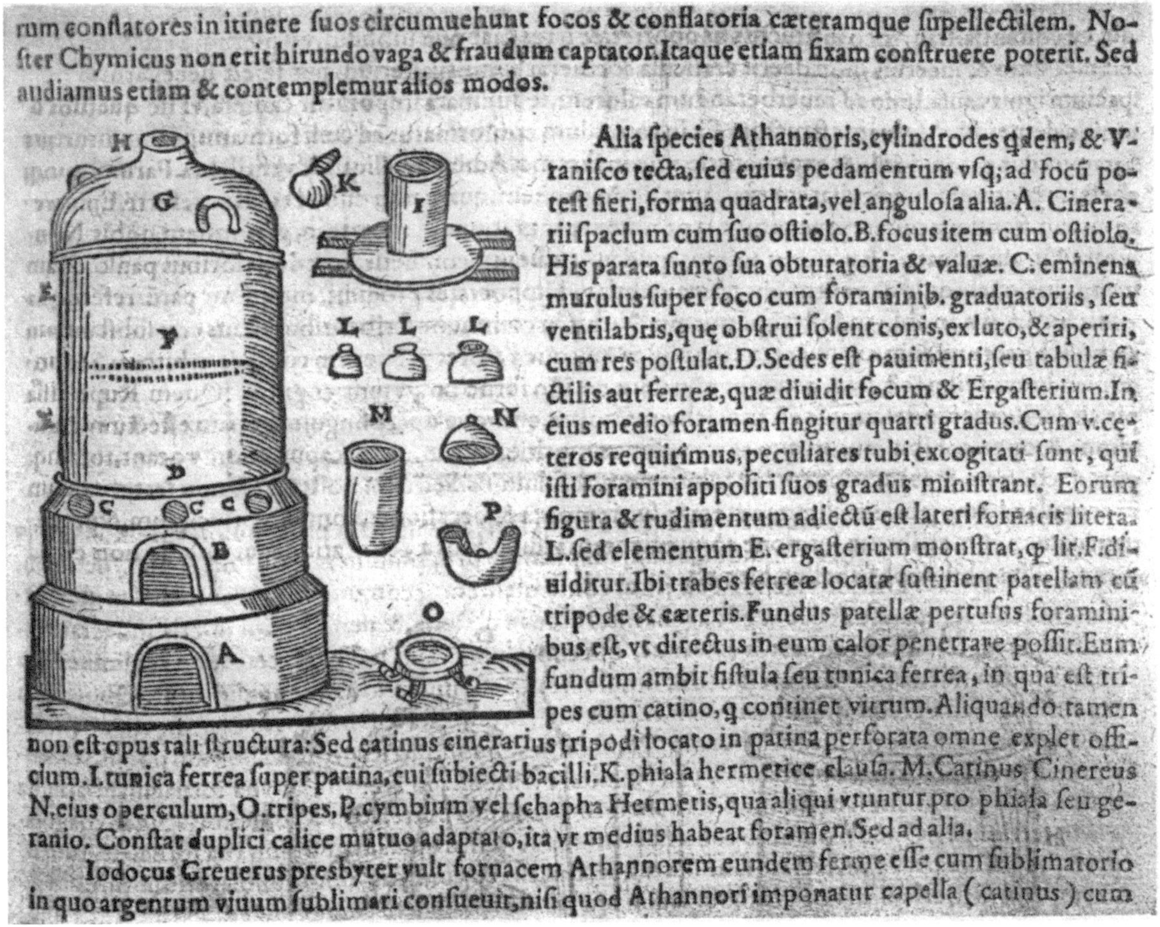

rum conflatores in itinere ſuos circumuehunt focos & conflatoria cæteramque ſupellectilem. Noſter Chymicus non erit hirundo vaga & fraudum captator. Itaque etiam fixam conſtruere poterit. Sed audiamus etiam & contemplemur alios modos.

Alia ſpecies Athannoris, cylindrodes q̃dem, & Vraniſco tecta, ſed cuius pedamentum vſq; ad focũ poteſt fieri, forma quadrata, vel anguloſa alia. A. Cinerarii ſpacium cum ſuo oſtiolo. B. focus item cum oſtiolo. His parata ſunto ſua obturatoria & valuæ. C. eminens murulus ſuper foco cum foraminib. graduatoriis, ſeu ventilabris, quę obſtrui ſolent conis, ex luto, & aperiri, cum res poſtulat. D. Sedes eſt pauimenti, ſeu tabulæ fictilis aut ferreæ, quæ diuidit focum & Ergaſterium. In eius medio foramen fingitur quarti gradus. Cum v. ceteros requirimus, peculiares tubi excogitati ſunt, qui iſti foramini appoſiti ſuos gradus miniſtrant. Eorum figura & rudimentum adiectũ eſt lateri fornacis litera. L. ſed elementum E. ergaſterium monſtrat, ꝙ lit. F. diuiditur. Ibi trabes ferreæ locatæ ſuſtinent patellam cũ tripode & cæteris. Fundus patellæ pertuſus foraminibus eſt, vt directus in eum calor penetrare poſſit. Eum fundum ambit fiſtula ſeu tunica ferrea, in qua eſt tripes cum catino, q continet vitrum. Aliquando tamen non eſt opus tali ſtructura: Sed catinus cinerarius tripodi locato in patina perforata omne explet officium. I. tunica ferrea ſuper patina, cui ſubiecti bacilli. K. phiala hermetice clauſa. M. Catinus Cinereus N. eius operculum, O. tripes, P. cymbium vel ſchapha Hermetis, qua aliqui vtuntur pro phiala ſeu geranio. Conſtat duplici calice mutuo adaptato, ita vt medius habeat foramen. Sed ad alia.

Iodocus Greuerus presbyter vult fornacem Athannorem eundem ferme eſſe cum ſublimatorio in quo argentum viuum ſublimari conſueuit, niſi quod Athannori imponatur capella (catinus) cum

Sublimationsvorrichtung.
[s. Anmerkung 231]

Erster Teil.
Über die Arbeitsmethoden.

Kapitel 2.
Der Calcinationsofen.

Man baut den Calcinationsofen vier Fuß lang und drei Fuß breit. Seine Wände macht man einen halben Fuß dick. Silber, Kupfer, Eisen oder andere Metalle, die man calcinieren will, bringt man in irdenen Schalen aus festestem Lehm, — aus dem man Tiegel macht, — in scharfes Feuer, bis sie vollständig verbrannt und calciniert werden. Die Calcination ist eine wertvolle Sache. Studiere unsere Angaben, damit du deiner Versuche nicht überdrüssig wirst. Durch die Calcination werden unvollkommene Körper gereinigt, und die calcinierten Stoffe werden durch Reduktion in gediegene Metalle übergeführt. Dann kann man die Medizin auf sie projizieren und sich über den Erfolg freuen.

Kapitel 3.
Der Sublimationsofen.

Man baut den Sublimationsofen, wie es in unserer „Summa perfectionis" bei der Sublimation flüchtiger Stoffe angegeben wurde. Bei der Sublimation des Schwefels muß man einen Aufsatz[230]) über dem Sublimationsgefäß anwenden mit einem großen inneren Hohlraum, nach der Art eines Alembiks ohne Ansatz (Nase). Andernfalls würde nämlich die ganze sublimierte Substanz infolge zu großer Hitze wieder auf den Boden des Sublimationsgefäßes fallen. Am Ende der Sublimation sublimiert der Schwefel nur dann, wenn man so stark erhitzt, daß die Aludel glüht. Wenn dann das Sublimierte nicht oben in dem Hohlraum (des Aufsatzes) zurückbehalten würde, würde es schmelzen und an den Gefäßwandungen bis auf den Boden zurückfließen. Man erhielte so kein Sublimationsprodukt, wie der Versuch zeigt[231]).

Kapitel 4.
Der Destillationsofen.

Der Destillationsofen ist ebenso eingerichtet wie der Sublimationsofen. Das Destillationsgefäß macht man so, wie es auf der Zeichnung zu sehen ist. Die Stärke des Feuers regelt man nach dem Bedarf der zu destillierenden Substanz. Den Vorgang bei der Destillation der Mineral- und Pflanzenstoffe haben wir in der „Summa perfectionis" beschrieben.

Kapitel 5.
Der Descensionsofen.

Den Descensionsofen baut man in folgender Weise (Zeichnung). Alle calcinierten, verbrannten, gelösten und wieder fest gewordenen (coagulata) Körper werden durch diesen Ofen zu gediegenen Metallen reduziert (in solidam massam).

Kapitel 6.
Der Schmelzofen.

Im Schmelzofen werden Metalle leicht geschmolzen. Er wird in der Münze viel gebraucht, und auch Aurichalcum (Bronze, Messing) wird darin geschmolzen und mit Tutia oder Galmei gefärbt, wie es den Sachverständigen bekannt ist. Er wird in folgender Weise gebaut (Zeichnung).

Kapitel 7.

Der Lösungsofen.

Den Lösungsofen richtet man mit einem eisernen Kessel ein, der mit Wasser gefüllt wird (Wasserbad). In ihm werden die Gefäße so befestigt, daß sie nicht fallen können (umkippen bzw. auf den Boden des Kessels sinken). In ihnen geht die Lösung vor sich. In der Abbildung sieht man die Form von Ofen und Gefäßen.

Kapitel 8.

Der Ofen für die Fixierung. Athannor.

Der Ofen für Fixierungen wird wie ein Calcinierofen gebaut. Er enthält eine tiefe irdene Schale, die mit gesiebter Asche gefüllt ist. Das Gefäß mit dem zu fixierenden Material wird gut verschlossen mitten in die Asche gesetzt, und zwar so, daß unter und über dem Gefäß ringsherum vier Finger dick Asche liegt. Man richtet sich dabei nach der Art der zu fixierenden Substanz, weil manche Substanzen stärkeres Feuer brauchen als andere. Mit solchen Methoden haben alte Philosophen das Magisterium erforscht. Alle Forscher wissen, daß wir in diesen Büchern alles zur Genüge behandelt haben. Die Abbildung zeigt einen Athannor.[232])

Zweiter Teil.

Über die Präparierung.

Kapitel 9.

Die Präparierung flüchtiger Stoffe.

In diesem Kapitel will ich die Präparierungen flüchtiger Stoffe und zunächst die des Quecksilbers beschreiben. Wenn man das Quecksilber richtig sublimieren will, nehme man auf ein Pfund Quecksilber zweieinhalb Pfund gewöhnliches Salz und ein halbes Pfund Salpeter, mortifiziere das Ganze, indem man zugleich mit Essig verreibt, bis man kein eigentliches Quecksilber mehr sieht, und sublimiert dann in bekannter Weise. Roter Mercur wird so sublimiert, daß man ein Pfund davon mit einem Pfund Salpeter und einem Pfund Vitriol sehr gut verreibt. Durch Sublimieren wird er dann rot und glänzend erhalten. Von Arsenik sublimiert man ein Pfund mit einem Pfund gefeiltem Kupfer, einem halben Pfund gewöhnlichem Salz und einem Viertelpfund calciniertem Alaun. Diese Substanzen werden unter Bewegen über Feuer mit Essig behandelt (mortificentur), bis alles schwarz wird. Dann tränkt man wieder mit Essig und trocknet unter Bewegen. Das wiederholt man dreimal. Schwefel, den man in Lauge gekocht und dann getrocknet hatte (Schwefel-Alkali), sublimiert man mit den gleichen Stoffen, wie Arsenik, abgesehen davon, daß man anstatt gefeilten Kupfers gefeiltes Eisen anwendet, oder dünne Eisenplättchen. Salmiak sublimiert man mit dem gleichen Gewicht von gewöhnlichem Salz. Tutia und Markasit und andere unvollkommene Körper werden so sublimiert, wie es in der „Summa" beschrieben ist. Salze, Alaune, sowie Borax und Vitriole werden so präpariert, wie wir es im „Liber investigationis" gezeigt haben.

De furno deſcenſorio. Caput v.

FVrnus autem deſcenſorius fit in hunc modum.

Et eſt apd' nos inter fuſores cineritiorũ, & cementorũ, mirabilit̃ uſitatꝰ. Reducunt̃ aũt oĩa corpa calcinata, cõbuſta, ſoluta, & coagulata ꝑ hũc furnũ ĩ ſolidã maſſam. Imò cineritia & cemẽta, & teſtæ ſeu cruſibula, in quibꝰ ſæpius fuſum eſt argentũ ad recuperationẽ illius metalli imbibiti. De

Descension.

Kapitel 10.

Die Calcination des Zinns.

Zinn wird auf folgende besondere Art calciniert. Man setzt ein großes, irdenes Gefäß (testa) auf den Ofen, bringt das Zinn hinein und die gleiche Menge präpariertes gewöhnliches Salz und calcinierten Alaun (aluminis rochae). Man rührt dann andauernd mit einem durchlöcherten, eisernen Spatel um, bis alles verascht ist. Man siebt die Zinnasche, bringt sie ins Feuer und glüht solange, bis sie richtig weiß wird. Dann bewahrt man sie auf.

Kapitel 11.

Die Calcination des Bleis.

Blei wird auf die gleiche Art calciniert wie Zinn. Aber sein Kalk, den man aufbewahrt, wird rot wie Mennig.

Kapitel 12.

Die Calcination des Kupfers.

Kupfer wird auf folgende Art calciniert: Man bringt es in seiner gewöhnlichen Gestalt oder gefeilt, oder mit pulverisiertem Arsenik, oder mit Schwefel, — wobei man es mit gewöhnlichem Öl einfettet — in den Calcinierofen. Man calciniert es so drei oder vier Tage bei sehr starkem Feuer. Das Calcinationsprodukt entfernt man von den Kupferplättchen und calciniert diese nochmals. Das calcinierte und verriebene Produkt calciniert man nochmals, bis es richtig rot wird (optime rubificetur), und bewahrt es auf[233]).

Kapitel 13.

Die Calcination des Eisens.

Das Eisen wird in gefeiltem Zustand in genanntem Ofen calciniert, bis es richtig rot und zu einem ganz feinen, unfühlbaren Pulver wird. Man nennt es „Eisencrocus" (Eisenoxyd).

Kapitel 14.

Die Calcination der mittleren Mineralien.

Alle Atramente, Salze, Alaun- und Tutiaarten werden mit Weinstein (cum tartaro) und anderen Stoffen im Calcinierofen calciniert, und zwar bei mittlerem oder starkem Feuer, je nachdem die betreffende Substanz es braucht. In unserem Buch „De investigatione" ist dies beschrieben. Die Calcination ist auch im „Testament" beschrieben.

Kapitel 15.

Das Auswaschen der Calcinationsprodukte.

Das Auswaschen aller verbrannten und calcinierten Körper geschieht auf folgende Weise: Man nimmt ein großes, irdenes Gefäß, das mit warmem Wasser gefüllt ist. Damit wäscht man das Calcinationsprodukt aus und reibt öfters, damit alles Salz und aller Alaun sich löst. Wenn sich ein Rückstand abgesetzt hat, entferne vorsichtig das Wasser, damit alles gelöst wird[234]). Das Calcinierte behandle nochmals wiederholt mit warmem Wasser, bis es ganz rein ist und bewahre es auf.

Kapitel 16.

Das Weichmachen der ausgewaschenen Kalke.

Das Weichmachen (incerationes) der ausgewaschenen Kalke (Oxyde, Sulfide usw.) geschieht auf folgende Weise: Trockne den ausgewaschenen Kalk. Löse dann in zwei Pfund destilliertem Essig gleiche Teile von gewöhnlichem Salz, Alaun und Steinsalz (sal gemma) und tränke damit zwei Unzen und vier Pfund des ausgewaschenen und getrockneten Kalks, bis er diese ganze Flüssigkeit eingesaugt hat. Dann trockne den Kalk und bewahre ihn auf.

Kapitel 17.

Die Reduktion der Kalke in gediegenes Metall.

Die Reduktion des ausgewaschenen und weich gemachten Kalkes geht so vor sich: Man wäscht den Kalk mit destilliertem Urin, wodurch die Salze und Alaune, sowie Verunreinigungen des calcinierten Körpers entfernt werden. Dann trocknet man und behandelt mit Oleum tartari, in welchem auf ein Pfund des Öls zwei Unzen Salmiak und eine Unze Salpeter gelöst sind. Man wendet vier Pfund von dem Kalk an, behandelt ihn durch abwechselndes Tränken mit Oleum tartari und Trocknen, bringt ihn dann in ein großes Descensorium und reduziert zu gediegenem Metall, das dadurch rein wird und frei von verbrennlicher Schwefelsubstanz, — durch die Kraft des calcinierenden Feuers. Von verunreinigender, erdiger Substanz wird es durch die Kraft der Salze gereinigt, die bei der Reduktion diese unreinen, erdigen Teile an sich ziehen. Dadurch wird das Metall von zufälligen Verunreinigungen befreit, die in der Erzmine an dasselbe kamen. Solche Verunreinigungen aber, die von Ursprung an, seit der Entstehung der Metalle, tief in ihnen stecken, wird man mit Hilfe einer Medizin verdecken können, die als hauptsächlichen Bestand Quecksilbersubstanz enthält. Das haben wir öfters zur Genüge in der „Summa" gezeigt.

Kapitel 18.

Das Auflösen der präparierten Metalle.

Unvollkommene Körper werden auf zweifache Weise veredelt, entweder durch Präparierung und durch Mischung von vollkommenen Körpern mit unvollkommenen, oder durch eine Medizin, die zu diesem Zweck präpariert ist. Hier will ich zeigen, wie ein vollkommener Körper einen unvollkommenen veredelt. Ein unvollkommener Körper wird durch Präparierungen veredelt, wie ich im allgemeinen schon besprochen habe. Ich will sie in diesem Kapitel im einzelnen behandeln. Zunächst: Das durch Calcinieren und Reduzieren gereinigte Metall feilt oder granuliert man in bekannter Weise. Man gießt nämlich das geschmolzene Metall durch eine fein durchlöcherte Platte auf kaltes Wasser[235]), das man stark rührt. Unsere Methode ist so: Das granulierte oder gefeilte Metall löse in unserem Lösungsmittel, das aus Salpeter und Vitriol hergestellt wird, zu einer klaren Flüssigkeit. Bringe den dritten Teil präpariertes Ferment[236]) dazu, dampfe ein, setze wieder Wasser zu und wiederhole das siebenmal. Wenn du durch Reduzieren gediegenes Metall erhalten hast, so verfeinere es durch die libris, partim à nobis explicatum in Epistolis, & Alchymia. Nunc formas quasdam vasorum proponemus.

Vasa terrea vitrata intus, probantur præ vitreis. Fictilia lapidea solidata, quæ etiam acerrimos spiritus retinent, meliora.

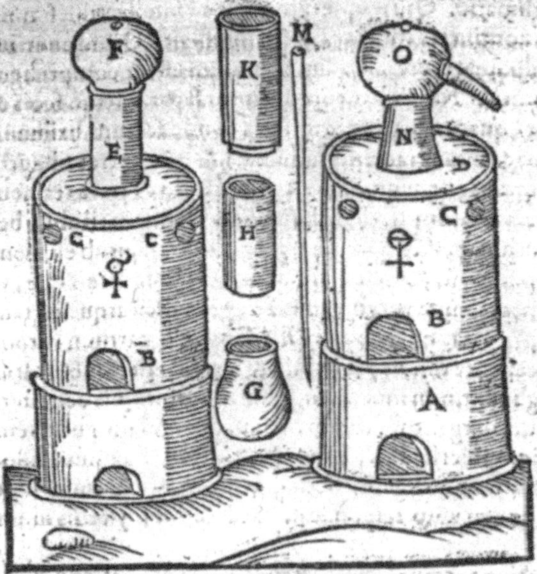

☿ Sublimatorium cæcũ: ♀ Sublimatorium rostratum. A. cinerarium. B. pyriaterium. C. spiracula. D. orbis terreus excisus in medio. E. collum matulæ; & est fistula terrea, cuius duplex forma seorsim repræsentatur literis H, & K. Forma H. amplectitur matulæ collum, eique foris agglutinatur; sed K. desinit in limbum excisum, qui inseritur in matulam, quam tunc intus oportet simili limbo instructam esse, vt superficies cauitasque interna fiat æqualis. Aliàs prohibebitur ascensio per latus, & impedimentum spiritibus obiicietur, quia hærebunt in extante margine, nec eleuabuntur ad operculum. Non autem tantum per mediam capacitatem sursum feruntur, sed & repunt per latera, quibus veluti per viam ducuntur & diriguntur: nonnunquam etiam accrescunt more pruinæ. F, capitellum seu alembicus cæcus foratus in vertice, vt spiritus humidi exeant; & deinde baculus M. inseratur ad explorandum sublimationis progressum, præcipitandumque deorsum, quod hærere nolumus, vt fit, cum hoc opere figimus, vel vnimus. G forma matulæ continentis materiam, quæ vix tertiam aut quartam partem debet implere. Qui enim multum vasi angusto indunt, sublimationis successu priuantur. N. in altero schemate cucurbitæ collum designat. Nam pro matula etiam cucurbita ex amplo paulatim in angustum coarctata seruire potest: sed dilatatum oportet esse orificium. O. alembicus sublimatorius cum rostro curto. Addi illi nihilominus foramen in vertice potest, ad explorandum sublimationis euentum.

Alia

Athannor.
[s. Anmerkung 232]

üblichen Operationen[237]). Du wirst dann deine Freude an dem Produkt haben. Nun will ich besondere, sichere Regeln für die einzelnen Metalle angeben. Ich beginne mit dem Zinn und sage: Wenn du das Zinn präpariert und reduziert hast, so löse es in einer scharfen Flüssigkeit und setze zu neun Teilen einen Teil calcinierten und gelösten Talk, durch Vermischen der klaren Lösungen. Diese Flüssigkeit rektifiziert man dadurch, daß man ihr im Alembik siebenmal (abwechselnd) das Wasser entzieht und wieder zusetzt[238]). Wenn man dies zum letztenmal ausgeführt hat, gibt man eine Lösung von Salpeter dazu, tränkt das Produkt damit, trocknet es und reduziert es zu reinem Metall, welches Feuer und Kupellation aushält[239]). Wenn man nämlich präcipitiertes und gelöstes Quecksilber mit gelöstem Silber verbindet und dieses Produkt zu gelöstem Zinn bringt, erhält man nach der Reduktion ein Metall, das edle Eigenschaften besitzt. Das Blei veredelt man dadurch, daß man es präpariert, löst, und mit dem dritten Teil von gelöstem rotem Ferment behandelt. Man erhält so ein schönes Metall und freut sich darüber. Was die spezielle Behandlung des Kupfers anbelangt, so sage ich, daß man es präpariert, löst und siebenmal und noch mehr dadurch rektifiziert, daß man das Wasser der Lösung abdestilliert und wieder zusetzt. Das fest gewordene Produkt verarbeite zu einer edlen, grünen Substanz[240]), mit Hilfe von Salmiak und Essig. Dieses Grün mache in einem eisernen Gefäß rot[241]) und löse das Produkt wieder auf. Dann setze den dritten Teil präpariertes und gelöstes Silber hinzu, entferne siebenmal das Wasser der Lösung und setze es wieder zu und reduziere schließlich zu Metall. Du wirst deine Freude daran haben. Das Eisen behandelt man wie das Kupfer, aber man erreicht nichts Gutes dabei, weil es sehr unrein ist. Das Silber behandelt man durch siebenmaliges, mindestens aber viermaliges Lösen und Koagulieren. Zu seiner Lösung setzt man die früher besprochenen rot färbenden Lösungen und erhält so ein goldartiges Metall. Es verträgt sich nämlich mit Gold und bleibt ruhig bei ihm (beim Erhitzen und Schmelzen). Als Hilfsmittel dient dabei gut gereinigtes und gelöstes Kupfer. Man gewinnt so einen ganz reinen färbenden und fixen Schwefel, und ich sage dir: Gereinigter, fixer Mercur hat die Fähigkeit, die Unreinheit unvollkommener Körper zu verdecken. Fixer Schwefel aber vermag die Metalle zu färben und ihnen Glanz zu geben. Merke dir das große Geheimnis, daß man Mercur und Schwefel sowohl aus vollkommenen, als auch aus unvollkommenen, gehörig präparierten Körpern gewinnen kann[242]). Hilfsmittel bei dem richtigen und nicht sehr kostspieligen Werk der Veredlung sind gereinigte, flüchtige Stoffe (spiritus purificati) und mittlere Mineralien.

Dritter Teil.

Über die Veredlung der Metalle und über die umwandelnden Medizinen.

Kapitel 19.

Die Veredlung dritter Ordnung.

Wir haben genügend ausführlich die Veredlung 2. Ordnung besprochen und gehen nun zu der Veredlung 3. Ordnung über. Über Medizinen und die Unterscheidung von solchen 2. und 3. Ordnung wurde in der „Summa perfectionis" genügend besprochen. Wir haben dort theoretisch, spekulativ, deutlich und klar gezeigt, daß unser Stein aus der Substanz des Quecksilbers gewonnen wird. Hier bringen wir praktische, deutliche Angaben. Bemühe dich, Silber und Gold durch Lösen in ihr trockenes Wasser umzuwandeln, das man gewöhnlich „Mercur" nennt[243]). Und zwar so, daß 12 Teile des Lösungsmittels auf 1 Teil des Edelmetalls kommen. Wenn man die Operation bei gelindem Feuer richtig vornimmt, so findet man nach 40 Tagen den Körper in eine helle und reine Flüssigkeit verwandelt. Das Zeichen dafür, daß die Auflösung beendet ist, ist eine Schwarzfärbung (Nigredo), die auf der Oberfläche erscheint. Wenn du beide Arten der Veredlung, in weiß und rot (Silber und Gold), ausführen willst, so löse beide Fermente für sich auf genannte Weise und bewahre sie auf. Das ist unser Quecksilber, das aus Quecksilber gewonnen ist, und das wir als Ferment haben wollen. Die Paste, die durch das Ferment behandelt werden soll, gewinnt man auf gewohnte Art aus unvollkommenen Körpern. Hierbei gebe ich die allgemeine Regel an, daß eine weiße Paste aus Zinn und Blei, eine rote aus Kupfer und Blei extrahiert wird. Wie beim Ferment, muß jeder Körper für sich einzeln aufgelöst werden.

Kapitel 20.

Die Behandlung von Zinn und Blei.[244])

Wir behandeln in diesem Kapitel die Verarbeitung von Zinn und Blei und zwar ad album. Die Methode ist folgende: Nimm ein Pfund reinstes Zinn und schmilz es. Wenn es geschmolzen ist, bringe zwölf Pfund gut gereinigtes Quecksilber dazu, rühre das Ganze, damit es sich vermischt und bringe es in einer Flasche mit einem Hals, der einen Fuß lang ist, in einen Athannorofen. Eine andere Flasche mit ebenso präpariertem Blei erwärme eine Woche lang über gelindem Feuer. Du erhältst so eine lockere Paste, die dazu geeignet ist, durch das weiße Ferment fermentiert zu werden und zwar nach Verhältnissen, die wir hier angeben. Man nehme: Zinnpaste vier Teile, Bleipaste drei Teile, weißes Ferment einen Teil. Diese Stoffe, die, wie gesagt, locker sein sollen (dissoluta), werden innig vermischt. Man läßt sie dann durch siebentägiges mäßiges Erwärmen putrefizieren (locker werden). Dann drückt man den flüssigeren Teil davon durch ein Tuch, den festeren Rückstand bringt man in einer Thimia (bisweilen Chimia genannt) in den Athannorofen und erwärmt es dort so lang, wie früher angegeben (sieben Tage). Das wiederholt man dreimal, bis das Produkt die ganze Flüssigkeit aufsaugt. Dann bringe das Produkt in einer Thimia für zwölf Tage in einen Fixierungsofen, nimm es dann heraus und reduziere es mit reduzierenden Mitteln. Du findest dann, was unsere Vorgänger durch eifrigstes Forschen gefunden haben, nämlich ein künstliches Produkt, das wieder andere erzeugt. Verfeinere das Produkt mit Blei durch Kupellation (in cineritio cum plumbo) und du erhältst so einen vollkommenen, weißen Körper, der unbegrenzt seines gleichen erzeugt. — Die Erklärung dieser Dinge habe ich zusammen mit anderen von meinen Vorgängern übernommen[245]). Ich übergebe sie zusammen mit meinen eigenen Angaben meinen Nachfolgern.

Kapitel 21.

Die Behandlung von Kupfer und Blei.

Man nehme drei Pfund Kupferpaste, zwei Pfund Bleipaste und ein Pfund Ferment (siehe Kap. 19), verreibe diese Stoffe sehr gut und vermische sie aufs

Feinste[246]). Dann erwärme und entferne die Flüssigkeit durch ein Tuch. Den Rückstand bringe für drei Wochen in eine gut verschlossene Thimia. Nimm dann das Produkt heraus, setze den dritten Teil der aufbewahrten Flüssigkeit (die durch das Tuch entfernt wurde, s. oben) zu, und koche, wie es im vorhergehenden Kapitel angegeben wurde. Das wiederhole dreimal. Wenn das Produkt die ganze Flüssigkeit aufgesaugt hat, bringe es in einen Orobus[247]) und fixiere es. Wenn es beständig ist, reduziere es mit reduzierenden Mitteln zu einem Körper, der sich dazu eignet, vermehrt und gefärbt zu werden[248]).

Kapitel 22.
Die Behandlung des Eisens.

Da die Auflösung des Eisens sehr schwierig ist, führen wir mehrere Methoden und verschiedene Versuche, die wir darüber angestellt haben, am Ende dieses Buches an. Man nehme Eisenpaste zwei Pfund, Kupfer vier Pfund und Blei vier Pfund, mische sie ohne Ferment und koche sie 7 Tage lang. Man findet dann die ganze Masse in trockenem Zustand vor. Man fixiert sie, bringt sie mit der Hälfte ihres Gewichts verriebener Bleiglätte in den Reduktionsofen und erhält so einen Mineralkörper, der sehr nützlich ist, wenn man das versteht, was wir oft darüber geschrieben haben.

Kapitel 23.
Die Behandlung des Silbers.

Das Silber wird in der Weise bearbeitet, daß man es aus seinem gewöhnlichen Zustand in ein edleres Metall überführt. Dies geschieht auf folgende Weise: Man löst es auf, nimmt drei Pfund davon, von gelöstem Kupfer vier Pfund, von gelöstem Ferment ein Pfund, vereinigt diese Lösungen, kocht sie sieben Tage über gelindem Feuer in einem geschlossenen Orobus, wie man es beim Eisen gemacht hat, mit allem Wasser[249]), verstärkt dann allmählich das Feuer während weiterer sieben Tage, wie bei einer Sublimation. Noch weitere sieben Tage lang gib etwas stärkeres Feuer, so daß alles fest wird. Von dem entstandenen Pulver reduziere eine kleine Quantität. Hat der Körper einen Teil des Mercurs bei sich behalten (man erkennt dies leicht, wenn man richtig zu calcinieren versteht), so ist es gut; andernfalls behandle das Präparat weiter, bis es genügend fest und beständig wird. Dieses Produkt reduziere mit roten, reduzierenden Mitteln. Du erhältst so ein gefärbtes, umgewandeltes, beständiges Silber. Achte es wohl! Denn wenn du in unseren Büchern richtig studierst, so findest du auf Grund unserer Betrachtungen die Grundlage, auf der ein richtiger Forscher weiterbauen kann.

Kapitel 24.
Die Behandlung des Quecksilbers.

Das Quecksilber verarbeitet man auf zwei verschiedene Arten. Nach der ersten Art amalgamiert man es nach unserer unten angegebenen Vorschrift. Nach der zweiten Art destilliert man es und stellt dann eine Aqua vitae her. Die erste Methode ist folgende: Man nimmt 48 Unzen Quecksilber, eine Unze Gold, eine Unze Silber, eine Unze Kupfer und eine Unze Blei. Schmilz diese Metalle und zwar zuerst das Kupfer und Silber, dann das Gold, zuletzt das Blei. Dann nimm die Metalle, die in einem großen Tiegel sein sollen, vom Feuer weg. In einem anderen Tiegel hat man das Quecksilber gut erwärmt. Wenn nun das Metallgemisch anfängt zu erstarren, gieße das Quecksilber allmählich dazu und rühre mit einem Stab um, bringe (den Tiegel mit den Metallen) von neuem über das Feuer und rühre um, bis alles gut mit dem Quecksilber amalgamiert ist. Bringe das Produkt während sieben Tagen zur Lösung und filtriere die Flüssigkeit durch ein Tuch. Den Rückstand mache durch Erhitzen flüchtig. Dieses Produkt behandle wieder mit seinem Wasser (das man vorher abfiltriert hatte) und lasse während vierzig Tagen eintrocknen. Man erhält so den Stein, den man fixiert und der dann bis ins Unendliche vermehrbar ist.

Kapitel 25.
Das Silberferment.

Das Silberferment „ad azymum“[250]) wird durch Lösen des Silbers in seinem scharfen Lösungsmittel hergestellt. Wenn man diese Lösung auf den dritten Teil einkocht und dann einige Tage im (Wasser)-Bad oder in Mist stehen läßt, so entsteht ein Silberöl (Oleum Lunae)*). Es ist ein Ferment, das man aufbewahrt, um es bei der Veredlung in weißes Metall zu verwenden.

Kapitel 26.
Das Goldferment.

Das Goldferment wird durch Auflösen des Goldes in seinem Lösungsmittel hergestellt und in der gleichen Weise gekocht und präpariert, wie es oben beim Silberferment angegeben wurde. Es ist ein Ferment für die Veredlung in Gold (ad rubeum). Bewahre es dir auf.

Kapitel 27.
Das Ferment des Ferments.

Die Darstellung unserer Medizin, die „Ferment des Ferments über Quecksilber“ genannt wird, geschieht auf folgende Weise für die Veredlung in Silber (ad album). Nimm Silberferment, welches das Öl des Silbers ist (vgl. Kap. 25), bringe die doppelte Menge sublimierten Arsenik dazu, den man in Wasser gelöst hat, setze gelöstes Quecksilber zu, soviel wie Arsenik, vermische die Lösungen und erhitze sie einen Tag lang, dann entferne das Wasser (durch Abdestillieren) im Alembik und setze es wieder zu. Wenn man das fünfzehnmal wiederholt hat, wird das Produkt weich wie Wachs. Dann vermische das Produkt mit etwas gelbem, geschmolzenen Wachs und projiziere es auf gewaschenes Quecksilber, welches dadurch in seinen Eigenschaften und im Gewicht verbessert wird. Wenn dieses Ferment des Ferments für die Veredlung in Gold dienen soll, löst man Gold in seinem Lösungsmittel. Die Zusammensetzungen dieser Lösungsmittel und anderer Stoffe, sind in unserem Buch „De inventione perfectionis“ angegeben, ebenso auch die Art, wie man die Metalle auflöst. Wir lassen dies deshalb hier fort. Wenn das Gold aufgelöst ist, setzt man auf einen Teil von ihm zwei Teile im gleichen Lösungsmittel gelösten Schwefel und drei Teile

*) Also eine konzentrierte Silbernitrat-Lösung. Bei 20° lösen sich 215 g, bei 50° 400 g in 100 g Wasser.

gelöstes Quecksilber zu. Wenn dies alles richtig vermischt und zu einer klaren Flüssigkeit gelöst ist, koche sie einen Tag lang, damit sie fermentiert wird, entferne dann das Wasser (der Lösung, durch Eindampfen bzw. Abdestillieren), setze es wieder zu und wiederhole diese Operation fünfzehnmal. Behandle dann das Produkt mit gelbem Wachs, oder mit Öl aus Eiern, und projiziere es auf eine dir geeignet scheinende Quantität von rohem Quecksilber. Du mußt wissen: Wenn du diese Medizin vervollkommnest, — nach der Methode, die in der „Summa perfectionis" im Kapitel über die Medizin dritter Ordnung für die Koagulation des Quecksilbers angegeben ist, — so kommst du durch Wiederholung der Operation und durch ihre Verfeinerung so weit, daß ein Teil des Präparates unendlich viele Teile Quecksilber in feinstes Gold tingiert, das edler ist als jedes natürliche Gold.

Kapitel 28.
Zusammenfassung der Experimente des Autors.

Da es unsere Absicht ist, in diesem Buch alle Punkte aufzuklären, die dem Künstler vielleicht zweifelhaft erscheinen könnten, so will ich mein Buch mit allen meinen Experimenten abschließen, die ich für gut und richtig erkannt habe. Auf Grund dieser richtigen Arbeiten kann ein Neuling das Richtige oder Falsche an verschiedenen sophistischen Rezepten erkennen, damit er nicht Zeit und Geld bei der Ausführung von Fälscherangaben verschwendet. Das Kapitel besteht aus zwei Teilen. Im ersten Teil geben wir die Erfahrungen früherer Forscher, die wir selbst ausprobiert haben. Im zweiten Teil bringen wir Verbesserungen für alle diese alten Erfahrungen. — Eine gute Weißfärbung: Nimm eine Unze Realgar, dreieinhalb Unzen Quecksilbersublimat, eine Unze calcinierten Weinstein (Tartarus), verreibe und vermische diese Stoffe, bringe sie in einen Kolben mit einem Hals, der einen Fuß lang ist und der so weit ist, daß zwei Finger hineingehen. Verklebe mit Lehm und bringe den Kolben über ein Feuer. Unterhalte zuerst eine Viertelstunde lang ein schwaches Feuer, verstärke es dann unter dem Kolben und um ihn herum, bis der Ofen glüht. Nach dem Abkühlen zerbrich den Kolben, nimm alles Metallische heraus und sammle es.

Eine künstliche Weißfärbung: Über Tutia sublimiere einen Teil Quecksilbersublimat und zwei Teile sublimierten Arsenik, bis eine Einwirkung (Reaktion) erfolgt. Dieses Produkt färbt Kupfer hell und sehr schön weiß. Ein anderes Verfahren: Eine Lösung von Lithargyrum (Bleiglätte) lasse von einer Mischung aus drei Teilen Quecksilbersublimat und zwei Teilen sublimiertem Arsenik aufsaugen, bis das Gewicht auf acht erhöht wird[251]). Hierzu bringe weitere acht Teile sublimierten Arsenik, verreibe alles zusammen und schmilz mit Oleum tartari. Mit diesem Produkt kannst du präpariertes Kupfer nach Belieben (in beliebigen Mengen) weiß färben. — Noch ein Verfahren: Metallartigen (metallinum) Arsenik verreibe mit der gleichen Menge Silberkalk, tränke mit Salmiaklösung, trockne und verreibe. Dann löse sal tartari in Salpeterlösung und lasse dieses Öl von der Medizin (von obigem Produkt?) aufsaugen. Behandle das Produkt dreimal mit diesem Öl (incerando) und trockne wieder. Du wirst dann deine Freude daran haben. Ferner: Calciniertes, gewaschenes und getrocknetes Zinn, behandle so oft mit metallischem Arsenik und mit halb so viel

Quecksilbersublimat, bis es schmilzt und auf Kupfer einwirkt. Denn das Produkt färbt präpariertes Kupfer glänzend weiß. Ferner: Über calcinierte, aufgelöste und koagulierte Tutia sublimiere sublimierten weißen Arsenik, und zwar so, daß es drei Teile Arsenik sind und ein Teil Tutia. Wiederhole die Sublimation über der Tutia viermal, damit die Stoffe sich verbinden, setze halb soviel Quecksilbersublimat dazu, wie alles andere beträgt, verreibe, und behandle viermal mit einer Lösung von gleichen Teilen Salmiak, Salpeter und Weinstein. Cementiere präparierte Kupferplättchen mit diesem Präparat und schmilz sie. Es entsteht so ein sehr schönes Produkt. Oder: Verreibe calciniertes und mit Wachs oder Ölen behandeltes (inceratam) Kupfer, bringe sublimierten Arsenik und einen halben Teil Quecksilbersublimat dazu, verreibe und vermische diese Stoffe gut, setze etwas Salmiakwasser zu und vermische die Substanzen damit auf Marmor[252]). Dann trockne und sublimiere. Das Sublimierte bringe zum Rückstand zurück und behandle nochmals mit Salmiaklösung[253]). Diese Operation wiederhole dreimal. Beim viertenmal behandle mit Salpeterlösung und sublimiere alles, was sich sublimieren läßt. Wiederhole das, bis eine geschmolzene Masse auf dem Boden bleibt. Wenn man dieses Produkt auf präpariertes Kupfer bringt, gibt es ihm strahlenden Glanz. Oder: Über präpariertem Kupferkalk sublimiere sublimierten Arsenik so oft, bis ein Teil des Arseniks bei dem Kupfer, auch in starker Hitze, zurückbleibt. Dieses Präparat tränkt man mit Salpeterlösung und behandelt es dann mit Silberlösung und einer Lösung von präcipitiertem Quecksilber, zuletzt mit rektifiziertem Oleum tartari, bis das Produkt flüssig wird (quousque fluat). Es färbt Eisen wunderbar weiß.

Kapitel 29.

Spielereien mit Quecksilber. ⟨Ludi Mercuriales.⟩[254])

Ich will jetzt einige Spielereien mit Quecksilber beschreiben. Mache einen Cement aus Silberglätte (lithargyro argenteo) und Alkalisalz aus Zoza, bringe ihn fingerdick in einen Tiegel, bringe ein Amalgam aus Quecksilber und Silber darauf, bedecke es mit dem Rest des Cementes, so daß das Amalgam mitten in dem Cement ist. Trockne, verschließe den Tiegel mit Lehm und setze ihn in ein mäßiges Feuer. Dann verstärke das Feuer, so daß der Tiegel vom Abend bis Tagesanbruch gleich glüht. Nimm ihn mäßig glühend heraus und bearbeite das Produkt durch Kupellation (in cineritio affina). Es ist Silber nach Gewicht, Klang und Beständigkeit. Ein anderes Experiment: Amalgamiere Silber mit Quecksilber und setze so viel Blei dazu, als Silber verwendet wurde. Bringe die Mischung in einen hohen Tiegel, so daß drei Viertel davon leer sind, bringe Oleum sulphuris darüber und koche, bis es verbraucht ist. Dann lasse den Tiegel zwei Stunden in mäßig starkem Feuer. Es entsteht so ein schwarzer Stein mit geringer roter Färbung. Behandle diesen Stein durch Kupellation, und du wirst finden, daß das Silber an Gewicht, Klang und Beständigkeit zugenommen hat. Noch eine Vorschrift: Verreibe mit Quecksilber amalgamiertes Silber mit seinem zweifachen Gewicht von metallischem Arsenik. Bringe zehnmal soviel Kupferamalgam dazu wie Silber und Arsenik, mache beständig und reduziere zu Metall. Du wirst zufrieden sein.

Kapitel 30.
Die Gelbfärbung des Silbers.

Wir haben die Weißfärbung besprochen und behandeln jetzt die Gelbfärbung des Silbers und zwar eingehender als in der „Summa“. Löse unser Ziniar philosophicum, das aus präpariertem Kupfer gewonnen wird, im Lösungsmittel für Silber auf, bringe halb so viel durch Sublimation rot gefärbten Mercur dazu, den man vorher fixiert und aufgelöst hat. Setze dann so viel gelöstes Silber zu, wie Ziniar verwendet wurde, lasse die Mischung einen Tag fermentieren, entferne das Wasser der Lösung durch Destillation und setze es dann wieder zu. Dies wiederhole zehnmal. Schließlich koaguliere und reduziere zu Metall. Du wirst deine Freude an dem Resultat haben. Oder: Löse Ziniar auf, sowie unseren Crocus, der durch Sublimation von Quecksilber, bis zur Rotfärbung desselben, hergestellt wird, bringe die gleiche Menge Salmiak dazu und sublimiere ihn dreimal über dem Crocus. Von Crocus und Ziniar sollen es gleiche Teile sein. Bringe ebensoviel aufgelöstes Silber dazu, behandle das Produkt wie das vorhergenannte (durch Entfernen und Wiederzusetzen des Wassers) und reduziere. Ich gebe noch eine andere, leichtere Methode an: Nimm gleiche Teile gelösten Crocus und Ziniar, bringe ebensoviel aufgelöstes Gold dazu und behandle wie oben. Zuletzt koaguliere (dampfe zur Trockne ein) und setze den vierten Teil Salpeteröl dazu. Dann bringe die gleiche Menge Silber dazu (oder: bringe das Produkt auf ebensoviel Silber). Es entsteht so eine gelbe Tinktur. Noch eine sehr gute Angabe: Löse Ziniar auf und Crocus und tränke gleiche Teile Gold- und Silberkalk damit, bis sie soviel von der Lösung aufgesaugt haben, wie ihr eigenes Gewicht beträgt. Schließlich behandle mit Salmiak- und Salpeteröl und reduziere zu edlem Metall. Oder: Sublimiere Salmiak über Grünspan (a viride nostro), setze Crocus und Ziniar dazu. Wenn diese Substanzen gut vermischt sind, sublimiere zwei- bis dreimal Salmiak darüber und löse schließlich das ganze Produkt auf. Bringe den dritten Teil aufgelöstes Gold dazu, behandle wie oben (Abdestillieren und Wiederzusetzen des Wassers) und dampfe zur Trockne ein (congela). Projiziere über Gold und Silber, und zwar so, daß es zwei Teile Silber sind und ein Teil Gold ist, und es wird gut werden.

5. Testamentum Geberi*) — Geber's Testament.[255])

Über die Salze der Tiere, Fische, Vögel, Pflanzen u. dgl.

Aus allen Stoffen, auch aus Tieren (Säugetieren), Fischen und Vögeln kann man fixes Salz gewinnen, indem man sie verbrennt und in Asche überführt, auf die gleiche Art, wie man ein Salz aus Holzasche oder aus gewöhnlichem Kalk gewinnt. Wenn die betreffende Substanz von Natur aus rot ist, wie z. B. Blut, so wird auch das Salz, das man daraus gewinnt, rot (!). Die Verbrennung dieser Stoffe muß aber in einem verschlossenen Gefäß geschehen, und wenn es Blut ist, muß man es zuerst eintrocknen. Es ist nicht schlecht, wenn man in acht Teilen Blut zwei Teile gewöhnliches calciniertes Salz löst[256]). Man trocknet dann und

*) Auch „Geberis“.

verbrennt nachher in einem Glasmacherofen, Töpferofen oder Reverberationsofen, einen Tag und eine Nacht, oder mit Unterbrechung, zwei Tage ohne die Nächte. Wenn es sich um Fleisch irgendeines Tieres handelt, das man nicht trocknen kann, verbrennt man es in einem gut mit Lehm verschlossenen Gefäß, im Laufe von zwei natürlichen Tagen, ohne Zusatz von Salz. Nach der Verbrennung kocht man mit der vierfachen Menge Regenwasser auf die Hälfte ein und filtriert, bis man eine klare Flüssigkeit ohne Trübung bekommt. Man trocknet sie dann bei gelindem Feuer oder besser an der Sonne ein (congela) und erhält so ein animalisches Salz, das andere an Güte übertrifft. Löse es in der doppelten Menge Regenwasser und lasse die Lösung eine Woche lang unter warmem Mist stehen. Das Salz wird dann scharf. Lasse die Lösung dann congelieren (eintrocknen oder krystallisieren) und bringe das Salz auf Metall. Greift es das Metall an, so ist es gut, andernfalls wiederhole das Lösen und Congelieren. Seine Wirksamkeit lernst du durch Erfahrung kennen. Du sollst wissen, daß das Salz, das man durch Verbrennung eines ganzen Maulwurfs gewinnt, Quecksilber und Kupfer in Gold umwandelt, und Eisen in Silber. (!)

Die Metallsalze.

Aus den Metallen gewinnt man Salze, nachdem man die Metalle calciniert hat. Da sich die Metalle bei der Calcination im Feuer verschieden verhalten, so muß man beachten, daß einige, wie Gold, Kupfer, Blei und Eisen, rote Produkte, andere, wie Silber und Zinn, weiße Produkte geben.

Die Calcination des Goldes.

Die Calcination des Goldes geschieht in einem offenen Gefäß im Glasmacherofen, ohne Unterbrechung, im Laufe von zehn Tagen (nämlich, wenn Tag und Nacht erhitzt wird), oder in zwanzig Tagen (wenn nur am Tage erhitzt wird), oder im Reverberationsofen[257]) in drei Tagen. Dann extrahiert man sein Salz mit destilliertem Wasser durch Kochen in einem kupfernen Gefäß. Man nehme die vierfache Menge Wasser wie Kalk (calciniertes Gold). Dann congeliert man (dampft ein), und wenn man die Kalke nochmals calciniert, werden sie in drei Tagen im Reverberationsofen weiß. Man braucht sich darüber nicht zu wundern, denn jede rote Substanz wird weiß, wenn man ihr ihre Farbe nimmt. Unter der roten Färbung bleibt nämlich eine weiße Färbung verborgen, die nicht verändert wird. Weil nun das Weiß unter dem Rot ist, so sage ich, daß die Metallkalke (faeces) weiß werden, wenn man sie zehn Tage lang, ohne Zusatz von anderen Stoffen, calciniert, dann ihre Salze extrahiert und dann die Kalke nochmals calciniert. Wenn man diese Kalke dann reduziert, entsteht ein wahres Quecksilber[258]). Ich sage also: Wenn man das Salz des Goldes reduziert, nachdem der Kalk in seine weiße Form gebracht wurde (durch lange Calcination), so entsteht ein Elixir, welches Silber färbt und in Gold umwandelt und welches präpariertes Kupfer und Blei färbt.

Die Calcination des Kupfers.

Kupfer calciniert man in einem offenen Gefäß im Laufe von 35 Tagen, oder sogar zwei Monaten, in einem Glasmacherofen. Es bleibt dann seine Tinktur rot wie Blut zurück. Extrahiere daraus sein Salz, wie es beim Gold beschrieben wurde. Man erhält so ein Elixir. Du mußt wissen, daß jedes Metallsalz, das richtig hergestellt ist, Quecksilber fest macht und färbt und, infolge seiner Schärfe, seine Farbe in eine andere Farbe, seine Eigenschaften in andere Eigenschaften umwandelt.

Die Calcination des Bleis.

Blei wird im Reverberationsofen zu einem gelben Körper calciniert. Besser im geschlossenen Gefäß, oder im Glasmacherofen. In fünfzehn bzw. in fünfunddreißig Tagen[259]) wird das Produkt von schwarzen Verunreinigungen gereinigt. Lasse aber das Produkt noch weitere zwölf Tage im Ofen. Das in dem Zeitraum von zwei Monaten gereinigte Präparat hat eine gelbe, etwas rötliche Farbe. Stelle daraus ein Salz her, wie es beim Gold angegeben wurde. Mit diesem Salz kannst du Silber in bestes Gold tingieren. Mit einem Teil dieses Salzes werden fünf Teile Quecksilber veredelt, mit einem Teil des (veredelten) Quecksilbers zehn Teile Silber, und mit einem Teil davon weitere fünfzig Teile Silber. Die Rückstände behandle, wie es bei den anderen Präparaten angegeben ist. Das Salz ist sehr scharf und bindet jede flüchtige Substanz.

Die Calcination des Eisens.

Eisen wird in gefeilter Form mit Essig getränkt, bei einem guten Feuer getrocknet und dann im Reverberations- oder Glasmacherofen im Laufe von dreißig Tagen verbrannt. Stelle dann daraus ein Salz her, wie es bei den anderen Metallen angegeben ist. Das aus Eisenkalk gewonnene Salz läßt man an der Sonne congelieren, löst es dann wieder unter warmem Mist auf und läßt wieder congelieren. Wenn man einen Teil davon auf zwei Teile gut gewaschenes Quecksilber, in einer gut verschlossenen Ampulle, bringt und einen halben Tag in warmer Asche erwärmt, so verwandelt es Quecksilber in ein Pulver. Dieses Pulver wird röter, wenn man stärkere Hitze anwendet, und es verwandelt weiteres Quecksilber ebenfalls in das gleiche Pulver[260]).

Die Calcination des Silbers.

Silber wird fünf Tage in dem oben genannten Ofen calciniert, zuletzt mit Alkalisalz. Zuvor muß man es aber durch Schmelzen reinigen. Das Produkt tingiert Quecksilber in einen festen weißen Körper. Mit diesem Körper wieder behandle andere Metalle, die dadurch fest und dauerhaft weiß gefärbt werden. Die Vervielfältigung in weißes Metall gelingt hierbei besser als die in rotes Metall. Ein Teil dieses Salzes tingiert nämlich vierzig Teile Quecksilber durch Vervielfältigung, wenn man tingiertes Quecksilber auf nicht tingiertes projiziert. Bei der Veredlung in Gold (ad rubeum) verhält sich die Sache nicht so, weil bei dieser Umwandlung mehr Medizin nötig ist. Ein Teil dieses Quecksilbers (des tingierten Quecksilbers) auf zehn Teile weiß gefärbtes und weich gemachtes[261]) Kupfer gebracht, verwandelt es in Silber.

Die Calcination des Zinns.

Jupiter (Zinn) ist uns vor allen anderen Planeten günstig. Man calciniert das Zinn in einem geschlossenen Gefäß, in den genannten Glas- und Reverberationsöfen, auf die gleiche Weise, wie oben beschrieben. Ein Salz stellt man daraus mit Regenwasser oder anderem Wasser her, das man im Alembik destilliert. Dieses Salz ist besonders geeignet für die Koagulation des Quecksilbers und es ist wirksamer als das Salz des Silbers, weil es das Quecksilber bindet. Man sublimiert es mit gewöhnlichem Salz und Salpeter, und es wird rascher veredelt als Quecksilber und hat geringere Wirksamkeit, weil das Zinn in seiner Erzlagerstätte ursprünglich bei seiner Entstehung Quecksilber war. Die Rückstände, die zurückgeblieben sind (bei der Sublimation), calciniert man in einem Sublimationsgefäß und stellt daraus ein Salz her. Ebenso verfahre mit dem Blei. Die Rückstände behandle, wie oben gesagt wurde. Merke dir aber: Wenn man Blei und Zinn einen Tag lang im Reverberationsofen calciniert, wie es die Töpfer tun, so wird die Verarbeitung des Pulvers (Blei- und Zinnasche) rascher durchgeführt, sei es, daß man ein Salz herstellen will, oder das unten erwähnte Produkt. Man muß nämlich wissen, daß jedes Metall durch Calcination nicht nur in ein Salz, sondern auch in wahres Gold und wahres Silber umgewandelt werden kann. Das Blei muß man hierzu zwanzig Tage lang in den erwähnten Ofen calcinieren, wobei zu beachten ist, daß der Glasmacherofen dafür besser ist, während der Reverberationsofen geeigneter für die Herstellung des Salzes ist. Glaube nicht, daß nach zwanzig- oder zweiundzwanzigtägigem Erhitzen in solchem Feuer, wie in genannten Ofen, noch etwas von flüchtiger Substanz zurückbleiben könnte. Um ein Metall in wahres „cambar"[262]) umzuwandeln, braucht man es nicht länger im Feuer zu lassen (wie 20—22 Tage).

Über das Eisen.

Gefeiltes Eisen tränkt man zehn Tage (mit Essig) und calciniert es zwölf Tage lang, sicherer noch achtzehn oder zwanzig Tage. Man bekommt so ein Produkt, das für Veredlung zu Gold tauglich ist, und dies gelingt durch die Wirkung der Calcination und durch Behandlung mit weichmachenden Stoffen[263]).

Über das Silber.

Silber ist seiner innersten, eigentlichen Beschaffenheit nach Gold, aber es enthält in sich anscheinend eine Tinktur, die es weiß färbt, soviel man es auch erhitzt. Man müßte es vielleicht viele Tage lang calcinieren und sein Salz ausziehen. Wenn man dann die Rückstände calcinierte, so wäre es vielleicht möglich, daß sie in Gold (in rubeum) umgewandelt würden. Durch eine Tinktur, die aus anderem Metall gewonnen wurde, wird das Silber umgewandelt, also nicht durch sich selbst, sondern durch die Wirkung jener Tinktur[264]).

Über das Zinn.

Wenn man Zinn sieben Tage calciniert und das Produkt dann mit Soda (oder Salpeter?) (sal nitri) oder Alkali, sowie mit Eialbumin, Salmiak, weicher Seife und Borax reduziert, so entsteht wahres Silber, weil das Zinn selbst eigentlich Silber ist, das zu kurze Zeit erhitzt worden ist[265]). Man kann es deshalb ohne Anwendung einer anderen Medizin, nur durch Anwendung von Feuer, in wahres Silber umwandeln. Merke dir dabei, daß man seinen Kalk (Zinnoxyd), den man in Gold umwandeln will, mit Eidotter, oder mit Öl, das man daraus gewonnen hat, und mit rohem Weinstein, reduzieren soll. Der Weinstein ist nämlich bei Reduktionen und beim

Schmelzen von Metallen sehr nützlich.*) Alaun und weißen Weinstein wendet man bei Reduktionen zu weißen Metallen an. Merke dir ferner, daß jede vollkommene Medizin folgende fünf gute Eigenschaften haben soll, nämlich: daß sie durch und durch (in die zu veredelnden Metalle) eindringt, daß sie weich macht, färbt, richtig beständig macht und reinigt. Diese guten Eigenschaften hat der Mercur, der mit dem Salz auliar beständig gemacht ist. Ebenso verhalten sich auch alle Salze, sowohl die aus Tieren, als auch die aus Metallen gewonnenen, besonders wenn sie mit Mercur verbunden sind. Es wurde schon gesagt, daß aus jedem Metall, wenn man es gut calciniert hat, ein Salz hergestellt werden kann, ebenso wie aus Asche, Steinen und Kalk, daß mit solchem Salz der Mercur vollständig tingiert wird, und daß dieser Mercur es ist, der alle Körper umwandelt, wie er auch selbst umgewandelt wird. Das ist das größte Geheimnis. Es ist also klar, daß die Calcination der Metalle der kürzeste Weg zur Veredlung ist. Über das Zinn ist noch zu bemerken, daß es Mängel in sich zeigt, nicht durch schlechte Wirkung von Schwefelsubstanz, sondern weil es nichtfixe Feuchtigkeit enthält, die es vom Mercur, seinem Vater, übernommen hat. Es braucht deshalb bei seiner Calcination, die man zum Zweck der Veredlung vornimmt, mäßiges Feuer, da es sonst zu stark angegriffen wird. Durch mäßige Kochung wird die Feuchtigkeit[266]) eingedickt. Man macht deshalb diese Kochung über einem Feuer aus klein gespaltenem Holz[267]).

Über das Blei.

Das Gleiche sage ich vom Blei, wenn man es in Silber umwandeln will. Anders verhält es sich, wenn man es in Gold überführen will. Das gelingt nur durch stärkstes Feuer. Dann wird das Blei rot und umgewandelt.

Über das Eisen.

Das Eisen ist von allen Metallen das beste, weil es beständige Substanz enthält. Es verursacht aber langwierige Arbeit (bei der Umwandlung), weil es sehr viel Trockenheit enthält[268]). Wenn man es weiß und weich wie Silber machen könnte, würde es sich bei jeder Probe fest und beständig zeigen, auch bei der Kupellation. Arbeite also nach dieser Richtung hin. Schmilz gefeiltes Eisen mit Arsenik, Euforbium[269]) und calciniertem Weinstein zusammen, sowie mit Alkalisalz, das aus Tabia-Alaun[270]) hergestellt ist, der an vielen Orten Katzen-Alaun genannt wird. Schmilz die Mischung rasch und lösche in Oleum tartari ab. Wenn man das Eisen, ohne Hilfe einer anderen Substanz, leicht schmilzt, so hast du das Gewünschte[271]).

Über den Kalk des Bleis, Kupfers und Eisens.

Über die Kalke von Blei, Kupfer und Eisen ist zu bemerken, daß man sie nur so viel calcinieren soll, daß sie weder in Metall reduziert, noch in ihrer Farbe verändert werden können. Die Kalke sollen sehr scharf sein. Ihre Salze löse mehrmals unter warmem Mist auf und koaguliere an der Sonne, bis das Produkt ölartig wird[272]). Es macht dann Quecksilber fest; und mit diesem (fest gemachten „fixierten") Quecksilber wieder weiteres Quecksilber und so fort ad infinitum.

*) Bezw. daraus durch Glühen, auch mit Salpeter, entstandenes Kalium-Karbonat, „schwarzer, grauer, weißer, roter Fluß". S. z. B. Kerl-Krug, Probierbuch, Leipzig 1908.

Über die Metallsalze.

Merke dir, wenn man Metallsalze durch Sublimation und durch Anwendung von Salmiak mit Quecksilber vereinigt, das Produkt dann unter Mist löst, es an der Sonne fest werden läßt, und das Lösen und Festwerdenlassen dreimal oder öfters wiederholt, so kann man mit diesem Produkt Quecksilber fest machen und diesen Vorgang in infinitum wiederholen.

Weiteres über die Metallsalze.

Metallsalze extrahiert man mit destilliertem Wasser oder mit aqua vitae durch Kochen[273]). Dann läßt man an der Sonne fest werden, löst in (der Wärme von) Mist wieder in Wasser, filtriert durch Wolle und läßt wieder festwerden. Ein Teil von diesem Produkt tingiert hundert Teile Silber oder Blei vollständig. Ebenso fixiert ein Teil davon fünf Teile rohes Quecksilber und ein Teil davon (von dem fixierten Quecksilber?) tingiert (weitere?) hundert Teile. Manche sagen, daß man die aus Metallen gewonnenen Salze calcinieren müsse. Merke dir, daß es besser ist, die Salze aus den calcinierten Metallen mit destilliertem Urin zu extrahieren, den man zuvor gekocht und abgeschäumt hat, oder mit Weingeist (aqua vitae) aus weißem Wein für weiße Kalke, oder mit destilliertem Essig für rote Kalke. Dann verbinde das Salz mit Quecksilber, das mit Salmiak sublimiert ist. Merke dir ferner, daß deine Hauptarbeit bei den Metallsalzen und Kalken die sein muß, sie einwirkungsfähig zu machen (auf Metalle für deren Veredlung). Merke dir ferner: Blei wird mit einer Flüssigkeit gereinigt, die aus einem Teil Quecksilber und einem Teil Arsenik hergestellt ist. Jede dieser Substanzen soll aber zuerst für sich sublimiert werden und dann mit Salmiak zusammen, von dem man die zweifache Menge nimmt. Zuletzt löst man die Stoffe und behandelt wiederholt mit Alaunlösung. Ebenso werden Zinn und andere Metalle mit der gleichen Flüssigkeit gereinigt, jedoch ohne Zusatz von Arsenik.

Merke dir vom Mercur des Zinns und seiner Sublimation, daß er mit Salpeter sublimiert wird. Versuche, das Zinn auf folgende Weise zu sublimieren: Nimm von ihm drei Unzen und amalgamiere sie mit drei Unzen Quecksilber, einer Unze Salmiak und drei Unzen Kalk von Eierschalen oder Gips und sublimiere zusammen. Was nach der Sublimation auf dem Boden des Gefäßes zurückbleibt, reduziert man zu Metall und setzt, wenn man will, Silber dazu. Merke dir ferner, daß gelöstes, filtriertes und an der Sonne congeliertes Metallsalz Quecksilber im Tiegel zum Erstarren bringt. Ferner bewirkt das Metallsalz, daß sich Quecksilber in der Wärme in Wasser löst. Und wenn man diese Lösung congelieren läßt, entsteht eine vollkommene Medizin.

ZWEITER TEIL

Anmerkungen.

[1]) Nach Cantor, Vorlesungen über Geschichte der Mathematik Bd. I, S. 947, lebte Abu Muhammed Dschabir ibn Aflah — so ist dort die Schreibweise — im 11. Jahrhundert. Sein Hauptwerk, eine Astronomie in neun Büchern, wurde im 12. Jahrhundert durch Gerhard von Cremona ins Lateinische übersetzt. Übrigens hat man früher bisweilen das Wort „Algebra" — ohne Berechtigung — von diesem „Geber" abgeleitet.

[2]) Wenn man den ganzen Satz liest, wie er hier von mir zitiert wird, und nicht einen Teil davon aus dem Zusammenhange reißt, kann man kaum (wie L. Olschki, Geschichte der neusprachlichen wissenschaftl. Literatur, Bd. 1, S. 9, Anm.) Bacons Auffassung unterschätzen.

[3]) Von den Enzyklopädisten des 13. Jahrhunderts ist Bartholomaeus Anglicus vielleicht am wenigsten bekannt. Sein kompilatorisches Werk „De proprietatibus rerum", das er etwa 1240 beendigte, wurde oft und in verschiedenen Sprachen gedruckt. Daß Bartholomaeus Anglicus nicht, wie man früher glaubte, mit Bartholomaeus de Glanvilla identisch ist (der im 14. Jahrhundert lebte), zeigte H. Felder, Geschichte der wissenschaftl. Studien im Franziskanerorden, Freiburg, 1904). Ähnlich wie Vincentius Bellovacensis, zitiert Bartholomaeus viele griechische, römische und mittelalterliche, auch arabische Autoren, beschäftigt sich aber, im Gegensatze zu Vincentius, der u. a. auch ein „Speculum Historiale" geschrieben hat, in der Hauptsache mit philosophischen, medizinischen und naturwissenschaftlichen Dingen. Eigene Forschungen kommen auch bei Bartholomaeus Anglicus kaum in Frage. Ausgaben seines Buches „De proprietatibus rerum" z. B. Cöln 1480, Nürnberg 1483, Straßburg 1485, Nürnberg 1519, Venedig 1571, Paris 1573, Frankfurt 1601 und andere.

[4]) Albertus sagt in seiner Schrift „De Mineralibus" lib. III, Tract. I, Cap. 1 (Opera, Lugdun. 1651 Tom. II, pag. 244) „Dicam igitur rationabiliter aut ea quae a Philosophis sunt tradita, aut ea quae expertus sum. Exul enim aliquando factus fui, longe vadens ad loca metallica, ut experiri possem naturas metallorum. Hac etiam de causa quaesivi in alchemicis transmutationes metallorum, ut ex his innotesceret aliquatenus eorum natura et accidentia eorum propria. Est autem optimum genus huius inquisitionis et certissimum: quia tunc per causam unius cuiusque rei propriam res cognoscitur, et de accidentibus eius minime dubitatur." Man sieht also, daß auch Albertus Magnus die Erfahrung schätzte. Es ist aber zu bedenken, daß er, schon aus äußeren Gründen, sich kaum mit eigenen, eigentlichen Forschungen und praktischen, etwa chemischen, bzw. alchemistischen Versuchen abgegeben haben wird. Hierzu ließen ihm schon seine Wirksamkeit im Dienste der Kirche und seine schriftstellerische Tätigkeit kaum Zeit. Man kann sich aber vorstellen, daß er, z. B. auf seinen vielen Reisen, die Welt mit offenen Augen gesehen und sich über viele Dinge orientiert hat. So wird er auch Bergwerke, Werkstätten und alchemistische Laboratorien besucht und sich, etwa wie Plinius, über viele Dinge bei Fachleuten erkundigt haben.

[5]) Außer den gelehrten, zusammenfassenden, in gewissem Sinne abschließenden Werken, z. B. des Albertus Magnus, Vincenz von Beauvais, Bartholomaeus Anglicus

und anderen, wurden auch verschiedene, mehr populäre, zusammenfassende Bücher geschrieben, wie z. B. der Trésor des Brunetto Latini, der 1260 in französischer Sprache geschrieben wurde, und die „Composizione del mondo" des Ristoro d'Arezzo, die Jahrhunderte lang geschätzt und überschätzt wurden. Auch Konrad von Megenbergs „Buch der Natur" kann hier genannt werden (s. darüber z. B. Olschki, Geschichte der neusprachl. wissenschaftl. Literatur, Heidelberg 1918).

[6]) Einige Bemerkungen bei Vincentius Bellovacensis, der 1265 starb, seien hier immerhin erwähnt. Speculum naturale, Nürnberg, Koberger 1485, Liber octavus, Cap. 87 (in der Ausgabe Venedig 1591, Liber septimus, pag. 82) De artificibus et materia huius artis (Alchemie) erwähnt Vincentius unter den Meistern „huius artis" in origineller Zusammenstellung, zwischen „Adam, Noe, Moses, Kato, Virgil, Aristoteles, Alexander, Razi" und anderen auch „Geb", wobei zu bemerken ist, daß die Abkürzung „Geb" für Geber sich auch sonst findet, z. B. im Münchner Geber-Manuskript: „Incipit liber Geb." Ein Wort „Jahie" nach „Geb" bei Vincentius soll vielleicht Jabir bedeuten. Etwas vorher, Cap. 82, wird neben Avicenna und „Abimazer alpharabi" auch „Geber" in der Schreibweise „Jeber" erwähnt: „Dicit quoque Jeber." Aus dem Zusammenhang, z. B. der Erwähnung von Haaren, Blut u. dgl. bei der Herstellung des „Elixirs", ergibt sich aber, daß hier nicht unser Geber, sondern ein älterer, arabischer „Jeber" („Jabir"), vielleicht Dschabir ibn Hajjan, gemeint ist. Für unsere Untersuchungen ist das Zitat des Vincentius von zweifelhaftem Wert.

[7]) Hartmann Schedel, geb. zu Nürnberg 1440, studierte in Leipzig und Padua, wurde Arzt, starb 1514. Schedel hatte vielseitige Kenntnisse, beschäftigte sich auch u. a. mit astrologischen Studien. Er sammelte und kopierte Manuskripte und legte mit der Zeit eine große Bibliothek an, die im Jahre 1552 von dem Kaiserl. Rat Hans Jakob Fugger angekauft wurde. Diese Bibliothek sowie die des Orientalisten und österreichischen Kanzlers Johann Albrecht Widmanstetter wurde von dem Herzog Albrecht V. von Bayern (1550—1579) angekauft und bildet einen Grundstock der Münchner Staatsbibliothek. Hartmann Schedel ist der Verfasser der berühmten Weltchronik (Libri chronicarum, Nürnberg bei Koberger 1493; im gleichen Jahre in deutscher Übertragung von Georg Alt; vgl. „Die Schedelsche Bibliothek . . . etc." v. R. Stauber, fortgesetzt v. Dr. Hartig, Freiburg, 1908) und des Inschriftenwerkes: Liber antiquitatum cum epigrammatibus, das er in den Jahren 1502—1504 schrieb (rodex Monacensis latinus 716).

[8]) Der Titel des Hauptwerkes Gebers, wie er, etwa vom 16. Jahrhundert an, gebraucht wurde, ist: „Summa perfectionis" oder „Summa perfectionis magisterii", auch „Summa perfectionis, sive perfecti magisterii" (Nürnberg 1541), auf Grund von Stellen aus dem Werke selbst; z. B. 38. Kap. „. . . Principia sc. huius magisterii, et perfectio eiusdem." In Handschriften finden sich verschiedene Bezeichnungen, meist nur kurze Anfänge, wie: „incipit liber Geber". Ebenso bei der Inkunabel Hain 7505. Das Wort „Magisterium" ist, nach Fritz Hommel, vielleicht von dem persischen „Magusch" = Magier abzuleiten. Bei Geber ist es eine Bezeichnung für die geheimnisvolle, hohe Kunst der Metallveredlung, in höherem Sinne, wie etwa „ars" oder „artificium", und für den Vorgang der Metallveredlung bzw. -umwandlung. Der Titel könnte auch etwa „Die Erlangung der hohen Kunst" oder ähnlich übersetzt werden. Bisweilen wird auch die umwandelnde Substanz „Magisterium" genannt. Bei Paracelsus ist „Magisterium" manchmal eine Bezeichnung für „Medizinischer Lehrsatz" u. dgl. Sonst versteht er darunter (z. B. „Archidoxa") künstlich präparierte, mit besonderen Kräften begabte Extrakte, Arcana usw. ähnlich den „Medizinen" Gebers. Durch solche „Magisterien" wurden aus anderen Substanzen, z. B. Metallen, wieder neue „Magisterien" erzeugt. Im Laufe der Zeit wurden dann die verschiedensten Präparate, denen man besondere Wirkungen, z. B. Heilkraft, zuschrieb, als „Magisterien" bezeichnet; z. B. solche aus Wässern, Mineralien, Edelsteinen, Pflanzen und Tieren. Auch solche in flüssiger Form, zu denen auch das „Aurum potabile" gehört. Im 18. Jahrhundert wurde der Ausdruck „Magisterium" ähnlich wie „Praecipitat" gebraucht. Vgl. z. B. Caspar Neumann, Chymia medica 1749. Bis in unsere Zeit haben sich einige dieser alten Bezeichnungen erhalten. Ich nenne das „Magisterium Bismuti" = Bismutum subnitricum, und „Magisterium Jalapae"

= Resina Jalapae. Vgl. Deutsches Arzneibuch. Von alter Literatur besonders Libavius.

[9]) Im lateinischen Text: Hic redigimus in summam unam. Die Bezeichnung „Summa" war im Mittelalter sehr gebräuchlich und beliebt, und zwar für eine Zusammenfassung und Bearbeitung irgendeines Wissensgebietes. Schon im 12. Jahrhundert nannte z. B. Honorius Augustodunensis gegen 1150 seine Weltchronik „Summa totius". Robert von Melun sagt: „Quid enim summa est? Non nisi singulorum brevis comprehensio?" (Grabmann, Gesch. der scholast. Methode, Freiburg 1911). Ähnliches wie der Ausdruck „Summa" besagt die ältere Bezeichnung „Sententia". Von etwa 1200 ab wird dagegen die Bezeichnung „Summa" allgemein gebräuchlich. Es sei noch z. B. an die „Summa Theologiae" des Thomas von Aquino erinnert. Der lateinische Text des Kap. 1 beginnt in der Ausgabe Nürnberg 1541 (und 1545) mit den Worten: „Totam nostram περὶ χημείας scientiam ..." Der Zusatz „περὶ χημείας" findet sich, soweit ich sehe, nur dort.

[10]) Der lateinische Text „principia naturalia" wurde mit „Urstoffe" wiedergegeben. Geber versteht unter „principia naturalia" im weiteren Sinne wohl die theoretischen Voraussetzungen seiner Lehre von der Metallumwandlung, und im engeren Sinne die Elemente im philosophischen, besonders Aristotelischen Sinne. „Principia naturalia", „ἀρχαί" sind die ersten Anfänge und Gründe der Dinge, Urstoff sowohl, als vielleicht auch Urkraft.

„Principia naturalia" können für Geber auch Grundstoffe im alchemistischen Sinne sein. Da diese Dinge für die Beurteilung der Alchemie, und der Geberschen Ansichten im besonderen, von großer Bedeutung sind, versuchen wir im folgenden ein Bild von den wichtigsten Zusammenhängen zu geben, und zwar besonders an Hand der Schriften des Aristoteles, ohne auf die Lehren der älteren griechischen Philosophen einzugehen.

Die Ansichten des Aristoteles über die Materie stehen in engstem Zusammenhang mit seinen Anschauungen über den Bau des Weltgebäudes. Die Bestandteile des Weltalls sind durch die Bewegung bestimmt. Alle in der Natur vorkommenden Körper und Größen sind örtlich bewegbar. Die Bewegung ist ihnen als Ur-Eigentümlichkeit (ἀρχή, principium) gegeben. Jede örtliche Bewegung ist aber geradlinig oder kreisförmig, oder aus diesen gemischt. Geradlinig ist eine Bewegung nach oben, vom Mittelpunkt weg, oder nach unten, zum Mittelpunkt hin. Da die Körper teils einfach, teils aus diesen einfachen Körpern zusammengesetzt sind (einfache sind z. B. Feuer und Erde), müssen auch die Bewegungen teils einfach, teils gemischt sein.

Wenn es eine einfache Bewegung gibt und wenn die kreisförmige Bewegung eine einfache Bewegung ist, so muß es einen einfachen Körper geben, der, seiner eigenen Natur nach, kreisförmig bewegt wird. Dieser einfache Körper kann keine andere Bewegung als die kreisförmige haben, sonst wäre er Feuer oder Luft, bzw. Wasser oder Erde, deren Bewegung nach oben bzw. nach unten geht. Der einfachste Körper hat also kreisförmige Bewegung, die auch einem ursprünglicheren Körper, als Feuer, Luft, Wasser und Erde sind, zukommt. Denn der Kreis gehört zu den vollkommenen Dingen.

Dieser einfachste Körper hat weder Leichtigkeit noch Schwere, denn, da er bei seiner kreisförmigen Bewegung weder nach oben noch nach unten gehen kann, so kann er nicht leicht oder schwer sein. Der einfachste Körper ist unentstanden und unvergänglich und auch qualitativ unveränderlich. Alle Menschen haben eine Vorstellung von göttlichen Wesen und teilen dem göttlichen Wesen den obersten Ort zu. Deshalb haben schon die Alten diesen obersten Ort, weil eben der erste Körper etwas anderes ist, wie Erde, Feuer, Luft und Wasser, Äther genannt, weil er immer in Bewegung ist. αἰθέρα προσωνόμασαν τὸν ἀνωτάτω τόπον, ἀπὸ τοῦ θεῖν ἀεὶ (immer laufen), τὸν ἀΐδιον χρόνον θέμενοι τὴν ἐπωνυμίαν αὐτῷ. (Himmelsgebäude, I 1. bis 4. Kap.). Hier wird also der „einfachste Körper" τὸ πρῶτον σῶμα der Äther, gewissermaßen mit dem (obersten) Ort, an dem er sich befindet (und zwar in Bewegung), identifiziert. Der Schlußsatz des 3. Kapitels lautet: „Anaxagoras aber gebraucht dieses Wort nicht richtig; er gebraucht das Wort Äther wie Feuer" (ὀνομάζει γὰρ αἰθέρα ἀντὶ πυρός). Wie man sieht, legt Aristoteles besonderen Wert darauf, daß Äther und Feuer nicht identifiziert werden. Wenn E. v. Lippmann, Abhandlungen und Vorträge. Chemisches und Alchem. aus Aristoteles, pag. 87, schreibt, daß Aristoteles an einer Stelle „mit dem Feuer auch den Äther identifiziert" und die Stelle Physik IV 5. anführt, so ist zu bemerken, daß dort nicht von „Feuer", sondern von „Luft" die Rede ist. Es würde zu weit führen, hier näher darauf einzugehen. Immerhin ist es richtig, daß Aristoteles an der angegebenen Stelle (Physik IV 5) die räumliche Trennung zwischen Äther und Luft — um diese handelt es sich dort, wie gesagt — weniger scharf auffaßt. Es sei hier noch bemerkt, daß in späterer Zeit aus der Theorie von dem Äther als gewissermaßen fünftem und höchstem Element der Begriff Quinta Essentia entstanden ist. Aristoteles zieht aus den erwähnten Punkten auch den Schluß, daß eine größere Zahl von einfachen Körpern nicht möglich sei. Die einfachen Körper müssen auch eine einfache Bewegung haben. Aber nur die kreisförmige und die geradlinige Bewegung — vom Mittelpunkt fort, und zum Mittelpunkt hin — sind einfach (Himmelsgebäude I 4.). Ebensowenig kann es, nach Aristoteles, nur ein Element (*στοιχεῖον*, lat. elementum) geben, u. a. auch deshalb, weil es — nach obiger Darstellung — sonst nur eine Bewegung geben könnte.

Über den Begriff des Elementes selbst sagt Aristoteles, daß ein Element ein Körper ist, der in den anderen Körpern enthalten ist, und in den diese Körper zerlegt werden können, der aber selbst nicht in andere, der Art nach verschiedene Körper zerlegt werden kann. Es gibt also eine beschränkte Zahl von Elementen.

Die Elemente der Körper haben eine Entstehung und ein Vergehen. Aus etwas Körperlosem kann nichts entstehen, und aus einem Körper können die Elemente nicht entstehen, da es ja dann einen anderen, ursprünglicheren Körper als die Elemente geben müßte. Die Elemente müssen also wechselseitig auseinander entstehen (Himmelsgeb. III 6/7. Met. I. 3.). Der Unterschied der Elemente ist nicht durch ihre Formen bedingt, sondern durch ihre Zustände und Kräfte (*ἐπεὶ δὲ κυριώταται διαφοραὶ σωμάτων αἵ τε κατὰ τὰ πάθη καὶ τὰ ἔργα καὶ τὰς δυνάμεις . . .*) (Himmelsgeb. III 8.) Bei Aristoteles findet sich außerdem noch die Idee eines gemeinsamen Substrates der Elemente. Es ist dies die *πρώτη ὕλη*, die erste Materie, die aber nur als das Mögliche, aber nicht als für sich selbst existierend, gedacht ist. Man kann etwa sagen: Die *πρώτη ὕλη* ist die Möglichkeit, die Voraussetzung der Form, der Wirklichkeit (s. darüber Deussen, Allgem. Gesch. d. Philosophie, Bd. II, 1. Abtlg., S. 344ff.). Bisweilen faßt aber Aristoteles die *πρώτη ὕλη* doch auch mehr körperlich auf und als Urstoff der Elemente. Mit dem oben erwähnten Begriffe der Bewegung und den eben genannten Zuständen und Kräften hängen eng die Begriffe des Leichten und Schweren zusammen. Hierbei ist absolut Leicht und Schwer, sowie relativ Leicht und Schwer zu unterscheiden. Aus diesem Begriffe des absolut Leichten und Schweren, sowie des relativ Leichten und Schweren ergibt sich nach Aristoteles, daß es auch 4 Elemente geben muß, die wechselseitig auseinander entstehen, und von denen Luft und Wasser sowohl Leichtigkeit und Schwere (je nach dem Medium, in dem sie bewegt werden), Feuer nur Leichtigkeit, und Erde nur Schwere haben.

Außer den Gegensätzen von Leicht und Schwer kommen noch diejenigen von Warm und Kalt, Trocken und Flüssig, in Betracht, sowie ihre Kombination, nämlich Warm — Trocken, Warm — Flüssig, Kalt — Trocken, Kalt — Flüssig. Und zwar sind: Feuer = Warm und Trocken, Luft = Warm und Flüssig (gleichsam ein Dampf), Wasser = Kalt und Flüssig, Erde = Kalt und Trocken (Entstehen und Vergehen II 3).

An anderen Stellen führt Aristoteles diese Anschauungen weiter und spricht von der Entstehung und der Natur der Mineralien und Metalle. Erstere, wie z. B. Sandarach, Ocker, Mennige, Schwefel, entstehen aus trockenen Exhalationen in der Erde, die Metalle dagegen aus dampfartigen (feuchten) Dünsten (Meteor. III 7). Aristoteles führt dann weiter aus, wie sich die Körper durch Einwirkung von Wärme und Kälte aus Trockenem (Erde) und Feuchtem (Wasser) bilden, und zwar durch Verdichtung (Meteorol. IV). Weiter folgt daraus, daß die Eigenschaften der Körper, wie Härte, Weichheit, Schmelzbarkeit, durch ihren Gehalt an Feuchtem und Trockenem bestimmt werden (Meteorol. IV Kap. 9).

In Meteorol. IV Kap. 10 führt Aristoteles dies näher aus: Die homogenen Körper, die Metalle, und auch gewisse Teile von Tieren und Pflanzen bestehen aus Trockenem und Feuchtem, d. h. Erde und Wasser, deren Mengenverhältnisse wechseln. Daraus ergeben sich die Eigenschaften dieser Stoffe, z. B. die Schmelzbarkeit. Z. B. Gold, Silber, Kupfer, Blei, Zinn, Glas und viele namenlose Steine enthalten hauptsächlich Feuchtigkeit, denn sie schmelzen in der Wärme. *χρυσὸς μὲν δὴ καὶ ἄργυρος . . . ὕδατος, πάντα γὰρ ταῦτα τήκεται θερμῷ* (Meteor. IV 10).

Das Eisen dagegen und viele tierische und pflanzliche Stoffe, z. B. Holz, Haare, enthalten mehr Trockenes (Erde). *σίδηρος δὲ καὶ κέρας καὶ ὄνυξ . . . γῆς μᾶλλον.*

Aristoteles spricht auch von Quecksilber. Es gehört zu den Stoffen, die nicht fest sind, weil es Wasser enthält, aber auch viel Luft. Auch das Öl zählt Aristoteles zu diesen Stoffen. *καὶ ὅσα ὕδατος μὲν ἔχει, ἔστι δὲ πλεῖον ἀέρος, ὥσπερ τὸ ἔλαιον καὶ ἄργυρος χυτός . . .* (Meteor. IV Kap. 8).

Im übrigen sind nach Aristoteles gerade solche Körper *ἄπηκτα*, nicht kompakt, die keine wässerige Feuchtigkeit enthalten, aber viel Wärme und Erde. *ἄπηκτα δὲ ὅσα μὴ ἔχει ὑγρότητα ὑδατώδη, μηδ' ὕδατός ἐστιν, ἀλλὰ πλεῖον θερμοῦ καὶ γῆς, οἷον μέλι καὶ γλεῦκος.*

E. v. Lippmann nimmt Abhandl. II, S. 109 u. 149 das Gegenteil an. Man sollte ja allerdings glauben, daß ein Körper, der viel „Wasser" enthält, nach den Anschauungen des Aristoteles flüssig sein müsse. Wahrscheinlich ist aber der Gehalt an „Wärme" bzw. „Kälte" mehr ausschlaggebend. Wasser selbst wird ja auch fest, d. h. zu Eis, obwohl es doch gewiß als der Inbegriff des „Feuchten" gelten muß.

Die Anschauungen der griechischen Philosophen, besonders des Aristoteles, über die Natur der Materie, über die Zusammensetzung der Körper, bilden nun den Ausgangspunkt für die Theorien der Alchemisten.

Wenn die Alchemisten sagen, die Körper bestehen aus Quecksilber und Schwefel, so kann man dies als eine Zusammenfassung der Lehren der griechischen Philosophen, besonders des Aristoteles, auffassen. Als Typen der Paare Wasser und Erde und Luft und Feuer wurden offenbar Quecksilber bzw. Schwefel angenommen, wie auch E. v. Lippmann, Abhandl. II, S. 148, glaubt. Aber hierzu kommen noch die mit Wasser, Erde, Luft und Feuer verbundenen Eigenschaften Kälte und Wärme (s. z. B. Arist. Meteor. IV, 11, 7).

Ein dem echten Ibn Sina (Avicenna) zugeschriebener Traktat, der in Artis auriferae, quam chemiam vocant, Basel, 1593 (spätere Ausgabe 1610) lateinisch abgedruckt ist, beginnt z. B.: „Argentum vivum est frigidum et humidum et Deus ex eo vel cum eo creavit omnia minera."

Andererseits sagt z. B. Rhazes (nach Ibn Baithar — Sontheimer, II. Band, S. 345): „Der Schwefel ist heiß und wird von trockenen, rauchigen Dünsten erzeugt . . ."

Man bemerkt hier die Anklänge an Lehren des Aristoteles und man kann sich vorstellen, wie die Lehre von Quecksilber und Schwefel, als Grundstoffe der Körper, allmählich aus den alten griechischen Anschauungen sich entwickelt hat.

Wenn nun auch schon Pibechios im 4. Jahrhundert sagt, daß alle Körper Quecksilber enthalten (s. E. v. Lippmann, l. c.), so ist doch von Aristoteles zu den griechischen und späteren Alchemisten ein weiter Weg, dessen Einzelheiten uns noch nicht genügend bekannt sind. Über den philosophischen (nicht chemischen) Ursprung der Lehre von Schwefel und Quecksilber als Grundstoffen aller Dinge, die schon den alexandrinischen Alchemisten geläufig war, vgl. Lippmann „Alchemie".

Da Geber auch von den Grundstoffen lebender Wesen spricht, so sei hier noch folgendes darüber mitgeteilt. Aristoteles (Teile der Tiere II. Buch 1) spricht von drei Arten von Zusammensetzungen der Tiere. Nämlich die Zusammensetzung aus den Elementen Erde, Luft, Wasser, Feuer, dann die Zusammensetzung der Körperbestandteile, z. B. der Knochen, des Fleisches, und schließlich der Körperteile, z. B. der Hände etc. — Man könnte also etwa von einer physiologisch-chemischen, von einer histologischen und einer anatomischen Betrachtungsweise sprechen. Was die Ausdrücke betrifft, die Aristoteles anwendet, so ist zunächst das Wort *στοιχεῖον*, für ersten Bestandteil, Grundstoff, zu nennen. Aristoteles gebraucht *στοιχεῖον* in dem Sinne, in welchem Empedokles von *ῥίζωμα*, Wurzel, spricht: *ῥιζώματα πάν-*

των τέσσαρα, die vier Grundstoffe. In den lateinischen Aristoteles-Übersetzungen wird für στοιχεῖον, Grundstoff, der Ausdruck „Elementum" gesetzt, der sich in diesem Sinne auch bei Geber findet. Geber gebraucht auch noch den Ausdruck „Principium", der dem griechischen Wort ἀρχή, Anfang, entspricht. Aristoteles gebraucht die Bezeichnungen ἀρχή und στοιχεῖον, z. B. Entstehen und Vergehen II 1, und sieht, wie aus Entstehen und Vergehen II 1 und II 2 hervorgeht, die sinnlich wahrnehmbaren Körper und insbesondere die tastbaren, z. B. die Gegensatzpaare, Warmes, Kaltes, Trockenes und Feuchtes, als ἀρχαί (principia) an. φανερὸν ὅτι οὐ πᾶσαι αἱ ἐναντιώσεις σώματος εἴδη καὶ ἀρχὰς ποιοῦσιν, ἀλλὰ μόνον αἱ κατὰ τὴν ἀφήν (Tastsinn.) Bei Geber wird zwischen Principium und Elementum offenbar kein Unterschied gemacht.

Noch einige Worte über die Verbreitung der Aristotelischen Lehren: Im Altertum wurden die Schriften des Aristoteles verbreitet, studiert und erklärt. Etwa 250 Jahre nach dem Tode des Aristoteles machte sich Andronikos von Rhodos durch Sammlung und Erklärung der Aristotelischen Schriften verdient. Griechische und byzantinische Kommentare sind in der großen Ausgabe der Berliner Akademie gesammelt (Commentaria in Aristotelem etc., Berlin 1882 ff. in 23 Bänden).

Von arabischen Übersetzern und Kommentatoren des Aristoteles will ich nur folgende nennen: Abu Zeid Honein Ben Ishak, geb. 194 (809 n. Chr.) (s. S. Wüstenfeld, S. 26). Übersetzte außer anderen griechischen Autoren auch die Schriften des Aristoteles, und zwar ins Syrische. Sein Sohn fertigte danach arabische Übersetzungen an. Ferner: Abu Baschr Ben Innan, gest. 941 n. Chr. und Abu Nasr Muhammed, Ben Muhammed Ben Tarchan Ben Auzelag el-Farabi, kurz El-Farabi genannt, gest. 950 zu Damaskus. Näheres bei Wüstenfeld, arabische Ärzte. Schließlich muß Abu Ali el-Hosein Ben Abdallah Ibn Sina — Avicenna — genannt werden, gest. 1037, der u. a. Kommentare zu Aristoteles schrieb.

Im mittelalterlichen Okzident wurden die Schriften des Aristoteles besonders durch Übersetzungen nach arabischen Texten, dann auch aus dem Griechischen, verbreitet (s. darüber M. Grabmann, Forschungen über lateinische Aristotelesübersetzungen des 13. Jahrhunderts, Münster 1916). So wurde z. B. die Aristotelische Schrift über die Teile der Tiere, wahrscheinlich nach einem arabischen Texte von Michael Scottus übersetzt und um 1230 fertiggestellt. Albertus Magnus benutzte diese Übersetzung in seiner Schrift „De animalibus libri XXVI" (s. darüber H. Stadler in seiner Ausgabe dieser Schrift des Albertus Magnus, Münster 1916).

11) „Künstler" artifices. Geber gebraucht meistens diesen Ausdruck für den praktisch arbeitenden Forscher, etwa im Gegensatze zum reinen Theoretiker. — Der Satz „Wer aber die Urprinzipien, den Ursprung .... kennt", bis „findet" und der nächste Satz „Die Kunst kann ..." bis „möglich ist", ist im lateinischen Texte teilweise recht unklar. In der Münchener Handschrift sieht man an dieser Stelle Verbesserungsversuche schon von alter Hand. Unsere Wiedergabe dürfte dem Sinne nahekommen.

Der lateinische Text lautet in der Münchener Handschrift und in den Drucken, besonders dem Nürnberger 1541/45, fast ganz gleich: „Qui vero sciverit omnium principia, et causas mineralium, et generationis modum, qui ex intentione naturae consistit, parum quidem aufertur ab eo de operis complemento, sine quo tamen non potest scientia nostra perfici, quoniam ars imitari non potest naturam in omnibus operibus, sed imitatur eam sicut rite potest."

Der Satz ist nicht einheitlich. Vielleicht fehlt ein Teil.

12) Medizin, medicina ist das Mittel, die Medizin, mit der die „unvollkommenen", „mangelhaften", sozusagen kranken, Metalle und das Quecksilber, das Geber nicht zu den Metallen, sondern zu den „Spiritus", den „flüchtigen Körpern" zählt, vollkommen gemacht, veredelt werden, also sozusagen gesund gemacht werden. Hieraus hat sich wohl die Anschauung entwickelt, daß das Mittel für die Metallverwandlung und Veredlung auch als Heilmittel für den Menschen geeignet sei. Das Elixir auch als Heilmittel kennen schon die griechischen Alchemisten. Weiteres über „Medizin", „Stein" etc. s. die späteren Anmerkungen.

13) Man beachte, daß Geber hier seine Gegner sprechen läßt.

[14]) Die Anschauung, daß die Metalle Feuchtigkeit enthalten und erdige Bestandteile, geht, wie schon dargelegt wurde, auf Aristoteles zurück. Die Bemerkungen bei Geber sind so zu verstehen: In der Natur entstehen die Metalle durch Verdichtung von „Feuchtigkeit" bei geeigneter Wärme. Durch zu große Hitze wird die „Feuchtigkeit" entfernt, und damit der Metallcharakter verändert bzw. gestört oder aufgehoben (praktisch-chemisch gesprochen, durch Bildung von Oxyden). Diesen Vorgang sah man schon frühe bei der „Calcination". Wir haben hier in ganz ausgesprochener Weise eine Weiterführung von griechischen, besonders Aristotelischen Anschauungen in alchemistisch-chemischem Sinne.

[15]) Geber läßt hier seine Gegner Grundsätze aussprechen, die im ganzen Altertum und bis in die neuere Zeit Geltung hatten. Platon äußert z. B. an manchen Stellen die Anschauung, daß die Menschen von den Stellungen der Himmelskörper abhängig seien und daß ihre Schicksale mit diesen Stellungen zusammenhängen. Vgl. hierzu Lippmann, Chemisches und Physikalisches aus Platon, Abhandlungen und Vorträge II, pag. 46, wo übrigens betont wird, daß Platon in späteren Schriften andere Ansichten äußert. Die griechischen Anschauungen gingen auf babylonische Lehren zurück. Vgl. Jeremias, Handbuch der altorient. Geisteskultur, Leipzig 1913 und Fr. Boll, Sternglaube und Sterndeutung, Leipzig 1918.

[16]) Wie die Elemente gemischt sind. Nämlich in den Metallen. Als Elemente, Grundstoffe, sind hier Quecksilber und Schwefel anzusehen, aus denen die Metalle nach der alten alchemistischen Ansicht aufgebaut sind. Der Ausdruck Proportion bezieht sich auf das Verhältnis, in welchem Quecksilber und Schwefel in den Metallen vorhanden sein sollen, z. B. mehr Quecksilber wie Schwefel oder umgekehrt, oder gleiche Teile. Für die Alchemisten waren Schwefel und Quecksilber als Grundstoffe, also sozusagen Urschwefel und Urquecksilber, etwas Reineres als diese Stoffe in ihrer gewöhnlichen, alltäglichen Form. Wie schon bei der Besprechung der Aristotelischen Anschauungen und ihrer Ausläufer hier gesagt wurde, war die Lehre vom Schwefel und Quecksilber bei den Alchemisten, das ganze Mittelalter hindurch, bis in die neuere Zeit, in verschiedenen Formen beliebt und verbreitet. Ich möchte aus der äußerst umfangreichen Literatur in diesem Zusammenhange einen Autor nennen, nämlich Georg von Welling, der in seinem „Opus Mago-Cabbalisticum et Theosophicum", Homburg v. d. Höhe, 1735, „Ursprung, Natur, Eigenschaften und Gebrauch, des Salzes, Schwefels Und Mercurii" und „Auch die Erzeugung der Metallen und Mineralien" in mystischer, theosophischer Auffassungsweise behandelt und „himmlischen" und „irdischen" Schwefel und ebensolchen „Mercur" unterscheidet und ganz ausführlich bespricht. Ich erwähne Welling und sein Werk, weil Goethe sich einst damit beschäftigte. Vgl. „Dichtung und Wahrheit", 2. Teil, Achtes Buch. Der Einfluß astrologischer und alchemistischer Lehren, auch noch in der neueren Zeit, wird heute vielleicht noch nicht genügend gewertet.

[17]) Es handelt sich hier in Wirklichkeit um die Entwicklung von Insekten aus ihren Eiern. Die angeblichen Bienen, die aus einem toten Kalb entstanden sein sollen, sind in Wirklichkeit wohl Schmeißfliegen, z. B. Calliphora u. dgl., die von weither den Fleischgeruch wahrnehmen, zu dem toten Tier fliegen und ihre Eier in dieses ablegen. An Fleisch, das kurz vorher noch frisch zu sein schien, kann man dann unter Umständen sehr bald „Würmer" finden, d. h. die Maden der Fliege. Eben der Umstand, daß die Fliegen bzw. ihre Maden so unerwartet rasch auf dem Fleisch der toten Tiere erscheinen, gab den Anlaß zu der Entstehung der Auffassung, daß sie aus den toten Tieren entstanden seien. In gewissem Sinn ist diese Anschauung mit der Theorie der Urzeugung verwandt bzw. aus ihr entstanden. Z. B. die Anschauung des Aristoteles von der Entstehung von Fröschen aus Schlamm.

Unter Lolium Lolch ist hier wohl Lolium temulentum, Taumellolch, zu verstehen, der in der Sommersaat des Getreides vorkommt und, wenn er in das Brot gelangt, nach alter Ansicht Krankheiten verursachen kann.

[18]) Der lateinische Text dieser Stelle ist in den verschiedenen Ausgaben nicht ganz gleich. Es handelt sich aber nur um kleinere Verschiedenheiten. Der Inhalt ist der gleiche. Der Text der Ausgabe Nürnberg 1541 lautet: „Et si dicant, quod a situ unius vel plurium stellarum datur metallis perfectio, quam ignoramus: dicimus hunc

situm nos scire non oportere, quia non est species generabilium et corruptibilium, quin ex individuis eius alicuius fiat generatio et corruptio omni die, per quod patet utique situm stellarum esse omni die perfectivum cuiuslibet speciei individuorum et corruptivum. Non igitur necessarium est stellarum situm expectare, esset tamen utile, . . . usw. — Man muß sagen, daß die Bemerkungen des Autors hier etwas spitzfindig und zweideutig sind. Er will die Einwürfe seiner Gegner zurückweisen, aber doch den Glauben an den Einfluß der Gestirne nicht aufgeben.

Man hat auch hier das Gefühl, daß Geber die praktische Erfahrung, die Beobachtung, für wichtiger hält als andere vor ihm. Man beachte z. B. den Satz, in welchem er von der Beobachtung der Ursachen der Fäulnis spricht.

[19]) Die Stelle lautet im lateinischen Text: „Non enim praeparatio est perfectio, sed habilitatio ad suscipiendam formam." In gutem Deutsch ist eine wörtliche Übersetzung kaum möglich. Übrigens ist das Wort „habilitatio" auch kein klassisches Latein. Unsere Übertragung gibt aber den Sinn, d. h. durch die Präparierung, die in der „Summa perfectionis" ausführlich behandelt wird, werden die „unvollkommenen" Körper, d. h. die „unedlen" Metalle, und das Quecksilber, das Geber, wie schon seine Vorgänger, zu den „Spiritus" zählt, so behandelt, daß sie fähig werden, die „Forma" aufzunehmen. Durch die „Präparierung" werden die „unvollkommenen Körper", wie Geber ausdrücklich sagt, nicht etwa „vollkommen" gemacht, d. h. in Silber und Gold umgewandelt. Sie werden aber, wie wir später sehen werden, auch durch die Vereinigung mit der „Forma" noch nicht umgewandelt. Durch diese Vereinigung entsteht vielmehr erst die „Medizin", welche durch ihre Einwirkung auf die „unvollkommenen Körper" diese in Silber und Gold umwandelt.

[20]) Arsenik. Es handelt sich hier vor allem um die Arsensulfide As_2S_2 Realgar, Sandarach und As_2S_3 Auripigment, die seit alter Zeit bekannt sind. S. z. B. Dioscurides V. Buch. περὶ ἀρσενικοῦ „Das Arsenikon entsteht mit der Sandaracha in derselben Grube. Als bestes ist das anzusehen, welches plattenartig und von gelber Farbe ist . . ." Es ist dies das Auripigment As_2S_3. Der Name kommt schon bei Vitruv und bei Celsus vor. Ferner Dioscurides περὶ σανδαράχης „Als die beste Sandaracha ist die anzusehen, welche rot ist . . ." (Berendes, Dioscurides). Die Bezeichnung σανδαράκινος Sandarachrot kommt schon bei Herodot I 98 vor. Herodot beschreibt die sieben Mauern von Ekbatana, welche die Farben der sieben Planeten haben; darunter ist eine σανδαράκινος wie Jupiter. Alfred Jeremias a. a. O., der dies nach Herodot zitiert, übersetzt das Wort mit sandelfarbig, was unrichtig ist. Sandelfarbig (wie Sandelholz) ist σαντάλινος. Über das metallische Arsen waren sich die alten Chemiker und Alchemisten wohl nicht recht im klaren, da sie bei ihm gewisse Eigenschaften sahen, die denen des Quecksilbers ähnlich waren, z. B. die Flüchtigkeit bei höherer Temperatur und die Fähigkeit, Metalle weiß zu färben. Auf in der Hitze unbeständige Metall-Arsen-Verbindungen beziehen sich auch die Bemerkungen Gebers in Kap. 15.

[21]) Die hier erwähnten, nicht flüchtigen und nicht richtig schmelzenden Substanzen, die in der Hitze zu einer glasartigen Masse wurden, waren wohl mineralische Verunreinigungen der verarbeiteten Arsensulfide, Silicate u. dgl. Wahrscheinlich war den Vorgängern Gebers alles Arsensulfid verdampft und verlorengegangen, als sie versuchten, ihm seine „Flüchtigkeit und Brennbarkeit zu nehmen". As_2S_2 (Realgar, Sandarach) verdampft schon bei Temperaturen von etwas über 450^0 unzersetzt. Ebenso auch metallisches Arsen. Mit den zurückgebliebenen Resten von Silicaten u. dgl. war allerdings nichts anzufangen. Unter Tutia sind Zinkerze zu verstehen, z. B. Galmei, $ZnCO_3$. Magnesia und Markasit sind Kiese, Pyrite. Näheres darüber s. die späteren Anmerkungen.

[22]) Z. B. Bildung von in der Hitze flüchtigen Metallchloriden.

[23]) Wie alle Alchemisten bezeichnet auch Geber die Metalle mit den Planetennamen und zwar Gold = Sol; Silber = Luna; Kupfer = Venus; Zinn = Jupiter; Blei = Saturnus; Eisen = Mars; Quecksilber = Mercur. Das Quecksilber rechnet aber Geber, wie schon bemerkt, nicht zu den eigentlichen Metallen, sondern zu den flüchtigen Körpern, den „Spiritus". Über die schon bei den Babyloniern gebräuchlichen Beziehungen zwischen Planeten und Metallen s. z. B. v. Lippmann, „Ent-

stehung und Ausbreitung der Alchemie", S. 210 und A. Jeremias, Handbuch der altorientalischen Geisteskultur, Leipzig 1913, S. 86.

[24]) Blei und Zinn. Die beiden Metalle wurden im Altertum und auch später noch nicht scharf unterschieden. S. Plinius, lib. 34, Cap. XVI. „Sequitur natura plumbi. Cuius duo genera, nigrum atque candidum. Pretiosissimum candidum a Graecis appellatum cassiteron . . ."

[25]) Das knirschende Geräusch, das bei Biegen von gegossenem Zinn beobachtet wird, das sog. „Zinngeschrei" entsteht, wie man annimmt, durch Reibung der Kristallflächen.

[26]) Zinndioxyd SnO_2.

[27]) Ein Härterwerden, wie es hier erwähnt wird, kennt man beim Blei, das durch wiederholtes Schmelzen härter und spröder wird, und zwar, nach modernen Angaben, durch Beimengung von Suboxyd.

[28]) Das hier erwähnte Entfernen des Bleis aus seiner Mischung mit anderen Metallen bei starker Hitze, geschah wahrscheinlich, und zwar offenbar gegen den Wunsch der Experimentatoren, durch Oxydation des Bleis. Das Blei bildet mit anderen Metallen, z. B. mit Silber, sowie mit Kupfer, Zinn, Antimon, Arsen etc., Legierungen. Wird die Blei-Silber-Legierung an der Luft geglüht, so wird das Blei zu Bleioxyd, Bleiglätte, oxydiert. Davon macht man seit alten Zeiten Gebrauch bei dem Ausbringen des Silbers aus Erzen. — Treibprozeß, Kupellation. Bei starker Rotglut fängt das Blei an zu verdampfen, wodurch auch, z. B. bei der Bleigewinnung selbst, Verluste entstehen können.

[29]) Wenn das Blei durch mehrmalige, abwechselnde Oxydation und Reduktion weicher geworden war, so kam dies daher, daß das Blei bei dieser Behandlung reiner wurde. Verunreinigungen des Bleis, die es schwerer schmelzbar gemacht hatten, waren z. B. durch Verdampfen entfernt worden, ohne daß die betreffenden Experimentatoren diese Vorgänge kannten. Heute „härtet" man Blei, z. B. durch Zusatz von Antimon, für technische Zwecke. Die Absichten der Alchemisten bei der „Härtung" und überhaupt „Verbesserung" der Metalle, so auch des Bleis, bezogen sich immer nur auf die Metallumwandlung. Das erste dabei war, daß leicht schmelzbare Metalle, wie das Blei, schwerer schmelzbar werden sollten, sozusagen als erste Annäherung an die Eigenschaften des Silbers und Goldes. Das Weitere war dann besonders durch „Färbung" zu erreichen. Die Anschauung, daß die Metalle keine einheitlichen, sondern zusammengesetzte Körper seien, führte ganz logisch zu der Ansicht, daß man die Metalle in ihren Eigenschaften verändern und sie sogar in andere Metalle umwandeln könne. Geber will hier natürlich nicht die Lehre von der Metallumwandlung, als solche, verspotten, sondern nur besonders primitive, mißlungene Versuche. Wenn Geber von harten und weichen Metallen spricht, so denkt er dabei in erster Linie an den Grad der Schmelzbarkeit, da z. B. das weiche Blei leicht, das harte Eisen dagegen schwer schmilzt.

[30]) Der lateinische Text lautet:

„. . . alterare voluerunt corpora cum animarum suarum extractione et cum extracta anima omnia alia similiter."

Über „anima" siehe Anmerkung 182 S. 170.

[31]) Die meisten als Edelsteine benutzten Mineralien schmelzen nicht, oder bei äußerst hohen Hitzegraden, z. B. Aluminiumoxyd Al_2O_3 (Korund, Rubin) bei 2010°, also unter Bedingungen, die erst in neuester Zeit erreicht wurden. Von solchen Mineralien, wie auch von Glas, konnte Geber mit Recht sagen, daß sie „Non funduntur fusione recta". Vom Glas insofern, als es keinen scharfen Schmelzpunkt hat und beim Erhitzen erst weich und dann allmählich flüssig wird. Glasartige Körper werden heute als „starre Flüssigkeit" und „unterkühlte Schmelze" angesehen. Es können Substanzen von ganz verschiedener Art glasartige Massen bilden, z. B. Borsäure, Metaphosphorsäure. Hier kommt das Glas im engeren Sinne in Betracht, das neben Kieselsäure Kalk und Alkali enthält. Der Kalk kann aber im Glas durch andere Stoffe, z. B. durch Bleioxyd, ersetzt werden. Auch andere Körper kann das Glas aufnehmen, besonders Metalloxyde. Es wird dadurch gefärbt, aber sonst in seinen Eigenschaften wenig verändert. Englisches Krystallglas enthält über 33%, der sog.

Straß (für Edelsteinimitation) sogar über 50% Bleioxyd, braunes Flaschenglas enthält bis zu einigen Prozent Manganoxyd. Blaues Email enthält 12% Kobaltoxyd und grünes Email ebensoviel Kupferoxyd. Durch Zusatz von Zinnoxyd entstehen weiße undurchsichtige Gläser. Schott u. Gen. in Jena haben ein Zinkglas aus 59% ZnO und 41% B_2O_3 hergestellt. Metalle, wie z. B. Gold, Silber, Kupfer, werden in kolloidaler Form von Glas aufgenommen. Solche farbige, z. B. blaue Gläser wurden schon um 2000 v. Chr. und noch früher in Ägypten hergestellt. Das Rubinglas war den Römern bekannt. Man kann also die Bemerkung Gebers verstehen, daß manche Alchemisten bei ihren Versuchen mit Glas und Metallen eine Glasmasse erhielten.

[32]) Gemeint sind Schwefel und Quecksilber. Ersterer wurde öfters mit Schwefelarsen, und infolgedessen auch mit Arsenik (Arsentrioxyd), sowie mit metallischem Arsen verwechselt. Der „weiße Schwefel" ist also Arsenik, der rote Schwefel offenbar Schwefelarsen (Sandarach), und der schwarze Schwefel metallisches Arsen.

[33]) Das Zurückbleibende besteht offenbar aus mineralischen Verunreinigungen des Schwefels.

[34]) Im Text: „Et quodcunque corpus ex ipso calcinatur, acquirit pondus sine dubio. Aes quoque assumit ex eo solis effigiem". „Ex ipso calcinatur" wird sich kaum auf Reduktion von Metall aus Sulfiden, sondern auf Behandeln von Metallen mit Schwefel beziehen. Das ergibt sich aus dem Wort „calcinare" und der Bemerkung über Zinnober. Der Satz „acquirit pondus sine dubio" bezieht sich auf Annahme des „richtigen Gewichtes" eines Edelmetalles. „Aes quoque assumit ex eo solis effigiem" — es ist goldartiges Aussehen gemeint — ist nicht ohne weiteres klar. Aber der Verfasser sagt ja ausdrücklich, daß der Schwefel nur mit Hilfe des Magisteriums, d. h. durch besondere Kunstgriffe, „veredelnd" wirkt. Ich möchte hier an die Bildung von Zinnsulfid („Musivgold"), aus zinnhaltigem Material, denken. Vielleicht war diese goldfarbige Substanz, deren Entdeckung man bisher meist in das 18. Jahrhundert setzte, schon in der älteren Alchemie bekannt und von Bedeutung. Man gebrauchte, außer Schwefel, bei der Darstellung auch — wie man später sah, unnötigerweise — Quecksilber. Daß man aus einem unedlen Metall, mit Hilfe von Quecksilber und Schwefel, goldfarbige Körper erhielt, mußte zu den alchemistischen Vorstellungen passen. Was Gebers Bemerkung über Gold und Zinn betrifft, so ist erstere richtig, da Goldsulfide nicht direkt aus Gold und Schwefel entstehen. Dagegen entsteht Zinnsulfid z. B. bei Einwirkung von Schwefel auf geschmolzenes Zinn. Vielleicht hat Geber das entstandene Produkt, Zinnsulfid SnS, das eine bleigraue, metallähnliche Masse ist, für unverändertes, metallisches Zinn gehalten.

[35]) Der Text lautet: „Illuminat et rectificat omne corpus, quoniam est alumen et tinctura."

Diese anscheinend unverständliche Stelle wird klar, wenn man bedenkt, daß der Alaun (alumen) von alters her bei der Färberei angewandt wurde, und daß man sogar bisweilen den Namen davon abgeleitet hat. So schreibt z. B. Isidorus Hispalensis [gest. 634 als Bischof von Hispalis (Sevilla), Verfasser von Originum oder Etymologiarum Libri XX]: „Alumen vocatur a lumine, quod lumen coloribus praestat tingendis." In diesem Sinne ist hier bei Geber das Wortspiel mit „illuminat" und „alumen" aufzufassen. Alaun (alumen) wurde bei der Färberei gebraucht und auch der Ausdruck „Tinctura" stammt daher [tingo (tinguo), tingere, mit einer Flüssigkeit tränken, färben]. Im alchemistischen Sprachgebrauch ist dann „Tinctura" ein Präparat, das Metalle färbt, „verbessert", „veredelt" und sie silber- und goldähnlich macht. Wenn Geber Schwefel und Quecksilber als „Tinctur" bezeichnet, so denkt er zunächst an diese Körper, in ihrer hypothetischen Form, als Urbestandteile der Metalle, wobei zu beachten ist, daß diese hypothetischen Stoffe mit dem gewöhnlichen Schwefel und Quecksilber nicht ohne weiteres identisch sind (s. z. B. den Anfang des Kap. 26).

Der Gedankengang dabei wird etwa der sein: „Bei der Metall-„Veredlung" bzw. Metallumwandlung sollen gewissermaßen die edeln Eigenschaften von Silber und Gold auf die zu veredelnden Metalle übertragen werden. Die Metalle Silber und Gold haben an sich keine Einwirkung auf andere Metalle, wie z. B. Blei, Zinn etc.

Man muß sie zu diesem Zwecke gewissermaßen erst aufschließen, das Typische, Wirksame in ihnen freilegen, den Zusammenhalt der Urbestandteile Quecksilber und Schwefel lockern. Dies wird durch das „Präparieren" erreicht. Ebenso werden die zu veredelnden „unvollkommenen" Metalle „präpariert". Durch die Einwirkung der zwei Präparate aufeinander sollte nun — so kann man es sich vorstellen — gewissermaßen eine Umgruppierung der Urbestandteile, Schwefel und Quecksilber, vor sich gehen und die Umwandlung der zu veredelnden Metalle erfolgen. Nach der alten Auffassung waren ja die Verschiedenheiten der einzelnen Körper durch verschiedene Anordnung und Mischung der Urbestandteile, Quecksilber und Schwefel, verursacht. Eine Änderung dieser Mischungsverhältnisse mußte also eine Veränderung in den Eigenschaften, bzw. eine Umwandlung, ergeben. „Fixes Quecksilber" gibt dabei dem „unvollkommenen" Metall die Eigenschaften von Silber und Gold, „fixer Schwefel" die Farbe. Gold selbst wird daher bisweilen als „Sulphur tingens" bezeichnet.

Die Wichtigkeit, die man den hypothetischen Urbestandteilen Schwefel und Quecksilber beilegte, übertrug man, wenigstens teilweise, auf diese Körper in ihrer gewöhnlichen, alltäglichen Form; denn wenn man sie auch nicht für identisch hielt, so nahm man doch irgendwelche Beziehungen an. In solchem Sinne bezeichnete man dann die gewöhnlichen Substanzen Schwefel und Quecksilber als „Tinktur", wozu noch der Umstand kam, daß diese Körper bei der Herstellung der „Tinktur" eine Rolle spielten.

Man kann hier einwenden: Wenn die Alchemisten Schwefel und Quecksilber als Urbestandteile aller Metalle ansahen und glaubten, daß die Verschiedenheiten der Körper auf der Verschiedenheit der Mischungsverhältnisse beruhe, so konnten sie versuchen, die „Veredlung" mit Hilfe von allen möglichen Metallen und anderen Körpern auszuführen. Tatsächlich versuchte man dies auch und bemühte sich jahrhundertelang, den „Stein", die „Tinktur", die „Medizin" aus allen Metallen und aus allen erdenklichen Substanzen überhaupt zu gewinnen, wobei man allerdings die ursprünglichen, theoretischen Grundlagen oft vergessen hatte.

Die ursprünglichere Auffassung, die man auch bei Geber findet, ist aber die, daß die edeln Eigenschaften des Silbers und Goldes auf die unedeln, „unvollkommenen" Metalle übertragen werden sollen. Zu diesem Zwecke mußte, wie oben schon dargelegt wurde, das Gold und das Silber zuerst „präpariert" werden. Diese Metalle waren das Wichtigste und unumgänglich Nötigste bei der Herstellung der „Tinktur" und sie werden daher auch selbst als „weiße Tinktur" und „rote Tinktur" bezeichnet, wobei natürlich Silber die weiße und Gold die rote Tinktur für die Umwandlung in Silber bzw. Gold ist. Die Bezeichnungsweise für diese Dinge ist bei verschiedenen Autoren und zu verschiedenen Zeiten durchaus ungleichmäßig, weil die Anschauungen nicht einheitlich waren. So wurden z. B. die Bezeichnungen „Tinktur" und „Medizin", die oft Verschiedenes ausdrücken, in anderen Fällen wieder in gleicher Bedeutung gebraucht (s. die Anmerkungen über „Medizin" usw.). Gewöhnlich war aber „Tinctura" die wirksame Essenz des Silbers und Goldes, die, bei der Einwirkung auf unedle Metalle bzw. ihre Präparierungen, diese ebenfalls in Silber bzw. Gold umwandelt, gewissermaßen durch Übertragung des ihnen eigentlichen Prinzips.

Aus der sehr umfangreichen alten Literatur über diese für die Alchemie grundlegenden Dinge führe ich nur eine Definition des Ruland, Lexicon Alchemiae, 1612, an, welche für die eben angedeutete Auffassung ein Beispiel ist:

„Tinctura est arcanum specificum cum essentia qualitatibusque formalibus etiam colorem rei habens, ut in sui similem naturam tingere possit . . ."

Weiter findet sich, und gerade bei Geber, die Auffassung, daß sich bei der Einwirkung des präparierten Edelmetalls auf das präparierte „unvollkommene" Metall erst die „Medizin" bildet, die ihrerseits erst die eigentliche, umwandelnde Wirkung auf die unedeln Metalle hat (s. die späteren Anmerkungen zu „Medizin", „Anima", „Forma", „Materie").

Von alter Literatur über diese Fragen erwähne ich: die Schriften des Bracescho und des Tauladanus, z. B. in der Sammlung: „Alchemiae, quam vocant, artisque metallicae doctrina ... etc.", Basileae 1572, sowie die Schriften des Libavius, z. B. Frankfurt 1606—1615. In genannten Werken werden die Probleme der Alchemie in ernster Weise besprochen, im Gegensatze zu vielen anderen, besonders späteren Schriften (s. auch E. v. Lippmann, Entsteh. u. Ausbr. der Alchemie, z. B. unter „Tinctur").

[36]) Vielleicht Cuprisulfid CuS, das als Covellin oder sog. Kupferindig in indigofarbigen Massen natürlich vorkommt und sich künstlich durch Erhitzen von Cuprosulfid Cu_2S mit Schwefel, also auch wohl von Kupfer mit überschüssigem Schwefel, bildet. Es kann vielleicht aber auch der blaue Kupfervitriol gemeint sein, der sich leicht aus Schwefelkupfer durch Oxydation bildet.

[37]) Zinnober.

[38]) d. h. für die „Umwandlung" in „Silber". Arsenik gibt helle Metallfärbungen. Es entstehen weißgraue Legierungen, z. B. Eisen- und Kupfer-Arsenide.

[39]) Gemeint sind die Sulfide des Arsens, das gelbliche Auripigment As_2S_3 und der rote Realgar, Sandarach (z. B. bei Strabo Sandaraca) As_2S_2.

[40]) Gebers Angaben sind richtig. Kupferamalgam entsteht nicht ganz so leicht wie z. B. Zinnamalgam. Man stellt es auf die Weise her, daß man Kupfer zuerst mit Quecksilbernitrat reibt, wodurch es „verquickt" oder „angequickt" wird und sich dann leichter mit Quecksilber amalgamiert. Eisen wird, wie Geber richtig bemerkt, nur durch ein „Artificium", einen Kunstgriff, amalgamiert, d. h. auf Umwegen. Schönbein hat z. B. Eisenamalgam durch Schütteln einer Eisenchloridlösung mit Natriumamalgam erhalten. Andere Forscher haben Eisenamalgam auf dem Umweg über Ammoniumamalgam (Cailletet) bzw. Zinkamalgam (Damour) erhalten.

[41]) Die „Feuervergoldung" mit Hilfe von Quecksilber, d. h. Goldamalgam.

[42]) Beim „Fixieren", Beständigmachen, entstand Quecksilberoxyd. Unter Umständen wurden auch andere Quecksilberverbindungen erhalten.

[43]) Diese Definition des Begriffs „Metall" ist wegen ihrer Klarheit eine der bekanntesten Stellen aus Gebers Schriften geworden. Ebenso die Definition des Goldes im Kapitel 32.

[44]) Bei der in diesem Buche oft erwähnten Aschenprobe sowie der Cementation und anderen Proben handelt es sich um die Methoden der „Probierkunst", der „Dokimasie", bei der z. B. Blei abgetrieben wird und Gold zurückbleibt (s. die späteren Anmerkungen darüber).

[45]) Diese Sätze lauten im lateinischen Texte: „Secundum vero nostrum magisterium, perfectum imperfectum adiuvat, et imperfectum in nostro magisterio per se perficitur sine administratione alicuius rei extraneae, et imperfectum hoc eodem magisterio perficitur. Et per Deum, se invicem alterant et alterantur, et se invicem perficiunt et perficiuntur, et per se tantum unumquodque perficitur, sine alicuius adminiculo."

Der Sinn dieser dunkel klingenden Sätze ist der, daß, wie schon erwähnt, das Typische, gewissermaßen die Essenz, des Silbers und Goldes auf die „unvollkommenen" Metalle, Blei, Zinn etc. übertragen werden soll. Gold und Silber müssen zu diesem Zwecke „präpariert" werden, wobei, wie schon angedeutet, die in ihnen enthaltenen Urelemente aktionsfähig werden. Die größte Rolle dabei spielt der in den Edelmetallen enthaltene „Mercur", wie wir es oben nannten, das „Urquecksilber", das durch das „Präparieren" gewonnen wurde, d. h. durch Auflösen von Silber und Gold. Die Produkte (offenbar Silbernitrat und Goldchlorid) waren der „Stein", „Mercur", „lapis noster", bzw. wurden noch weiter verarbeitet, um die eigentliche „Medizin" zu erhalten, nämlich durch Verbindung mit den präparierten, unedlen Metallen. Ein Beleg für diese Erklärung ist u. a. eine Stelle im „Liber Fornacum", Kap. 19: „... demonstravimus demonstratione competenti et vera, lapidem nostrum de Argenti vivi substantia esse procreandum, ... Hic vero practicam manifeste reserabimus enodatam, et est, ut studeas Lunam vel Solem resolvere in aquam suam siccam, quam vulgus Mercurium vocat."

Wenn Geber sagt, daß die Veredlung der „unvollkommenen" Metalle „sine administratione alicuius rei extraneae" und „sine alicuius adminiculo" geschehe, so will er damit sagen, daß die Umwandlung schon durch die Gegenwart und Wirkung der „Medizin", ohne weiteres Präparieren u. dgl., vor sich gehe.

[46]) Die Kritiklosigkeit, die nicht darnach fragt, ob schon vorher Gold vorhanden war oder ob das später beobachtete wirklich Gold ist, ist erstaunlich.

[47]) „Calcinatur autem et solvitur sine utilitate." Es ist nicht gut möglich, daß Geber damit sagen will, daß es keinen Zweck habe, Gold zu calcinieren und zu lösen, da das Gold für Geber ein wichtiges Ausgangsmaterial für „Medizinen" jeder Art war. Geber will vielmehr damit sagen, daß das Gold für sich selbst keinen Veredlungsprozeß brauche, da es schon ein edles Metall ist. Diese Stelle erschien den Alchemisten nach Geber besonders merkwürdig, dunkel und erklärungsbedürftig. Meine einfache Erklärung dürfte richtig sein.

[48]) Mineralische Substanzen wandte man schon in früher Zeit als Heilmittel an. Da man die besonderen Eigenschaften des Goldes, das „edler" erschien als andere Metalle, erkannte, so kam man vielleicht auf den Gedanken, das Gold auch als Heilmittel zu versuchen und besonders zu schätzen.

Von größerem Einflusse waren aber wohl astrologische Anschauungen. Die Metalle entsprachen schon bei den Babyloniern bestimmten Planeten, so das Gold der Sonne. Auch die „Harranier" hatten diese Anschauung (s. Chwolsohn, Die Ssabier, z. B. Bd. 2, S. 411). Es lag also nahe, die lebenspendende Kraft der Sonne auf das Gold in gewissem Sinne zu übertragen. Es kam noch dazu, daß engere Beziehungen zwischen Planeten und dem menschlichen Körper, bzw. Körperteilen, angenommen wurden, so z. B. zwischen Sonne und Herz und den Arterien. Auch diese Beziehungen übertrug man wohl von der Sonne auf das Gold und gebrauchte es deshalb als Herz- und Stärkungsmittel. Weiter übertrug man dann die Heilwirkung vom Gold auf die „Medizin", die unedle Metalle in Gold und Silber umwandeln sollte, und der man neben dieser Wirkung auf „unvollkommene", gewissermaßen „kranke" Metalle, auch Heilwirkung auf den kranken menschlichen Körper zuschrieb. Wieweit die Anwendung des Goldes als Heil- bzw. Kräftigungsmittel zurückgeht, kann hier nicht untersucht werden.

Bestimmt kommt die Verwendung als inneres Mittel in der indischen Medizin vor, die überhaupt mineralische Stoffe als Heilmittel gern anwandte. In den unter dem Namen des Susruta überlieferten medizinischen Schriften, die vielleicht in den ersten Jahrhunderten n. Chr. entstanden sind, aber auf viel ältere indische medizinische Werke zurückgehen (s. Haeser, Gesch. der Medizin; auch Neuburger, Gesch. der Medizin), wird u. a. über die Anwendung von Goldpräparaten als kräftigstes Tonicum berichtet. Gold wird in dünne Blättchen geschlagen, 6—7 mal geglüht und in verschiedenen Flüssigkeiten gelöscht. Diese wurden getrunken. Diese Art, das Gold zu präparieren, d. h. in eine flüssige Form zu bringen, interessiert uns hier um so mehr, als sie in späterer Zeit viel angewandt wurde und z. B. im „Testamentum" beschrieben wird (s. die Anmerkung). Wie wir dort zeigen, entsteht bei dieser Präparierung des Goldes offenbar fein verteiltes Gold, bzw. eine Lösung von kolloidalem Golde, die wahrscheinlich eine rötliche Färbung hatte.

Solche Lösungen hat man das ganze Mittelalter hindurch, bis in die neuere Zeit, gekannt und angewandt, oft unter der bekannten Bezeichnung „aurum potabile", „Trinkgold". Die Herstellungsweise war verschieden. Angaben darüber findet man in vielen alchemistischen, chemischen und medizinischen Schriften bis zum 19. Jahrhundert. Nicht ohne Interesse sind z. B. Bemerkungen des bekannten Philosophen und Arztes Marsilius Ficinus (1433—1499) in seinem „Epidemiarum Antidotus" z. B. Basel 1549 (De vita libri tres), S. 335. Der Autor gibt u. a. eine Methode an „ut aurum ad formam reducatur liquidam aptam ad potandum" durch Auflösen von Gold in Quecksilber, Entfernen des Quecksilbers im Alembik über dem Feuer, Hinzufügen von „aqua buglossae" [nach Matthiolus, Commentar zu Dioscurides, ist Buglossa (βουγλωσσον, „Ochsenzunge") identisch mit Borrago, also der wohlbekannten Boretsch-Pflanze. Die Pflanze hat, nach Dioscurides und Plinius, erheiternde Wirkung] und durch dreitägiges Erwärmen im geschlossenen Alembik, und sagt dann: „In fine si callueris artem, invenies aquam minime consuptam, aurum liquefactum. Hoc est aurum potabile cordialissimum . . ."

Ausführliche Angaben über das „aurum potabile" finden sich z. B. auch bei Libavius, z. B. „Syntagmatis Selectorum ...", Frankfurt 1611, S. 62.

Auch Glauber hat sich damit beschäftigt, s. seine Schrift „de auri tinctura sive auro potabili vero". „Quid sit et quomodo differat ab auro potabili falso et sophistico." Dies bezieht sich darauf, daß oft Verwechslungen und Verfälschungen mit Präparaten vorkamen, die überhaupt kein Gold enthielten, z. B. mit eisenhaltigen Lösungen, die auch eine rötliche Farbe hatten und, im übrigen sogar vielleicht mit mehr Grund, als Tonica angewandt werden konnten. Es kann hier die „Bestuschefsche Nerventinctur" genannt werden, die der russische Feldmarschall Graf Bestuschef gegen Mitte des 18. Jahrhunderts herstellen und verkaufen ließ, und die etwas später in Frankreich als „Elixir d'Or, et Elixir blanc, de Mr. le Général de la Motte" eine Rolle spielte und teuer bezahlt wurde. Interessant ist hier die bewußte oder unbewußte Erinnerung an die rote und weiße Tinktur der Alchemisten. Lamotte hatte den Irrtum absichtlich befördert, „als ob seine Tropfen aus Gold bereitet würden" (Klaproth). Ende des 18. Jahrhunderts wurde bekannt, daß das Mittel kein Gold, sondern Eisen enthielt, und M. H. Klaproth zeigte eine einfache Darstellungsweise (s. „Chemische Abhandlungen gemischten Inhalts, von Martin Heinrich Klaproth", Berlin u. Stettin, 1815). Es ist heute noch interessant, diese Abhandlung zu lesen. Das genannte Mittel ist eine ätherische Eisenchloridtinktur, die mit der „Tinctura Ferri chlorati aetherea" des Deutschen Arzneibuchs so gut wie identisch ist.

49) Odor plumbi, Bleirauch, Hüttenrauch, bei der Metallgewinnung aus Erzen, enthält Flugstaub, Dämpfe und Gase. Auf das Gold vermöchten allenfalls Chlor oder Arsen einzuwirken, die beide im „Hüttenrauch" vorkommen können.

50) Flüchtige Substanzen im Sinne Gebers, die sich mit Gold verbinden und dadurch „beständig", d. h. weniger flüchtig werden, könnten etwa Quecksilber und Arsen sein. Ersteres gibt Goldamalgam, letzteres eine graue, brüchige Gold-Arsen-Verbindung. Starker Hitze halten diese Körper allerdings nicht stand. Vielleicht kann man auch an die Einwirkung von Chlor bzw. „Königswasser", das Geber gekannt hat, wie man später sehen wird, denken.

51) Der lateinische Text lautet: „Est itaque albedinis tinctura et indurat Iovem per artificium et convertit ad se, et commiscetur Soli, et non frangit (in manchen Ausgaben frangitur), sed in examinatione sine artificio cum eo non perseverat." Der Anfang des Satzes besagt, daß aus dem Silber eine „Tinctur" hergestellt werden könne, durch deren Wirkung das Zinn „edler", dem Silber ähnlicher gemacht werde, oder daß das Silber selbst diese Wirkung habe. Eine eigentliche „Umwandlung" des Zinns in Silber scheint m. E. der Ausdruck „convertit ad se" nicht zu bedeuten. Man muß bedenken, daß bei Geber und anderen alten Autoren die Metalle und andere Körper nicht so scharf unterschieden werden wie in neuerer Zeit. Wenn das Zinn durch Legieren mit Silber härter wird und wenn sein Schmelzpunkt dadurch erhöht wird, so kommt für den alten Chemiker und Alchemisten schon eine „Umwandlung" des Zinns in Silber, wenn auch keine vollständige, in Frage. In diesem Sinne wurden die Worte „convertit ad se" frei übertragen: „macht es dem Silber ähnlicher".

Silber-Zinn-Legierungen sind übrigens tatsächlich sehr hart und haben höhere Schmelzpunkte wie Zinn.

Die Worte „et non frangit" habe ich frei mit „macht es nicht spröde" (das Gold) (oder: ohne zerstört zu werden) wiedergegeben.

Der Satz „sed in examinatione ... non perseverat" soll vielleicht sagen, daß das Silber, der Einwirkung von verschiedenen Agenzien gegenüber, z. B. beim „Probieren", nicht so widerstandsfähig ist wie das Gold.

52) „Agresta" von agrestis (ager) auf dem Acker oder Feld wachsend, übertragen, ländlich, roh. Spätlateinisch Agresta, ähnlich wie Omphacium (ὀμφάκιον) gebraucht, für Saft von unreifen Früchten, z. B. Oliven, Weintrauben.

Der Ausdruck kommt auch in der Salernitanischen medizinischen Literatur in ähnlicher Bedeutung für saure, scharfe Stoffe vor (s. Ducange, Glossarium; s. ferner z. B. Toxites, Onomastica, Straßburg 1574, und Blancardus, Lexicon Medicum, 1777). Die wirksamen Bestandteile der „Agresta" waren also wahrscheinlich organische

Säuren, in erster Linie wohl Essigsäure, z. B. aus Weintrestern, s. nächste Anmerkung.

[53]) Die blaue Farbe entsteht offenbar durch Gegenwart von Kupfer im Silber, durch Bildung von Kupfersalzen.

Kopp, der diese Stelle erwähnt, Gesch. d. Chemie, Bd. 4, S. 201, meint, Geber habe hier vielleicht die Bildung von Chlorsilber beobachtet, das am Licht sich violett färbt. Es ist zwar möglich, daß Geber das Chlorsilber gekannt hat (siehe später), aber an dieser Stelle handelt es sich kaum um Chlorsilber, dessen Farbe auch gewiß niemand „wunderbar himmelblau" nennen wird. Auf Kupfersalze bzw. -lösungen paßt die Beschreibung weit besser. Wahrscheinlich hat Geber aus kupferhaltigem Silber durch Einwirkung von Essigsäuredämpfen oder durch Behandlung mit Weintrestern, die in essigsaure Gärung übergegangen waren, blaues basisches Kupferacetat erhalten.

[54]) „Das Blei enthält viel erdartige Substanz." Diese Bemerkung geht, wie viele andere, letzten Endes auf Aristotelische Anschauungen zurück. Die Metalle bestehen, nach Aristoteles, wie in früheren Anmerkungen schon ausgeführt wurde, aus Erde und Feuchtigkeit. Letztere verursacht die Schmelzbarkeit. Leicht schmelzbare Metalle, wie Blei, enthalten also mehr Feuchtigkeit wie Erde.

Diese Ansichten erhielten sich sehr lange und finden sich z. B. ganz ähnlich in der arabischen naturwissenschaftlich-medizinischen Literatur. So sagt z. B. Avicenna in seinem Canon Medicinae (zit. nach der Ausgabe Venedig 1595, S. 262), wobei er sich auf Galenus beruft: „... Utrumque est plumbum nigrum, in quo est substantia aquosa multa, quam congelavit frigus. Et in ipso sunt aereitas et terreitas, non vehementis multitudinis. Signum autem humiditatis eius, sicut existimat Gal., est velocitas liquefactionis eius ..."

Dschabir ibn Hajjan, den man früher als Autor der Geber-Schriften — sicher mit Unrecht — ansah, spricht in seinen Schriften (s. die von Berthelot herausgegebenen Übersetzungen in: „La chimie au moyen âge, Tome 3) zwar von Trockenheit und Feuchtigkeit der Körper und auch von der „Feuchtigkeit des Bleis", bringt aber auch hierüber, wie gewöhnlich, nur allgemein gehaltene Äußerungen, die mit den in ihrer Art klaren Angaben des Avicenna, aber auch mit den viel schärfer umschriebenen Lehren Gebers keine Ähnlichkeit haben.

Bei Geber erscheint hier die aristotelische Anschauung etwas verändert. Für Geber ist das „Erdige" der Bestandteil des Bleis, der es als weniger reines Metall erscheinen läßt wie das Zinn. Man kann aber, nach seiner Ansicht, dem Blei die erdigen Bestandteile durch Waschen entziehen und dadurch Zinn erhalten.

Das erscheint uns heute sonderbar und vielleicht unsinnig. Man muß aber bedenken, daß Blei und Zinn im Altertum und noch viel später nicht ganz scharf unterschieden wurden, und daß andrerseits ganz allgemein, auf Grund Aristotelischer Anschauungen, eine Änderung und Umwandlung eines Metalles, z. B. durch teilweises Entfernen eines Bestandteiles, also, wie hier, z. B. der „verunreinigenden, erdartigen" Bestandteile, durch „Waschen" möglich erscheinen konnte.

Zu dem oben Gesagten sei noch eine Bemerkung des Plinius erwähnt (Lib. 34, Kap. 47): „Sequitur natura plumbi. Cuius duo genera, nigrum atque candidum."

Auch das Waschen des Bleis kommt schon im Altertum vor, z. B. bei Dioscurides V Kap. 95. Das Produkt soll als Heilmittel Verwendung finden.

Ähnliches findet man bei arabischen Autoren. — Ob schon im Altertum, z. B. bei Dioscurides, bei derartigen Operationen der Gedanke eine Rolle spielte, daß etwa aus dem „schwarzen Blei" durch Waschen „weißes Blei" hergestellt werden könne, kann hier nicht untersucht werden.

[55]) Cerussa, Bleiweiß; das Verfahren, Bleiweiß aus Blei mit Hilfe von Essig darzustellen, ist sehr alt, wird von Dioscurides und Plinius erwähnt und wird auf verschiedene Weise heute noch angewandt. Das Bleiweiß, ein basisches Bleicarbonat $Pb_3(CO_3)_2(OH)_2$, entsteht dabei aus Bleiessig durch Kohlensäure.

[56]) Das sog. „Zinngeschrei" durch Aneinanderreiben der einzelnen Zinnkrystalle.

[57]) Im lateinischen Texte: „vitium est tamen ei, quod omne corpus frangit praeter Saturnum et purissimum Solem."

„Frangit" wurde mit „brüchig machen" übersetzt. Der Satz bezieht sich auf die Sprödigkeit mancher Zinnlegierungen, und man darf annehmen, daß Geber dabei besonders an die Kupfer-Zinn-Legierungen, die Bronze, gedacht hat.

Das Kupfer wird durch Zusatz von wenig Zinn härter, aber auch spröder. Die Grenze der Hämmerbarkeit wird bei einem Zinngehalt von ca. 18% erreicht. Bronzen, die mehr wie 10% Zinn enthalten, lassen sich, im Gegensatz zu Kupfer, ohne Anwendung von Hitze, kaum mehr prägen, drehen u. dgl.

Die Sprödigkeit der Kupfer-Zinn-Legierungen kannte man schon im Altertum und setzte deshalb dem Kupfer bei der Herstellung von Gebrauchsgegenständen nur wenig Zinn zu. Reines Kupfer war zu weich. Näheres darüber s. Blümner, „Gewerbe und Künste bei Griechen und Römern". Ferner: Ledebur-Bauer, Die Legierungen etc. Gmelin-Kraut, Handbuch.

Gebers Wunsch, daß es gelingen möge, die sprödmachende Wirkung des Zinns zu beseitigen, ist zum Teil dadurch in Erfüllung gegangen, daß man gelernt hat, die Sprödigkeit der Legierungen durch langsames Abkühlenlassen und durch Erhitzen und Ablöschen in Wasser, durch „Anlassen" zu verringern. Durch Zusatz von viel Zinn wird übrigens auch das Gold spröde.

[58]) Tutia = Galmei, Zink. Mit Kupfer zusammen Messing.

[59]) „Assumas igitur eam prae caeteris imperfectis in opere minori et medio, in maiori vero minime." Nämlich bei der „Veredlung" in Silber und Gold bzw. silber- und goldähnliche Produkte, aber nicht für die eigentliche Umwandlung in Silber und Gold.

[60]) Schmiedeeisen, das nur etwa 0,5% und noch weniger Kohlenstoff enthält, schmilzt bei 1450—1500°. Roheisen (Gußeisen), das etwa 10% Beimengungen enthält (Kohlenstoff, Silicium, Phosphor), schmilzt schon zwischen 1050 und 1200°.

[61]) Legierungen von Eisen und Gold, sowie Silber sind wiederholt hergestellt worden. Gold und Eisen mischen sich in flüssigem Zustand in allen Verhältnissen. Eine Legierung mit 11 Teilen Gold und 1 Teil Eisen ist gelblichgrau, dehnbar und hart. Eine andere mit 1 Teil Gold und 4 Teilen Eisen ist silberweiß. Eisen und Silber mischen sich wenig. Beim Zusammenschmelzen beider Metalle erhält man eine obere Lage von Eisen, das $^1/_{80}$ Silber enthält und sehr hart ist. Die Angabe Gebers, daß sich das Eisen nur sehr schwer von Gold und Silber trennen läßt, ist ganz richtig. Nach den neuesten Angaben läßt sich das Eisen dem Silber nicht durch Schmelzen an der Luft oder durch Kupellieren entziehen, sondern nur durch Schmelzen mit Borax und Salpeter (Gmelin-Kraut, Handbuch d. Anorg. Chemie Bd. V 2). Es ist sehr interessant, daß Geber von ihm dargestellte Produkte so genau untersuchte und über die Resultate berichtet.

[62]) „Das Studium aber der Substanz . . ." Die lateinischen Texte dieser Stelle sind in den verschiedenen Ausgaben nicht ganz gleich. Ich bringe den Text der Ausgabe Nürnberg 1541:

„Consideratio vero rei quae perficit, est consideratio electionis purae substantiae argenti vivi, et est materia, quae ex materia illius assumpsit originem, et ex illa creata est. Non est autem ista materia argentum vivum in natura sua, nec in tota sua substantia, sed est pars illius, non est autem nunc, sed cum lapis noster factus est."

Der Sinn der Stelle ist m. E. folgender: Es soll die „pura substantia", die reine Substanz des Quecksilbers gewonnen werden, um zu der „res quae perficit", d. h. der Substanz, welche die „Veredlung" bewirkt, zu gelangen.

Diese „reine Substanz des Quecksilbers" ist das von uns so bezeichnete hypothetische „Urquecksilber", das, mit dem „Urschwefel" zusammen, ein Urbestandteil der Körper, besonders der Metalle ist, also auch des gewöhnlichen, alltäglichen Quecksilbers selbst. Diese „reine Substanz des Quecksilbers", also das Urquecksilber, „non est autem nunc", d. h. kommt als solche nicht vor, sondern wird erst bei der Herstellung des „lapis noster", d. h. auf dem Wege zur Herstellung der „Medizin" (der „res quae perficit", d. i. der eigentlichen, umwandelnden Substanz), modern gesprochen, frei und sofort in dem hierbei entstehenden „Lapis" gebunden. Um diesen Gedankengang verständlicher zu machen, erinnere ich an die „Radicale", „Gruppen", „Reste" der modernen Chemie, also z. B. die „Methylgruppe" oder

„Hydroxylgruppe". Ebensowenig wie diese konnte wohl, alchemistisch gedacht, die „pura substantia argenti vivi" — das „Urquecksilber" — für sich allein in Erscheinung treten. Wie an anderen Stellen gezeigt wird, dachte man sich, daß man diesen Urbestandteil der Metalle in reinster Form in den „edelsten" Metallen, im Gold und Silber finden müsse.

Der durch „Präparieren" dieser Metalle erhaltene, öfters in solchem Zusammenhange erwähnte „Mercur" ist also mit dem gewöhnlichen Quecksilber nicht identisch, sondern enthält das „Urquecksilber". Daß ein solches Produkt geradezu identisch sei mit dem geheimnisvollen „Urquecksilber", wird man allerdings wohl kaum angenommen haben.

Das Kap. 38 enthält, wie man sieht, in klarer Anordnung, den kurzgefaßten Plan des Buches: Die Voraussetzungen des „Magisteriums"; das „Magisterium" (der Vorgang der Umwandlung) selbst und die Prüfung der dabei erhaltenen Produkte.

[63]) „Et fuit causa inventionis eius, quia non invenerunt antiqui . . . nisi spiritus solos . . ." Spiritus, flüchtige Stoffe, im Gegensatze zu Metallen, und zwar: Schwefel, Arsenik, Quecksilber, Markasit, Magnesia, Tutia.

[64]) Sublimation. Der Sinn der Ausführungen über die Sublimation ergibt sich aus den Worten Gebers: „Der ganze Zweck der Sublimation ist also der: Es sollen durch geeignete Anwendung von Hitze die erdigen Bestandteile beseitigt werden, andrerseits die ganz feinen, rauchartigen Teile . . . fortgeschafft werden, so daß man jenen reinen Teil gewinnt, der in der Hitze glatt schmilzt und sich verflüchtigt, ohne sich zu entzünden." Man stelle sich vor, daß Geber als Ausgangsmaterialien für seine Arbeiten eine Reihe von Erzen und Mineralien zur Verfügung hatte, und vielleicht auch Metalle und andere Substanzen, in unreinem Zustande. Mit allen diesen Stoffen konnte er, so wie sie waren, nichts anfangen, und er mußte sich bemühen, sie zu reinigen bzw. die brauchbaren Anteile zu isolieren.

Geber konnte sich natürlich nicht in dem Sinne wie wir über die Natur der angewandten Mineralien klar sein. So ist z. B. für ihn, wie für andere Autoren vor ihm, das Hauptmerkmal des Markasits die „Flüchtigkeit", die von alters her dazu veranlaßt hatte, dieses Mineral mit der Tutia und anderen zu den „Spiritus" zu zählen, während für uns das Hauptmerkmal der Gehalt an Eisen ist, den Geber übersieht, bzw. der für ihn, in diesem Zusammenhange, nicht von Wichtigkeit ist. Das Eisen bleibt bei der Sublimation bei den „erdartigen" Verunreinigungen zurück. Die „Flüchtigkeit" zeigte sich einerseits im Sublimieren von Schwefel beim Erhitzen, andrerseits aber im Sublimieren von anderen Substanzen, die Geber mit „mortifiziertem" Quecksilber, d. h. mit Quecksilberchlorid, offenbar verwechselte, die aber in Wirklichkeit wohl Arsen, Arsentrioxyd u. dgl. waren. Es sei denn, daß unter den als Markasit bezeichneten Mineralien Erze verarbeitet wurden, die auch Quecksilber enthielten, oder daß Gemenge von verschiedenen Erzen verarbeitet wurden. Die Erklärung der chemischen Vorgänge bei den von Geber geschilderten Arbeiten wird noch dadurch erschwert, daß Geber verschiedene „Faeces", „Zusätze", z. B. bei den Sublimationen, anwandte, die, nach seiner Anschauung, die „Reinigung" erleichterten, die aber teilweise chemisch wirksam waren und die betreffenden chemischen Vorgänge tatsächlich beeinflussen konnten.

Bei der „Reinigung" seiner Ausgangsmaterialien, „Markasit" u. dgl., erhielt Geber also in Wirklichkeit verschiedene Reagenzien, z. B. Quecksilberchlorid, vielleicht auch Chlorür, Arsenik und wahrscheinlich auch andere Substanzen, wie etwa Antimon, die wir, infolge der mangelhaften Beschreibungen, nicht sicher feststellen können.

[65]) „Ad elevationem unius palmae", Breite oder Länge einer Hand?

[66]) Aludel. Aus dem Arabischen Al-utal, ein röhrenförmiges Gefäß (s. E. v. Lippmann, Entst. u. Ausbr. d. Alchem.).

[67]) Der lat. Text lautet: „Modus vero remotionis aqueitatis ipsius superfluae est, ut quando commiscetur calcibus, a quibus sublimari debet, teratur et commisceatur illis cum imbibitione, quousque de illo nihil appareat, et postea super ignem lentissimum aqueitas imbibitionis removeatur, qua re cedente, etiam argenti vivi aqueitas cum ea recedit."

Die Stelle „commisceatur illis cum imbibitione . . .“ (in manchen Ausgaben folgt hier noch der Zusatz: „aceti vel alterius rei consimilis“) wurde etwas frei übersetzt: „man verreibt . . . und einer Flüssigkeit, z. B. Essig.“ Die Stelle: „. . . etiam argenti vivi aqueitas cum ea recedit“, bezieht sich darauf, daß aus dem flüssigen Quecksilber eine feste Substanz, feste Quecksilberverbindungen entstehen.

[68]) Sublimation des Quecksilbers. Trotz der ausführlichen Beschreibungen, die Geber über die Sublimation bringt, fehlt für uns etwas sehr Wichtiges, fehlen nämlich genaue Angaben über die Ausgangsmaterialien. Geber beschreibt zwar die Sublimation des „Quecksilbers“. Die Art seines Verfahrens läßt es aber möglich, wenn nicht wahrscheinlich, erscheinen, daß er quecksilberhaltige Mineralien, z. B. Zinnober, mit verschiedenen Materialien zusammen, sublimierte. Angenommen, Geber habe Zinnober mit Kalk (den er in diesem Zusammenhange nennt) erhitzt, so erhielt er zunächst metallisches Quecksilber, etwa nach der Formel:

$$4\ HgS + 4\ CaO = 3\ CaS + CaSo_4 + 4\ Hg.$$

Oder bei der erwähnten Verwendung von Metallen, z. B. Eisen:

$$HgS + Fe = Hg + FeS.$$

Die Bemerkung, daß man aus dem Quecksilber keinen Schwefel zu entfernen brauche, weil es keinen enthält, spricht nicht unter allen Umständen dagegen, daß Zinnober als Ausgangsmaterial verwendet wurde, weil bei dem Erhitzen mit Kalk oder Eisen der Schwefel gebunden wird und von Geber nicht erkannt wurde.

Die Bemerkung Gebers, daß ein Teil des Quecksilbers bei den „Faeces“, also bei dem Kalk bzw. bei den metallischen Zusätzen zurückbleibe, ist richtig und entspricht den Tatsachen bei der Darstellung von metallischem Quecksilber aus Zinnober, besonders wenn bei Luftabschluß erhitzt wird. Bei Gebers Apparatur, einem geschlossenen Sublimationsgefäß, war dies so ziemlich der Fall. Die Beurteilung dieser Dinge wird aber durch die weiteren Angaben Gebers erschwert.

Gleichviel, ob Geber vom Zinnober oder von metallischem Quecksilber ausging: so viel ist sicher, daß das ursprünglich vorhandene oder aber, bei der Verarbeitung von Zinnober oder anderen Mineralien, intermediär frei gewordene, metallische Quecksilber weiter verarbeitet wurde, und zwar wahrscheinlich zu Quecksilberchlorid. Geber schreibt, daß das Produkt weiß wie Schnee und „gewissermaßen tot“ (im Gegensatz zu Argent. vivum) an den Wänden des Aludels hafte, und daß es gut schmelzen müsse.

Es kann also kein metallisches Quecksilber sein. Die Angabe Gebers, daß man bei der Sublimation, außer Kalk, Talk etc. „salis omne genus praeparati“ anwende, allerlei präpariertes Salz, sagt natürlich fast nichts. Er spricht nur von der „imbibitio“ etc. ohne nähere Angaben über die verwendeten Salze u. dgl.

Wahrscheinlich war also, wie erwähnt, das Produkt Quecksilberchlorid (Sublimat), vielleicht mit Quecksilberchlorür vermischt, das durch Erhitzen des entstandenen Sublimates mit Quecksilber entsteht. $HgCl_2 + Hg = 2\ HgCl$.

Die Angabe, daß das Produkt gut schmilzt, paßt allerdings nicht auf das Chlorür, das verdampft, ohne zu schmelzen, während Quecksilberchlorid bei 287^0 schmilzt.

Da Geber auf die Schwierigkeit der Sublimation bzw. der „Präparierung“ hinweist, sei noch bemerkt, daß sich bei der Quecksilbergewinnung außer metallischem Quecksilber noch der sog. Stupp bildet, der sich an den Wänden der Gefäße festsetzt. Es ist dies ein Gemisch von metallischem Quecksilber, Quecksilberverbindungen und Verunreinigungen, die teils aus den Ausgangsmaterialien, teils aus den Zusätzen stammen. Die Gewinnung von reinen Produkten wird dadurch erschwert.

Wenn auch Geber die Sublimation des Quecksilbers ausführlich beschreibt, und zwar auf Grund von Erfahrungen, so konnte er sich doch über chemische Vorgänge, die dabei in Frage kommen, nicht klar sein.

Er konnte sich nur auf die damaligen Anschauungen stützen, die wieder zum Teil auf Aristotelischen und anderen griechischen Gedanken über die Materie fußten. So wollte er z. B. aus dem Quecksilber die erdartigen und wässerigen Teile „entfernen“, was durch die Sublimation geschehen sollte, und es dadurch „reinigen“.

Sein Zweck war dadurch erreicht, daß er sublimierende und lösliche Produkte erhielt, Reagenzien, die er, im Gegensatze zu den Ausgangsmaterialien, Erzen, Metallen u. dgl., bei seinen weiteren Arbeiten verwenden konnte.

[69]) Markasit. Mit dem Worte „Markasit" bezeichnet man heute die rhombische Form des Eisenkieses. Die Angaben Gebers zeigen, daß die Mineralien, die er „Markasit" nennt, in der Hauptsache ebenfalls „Kiese" waren. Man ersieht dies aus seiner Bemerkung, daß der Markasit bei geringerer Hitze Schwefel abgibt. Dies ist nur beim Pyrit FeS_2 und beim Kupferkies der Fall. Erhitzt man z. B. Pyrit in einem Kolben, so sublimiert Schwefel, und es bleibt FeS zurück. Beim Erhitzen von Kupferkies bleibt hierbei $Cu_2S + 2 FeS$ zurück. Wenn Geber weiter bemerkt, daß beim darauffolgenden stärkeren Erhitzen ein Produkt sublimiere, das die Eigenschaften des „mortifizierten" Quecksilbers zeige, so läßt sich das auf verschiedene Weise erklären.

Möglicherweise hat Geber Arsenkies verarbeitet oder mitverarbeitet. Dieses Mineral gibt beim Erhitzen in einem Sublimationsgefäß zuerst braunes Schwefelarsen, das Geber mit Schwefel verwechselt haben kann, und dann metallisches Arsen. Bei Luftzutritt entsteht arsenige Säure (oxydierende Röstung). Bei der Einrichtung, die Gebers Apparatur hatte, kann er wohl ein Gemenge von arseniger Säure und Arsen erhalten haben. Bei der ersteren könnte er vielleicht einige Ähnlichkeit (Sublimationsfähigkeit, Löslichkeit) mit dem „mortifizierten" Quecksilber (z. B. Sublimat) gefunden haben. Die bläuliche Färbung könnte durch beigemengtes metallisches Arsen verursacht worden sein.

Eine andere Erklärung wäre, daß Geber ein Gemenge von Zinnober und Pyrit verarbeitet hat.

Zinnober ist oft von Pyrit begleitet. Man hat das übrigens schon in alter Zeit beobachtet und den „Markasit", d. h. Pyrit, deshalb bisweilen als „Mater Mercurii" bezeichnet.

In diesem Falle könnte Geber vielleicht hier wirklich als Endprodukt Quecksilberchlorid in unreiner Form erhalten haben. Natürlich nur unter der Voraussetzung, daß er bei der Sublimation „alle Arten von präpariertem Salz" wie bei der Sublimation des Quecksilbers anwandte.

Sicheres kann bei den ungenauen Angaben Gebers hier nicht gesagt werden, doch dürfte die erste Erklärung (Verarbeitung von Arsenkies) richtiger sein.

Der „Markasit" spielt in der alchemistischen Literatur eine große Rolle, wie auch „Magnesia" und „Tutia". Im allgemeinen hat man Kiese, Glanze, Blenden usw. so bezeichnet, ohne imstande zu sein, solche Mineralien immer scharf zu unterscheiden.

Aber auch mit dem Namen „Markasit" allein bezeichnete man nicht immer etwa ein bestimmtes Mineral. Man kannte ja die Natur der Erze nur mangelhaft und mußte sich in erster Linie mit der Beachtung äußerer Merkmale begnügen, wobei natürlich viele Verwechslungen und Irrtümer entstanden. Immerhin hatte man schon frühzeitig erkannt, daß manche Erze beim Erhitzen sich veränderten und verschiedene Substanzen abspalteten. Man erkannte weiter, daß solche Substanzen, z. B. Schwefel, Arsenik, auch für alchemistische Zwecke verwendbar waren, und man lernte solche Substanzen durch Sublimation zu gewinnen. Man wandte ferner allerhand „Zusätze" an, die in Wirklichkeit chemische Veränderungen bewirkten, während man glaubte, das angewandte Material „gereinigt" zu haben. In frühen Zeiten, da man Säuren und andere Reagenzien noch kaum kannte, mußte natürlich die Behandlung von Mineralien wie „Markasit" usw. durch Sublimation, und mußten solche Mineralien selbst, sehr wichtig sein.

Man findet daher auch viele Angaben in der alten Literatur darüber, aus der ich einiges anführe.

Wichtig ist z. B. eine Schrift: „Tractatus De Marchasita" abgedruckt in dem Sammelband: „Alchemiae Quam Vocant, Artisque Metallicae, Doctrina ...", Basel 1572, 2. Teil, S. 306.

Der unbekannte Verfasser schreibt u. a.: „Multorum generum et multis in locis reperitur Marchasita vulgo dicta, a Graecis autem Pyrites ...", der Verfasser nennt auch, was in der älteren Literatur selten ist, eine Reihe von Fundorten und u. a.

„Villa de Glexia" auf Sardinien, ohne Zweifel Iglesias, wo (Monteponi) Bleiglanz- und Galmei-Lagerstätten sind.

Ich nenne ferner eine Stelle aus dem „Lignum vitae" des Giovanni Bracesco, einem Kommentar zu alchemistischen Autoren, besonders zu Geber. (Eine italienische Ausgabe Venedig 1572, eine lateinische Ausgabe z. B. Basel 1572.) Es kommt dort die Stelle vor: „Philosophi sub marchasitae nomine locuti sunt de ferro communi." Ob Geber sich darüber klar war, welche *Metalle* die von ihm verarbeiteten Mineralien „Markasit" usw. enthielten, ist zweifelhaft. Für ihn waren, wie erwähnt, in diesem Zusammenhange in erster Linie diejenigen Substanzen wichtig, die er aus den Erzen u. dgl. durch die *Sublimation* erhielt.

Er dachte und arbeitete eben weniger nach metallurgischen als nach alchemistischen Gesichtspunkten. — Es sei noch kurz erwähnt, daß in späterer Zeit eine Verwirrung in den Benennungen besonders dadurch entstand, daß man mit „Markasit" oft Wismut meinte, besonders die Pharmazeuten (vgl. Joh. Friedr. Henckel, Pyritologia, oder Kieß-Historie ... Leipzig 1725).

Nun noch einiges aus der älteren Literatur: Es ist nicht ohne Interesse, was Albertus Magnus „De Mineralibus" über Magnesia und Markasit sagt. Wir zitieren nach der Lyoner Ausgabe von 1651. Inwieweit der Text dieser Ausgabe echt und richtig ist, kann hier nicht entschieden werden. Es heißt dort (De mineralibus, Tractatus II, Kap. 11): „Magnesia quem quidam magnosiam vocant, lapis est niger, quo frequenter utantur vitrarii: hic lapis distillat et fluit in magno et forti igne, et non aliter, et tunc immixtus vitro ad puritatem vitri deducit substantiam." Und über Markasit: „Marchasita sive marchasida, ut quidam dicunt, est lapis in substantia et habet multas species, quare colorem accipit cuiuslibet metalli, et sic dicitur marchasita argentea et aurea, et sic de aliis. Metallum tamen quod colorat eum, non distillat ab ipso, sed evaporat in ignem: et sic relinquitur cinis inutilis: et hic lapis notus est apud Alchimicos, et in multis locis invenitur." Diese Beschreibung ist, wie man sieht, nicht sehr deutlich. Wahrscheinlich handelt es sich um Kiese, vielleicht auch Blenden usw. Das Metall, das „evaporat in ignem", ist vielleicht Arsen. Die „unnütze Asche", die zurückbleibt, besteht dann aus Metallsulfiden, z. B. Eisensulfid, bzw. Metalloxyden, Eisenoxyd, Zinkoxyd, wenn bei Zutritt von Luft gearbeitet wurde (Röstung). In Liber V De Mineralibus, Cap. VI schreibt Albertus Magnus noch etwas ausführlicher über den Markasit und sagt, daß er sowohl die Natur eines „Steines" als eines Metalles habe, bzw. zwischen ihnen stehe. In diesem Sinne gebraucht auch Geber den Ausdruck „mittlere Mineralien".

Albertus sagt weiter: „Marchasitae autem sunt tot genera, quot species metallorum." Offenbar bezeichnete er alle „Kiese", „Blenden" und „Glanze", ja sogar vielleicht auch andere Erze als „Markasit". Albertus scheint bei der Zusammenstellung seines „liber de mineralibus" eine Schrift des Arnoldus Saxo benutzt zu haben: „de virtutibus lapidum", die ihrerseits wieder auf das „Steinbuch des Aristoteles" zurückzugehen scheint, das wahrscheinlich etwa im 9. Jahrhundert entstanden ist (vgl. darüber: I. Ruska, „Das Steinbuch des Aristoteles", Heidelberg 1912).

In diesem Steinbuche werden auch u. a. Markasit, Magnesia und Tutia erwähnt, z. B.: „Vom Markasit gibt es viele Arten, darunter den Gold-, Silber- und Kupfermarkasit." Auch „Talc" wird erwähnt. Das Wort bedeutet vielleicht „Glimmer".

In der klassischen, griechischen und römischen Literatur kommt die Bezeichnung „Marcasita" *nicht* vor. Sie ist eine spätere syrische oder arabische Übertragung für das Griechische „πυρίτης λίθος" „Pyrit", Schwefelkies, wohl auch Kupferkies, s. Dioscorides 5, 143 und Plinius 36, 30 (nach der Ausgabe Paris 1831, Lemaire). Plinius schreibt u. a.: „In Cypro eum reperiri volunt, ... unum argenteo colore, alterum aureo." Man sieht also, daß die Bezeichnungen „Gold- und Silbermarkasit" auf den gold- und silberfarbigen „Pyrit" der Alten zurückgehen. Die Bezeichnung „goldfarbig" paßt auf Kupferkies. Unser „Pyrit", Schwefelkies, Eisenkies, ist etwas heller gelb, mit etwas Grau. Die Bezeichnung „Silberpyrit" bzw. „Silbermarkasit" ist für den Arsenkies, Arsenopyrit, zutreffend, der an vielen Orten mit Eisenkies zusammen vorkommt und silberweiß bis grau ist. Auch das heute noch „Markasit" genannte Mineral, die rhombische Form des Eisenkieses, ist etwas heller in der Farbe wie der

Eisenkies. Im übrigen ändern sich diese Farben durch „Anlaufen", so daß man aus alten Angaben, die auf das Aussehen von Mineralien Bezug nehmen, nicht viel Sicheres schließen kann. — Ob sich die Bezeichnung Gold- und Silber-Markasit vielleicht manchmal weniger auf das Aussehen als auf das etwaige Vorkommen von Gold und Silber bezieht, soll hier nicht untersucht werden.

Die Beschreibungen dieser und anderer Mineralien sind im Altertum und im Mittelalter, so auch bei Geber, ungenügend und lassen keine ganz sichere Beurteilung zu.

Sicher ist, daß „Markasit", „Magnesia", „Tutia" Mineralien mit flüchtigen Bestandteilen waren. Nur die letzteren kommen für Geber bei der Sublimation in Betracht.

Noch einige Worte über die Herkunft des Wortes „Markasit": Die Bezeichnung Markasita ist, wie schon erwähnt, nicht griechisch oder lateinisch. Bei griechischen Alchemisten (s. z. B. Berthelot, Collection des Anciens Alchimistes Grecs 2, S. 333) kommt zwar wiederholt die Bezeichnung μαρκασήτα vor. Diese Schriften stammen aber aus nicht sehr früher Zeit, teilweise vielleicht erst aus dem 13. Jahrhundert. Die Bezeichnung μαρκασήτα ist dort also wohl sicher arabischen oder syrischen Schriften entnommen. Vielleicht könnte „Markasit" eine Herkunftsbezeichnung sein, etwa von dem Orte Markasi, heute Marrasch, südlich vom Taurus. Orte mit ähnlichem Namen, ferner in Arabien und Griechenland. Markasit = „Stein von Marchasch" kommt schon frühzeitig vor (s. Lippmann, „Alchemie", S. 388).

[70]) Geber hat richtig beobachtet, daß Glas Metalle aufnimmt. Es entstehen dadurch gefärbte Gläser. So z. B. entsteht durch Kobaltoxyd blaues, durch Kupferoxyd und Chromoxyd grünes, durch Eisenoxyd gelbes und braunes, durch Manganoxyd violettes Glas. Glas löst auch Metalle in kolloidalem Zustand auf und wird dadurch stark gefärbt, durch Gold z. B. rot, durch Silber gelb. Metalloxyde lösen sich auch in geschmolzenem Borax auf und bilden damit farbige Gläser (Nachweis von Metallen). Die Glasur besonders von einfachen Tongefäßen u. dgl. wird und wurde sicher schon frühe mit Kochsalz hergestellt. Das Salz verdampft in der Hitze und bildet mit dem Ton der Gefäße oberflächlich leicht schmelzbare Silicate. Diese Silicate verhalten sich wie Glas, das auch ein ähnlich zusammengesetztes Silicat ist, und lösen auch Metalle bzw. Metalloxyde auf. So wird Gebers Angabe bestätigt.

[71]) Sublimation der Magnesia und Tutia. Die Bezeichnung Magnesia hat im Laufe der Jahrhunderte vielleicht noch mehr Anlaß zu Verwechslungen und Irrtümern gegeben wie der Markasit. Ursprünglich Ortsbezeichnungen für eine Landschaft am Ägäischen Meere, zweitens für eine Stadt am Meander, jetzt Inek-bazar, drittens für eine Stadt in Lydien. Dann Lapis magnes, die Bezeichnung für den Magnetstein. Bei Plinius wird ein männlicher und weiblicher Lapis magnes unterschieden. Der „weibliche" ist der „Braunstein", also Mangandioxyd MnO_2.

Später wurde der Braunstein in den Glashütten Magnesia genannt und zum Reinigen des Glases verwendet. „Nehmlich in Glashütten ist Magnesia eine graue, schwarze, russige, martialische Bergart, welche dem Glas, so es in die Grüne oder Blaue fallen will, eine hellere Crystallen-Farbe geben muß, wird Braunstein genannt, ist gleichsam des Glases Seife . . ." (Henckel, Kieß-Historie, S. 88). Aber auch Wismut wurde Magnesia genannt, wodurch viele Irrtümer entstanden. Am Ende des 18. Jahrhunderts, 1774, beschrieb Scheele den Braunstein als eine besondere Erde, und I. G. Gahn zeigte später, daß diese Erde zu einem besonderen Metall reduziert werden könne, das er, in Anlehnung an die alte Bezeichnung Magnesia oder Magnesia nigra für Braunstein, Magnesium nannte. Um Verwechslungen mit der Magnesia MgO (Bittererde, Talkerde) bzw. dem später daraus gewonnenen Metall Magnesium zu vermeiden, nannte man später das aus dem Braunstein gewonnene Metall „Manganesium". Hieraus ist dann unser Wort Mangan entstanden (Berzelius, Lehrbuch, 3. Bd.). Daß das Wort Mangan von dem griechischen Wort μαγγανεύειν (reinigen) stammt (Karl Hofmann, Anorg. Chemie), scheint mir weniger wahrscheinlich zu sein. Hofmann denkt an das Reinigen des Glases durch den Braunstein. Das griechische Wort bedeutet zunächst: durch Mittel bezaubern, z. B. von der Kirke. Dann allerdings auch durch künstliche Mittel verschönern. „Magnesia" ist aber auch eine allgemeinere Bezeichnung für verschiedene Erze, und zwar wohl wie „Markasit" für Kiese usw., Erze, die bei der Sublimation flüchtige Stoffe abgeben. Es ist unmöglich festzustellen, welche Erze Geber im besonderen als Magnesia bezeichnet, und ob sie Mangan enthielten. Manganblende, Mangankies MnS_2? Markasit und Magnesia werden in der alchemistischen Literatur sehr oft genannt, wie schon erwähnt wurde, und zwar, fast immer, nebeneinander. Im allgemeinen machte man aber doch einen Unterschied zwischen den zwei Körpern, und man findet sogar Angaben über die Trennung von Markasit und Magnesia. So in dem schon genannten „Tractatus de Marchasita", der übrigens auch im „Theatrum Chemicum" Bd. 3 abgedruckt ist. In dieser Schrift wird auch — und dies ist von Interesse — angegeben, daß der Marchasit bei den Griechen Pyrites genannt werde (s. die Anmerk. über Markasit). Ruland, Lexicon Alchemiae, scheint dagegen Markasit und Magnesia für identisch zu halten.

[72]) Unter Tutia sind wohl sicher Zinkerze zu verstehen, bzw. Zink und Zinkoxyd. Tutia vom persischen Duddha = Rauch (bei der Verhüttung); siehe Lippmann „Alchemie", sowie „Abhandlungen" 2. Bd. Nach freundlichen Mitteilungen von Herrn Prof. P. Süßheim, München, ist Tutia ursprünglich Sanskrit tuttham (Vitriol?), dann Persisch (sogen. Neupersisch, etwa 700 n. Chr. bis heute) tutija u. a. für ein Augenheilmittel, wohl Zinkoxyd und dgl. Seit etwa 650 n. Chr. in das Arabische übergegangen. Von da in das Latein und in moderne Sprachen. Geber sagt nichts Näheres über die Zusätze, so daß man nicht sicher sagen kann, ob er metallisches Zink durch Reduktion gewonnen hat. Zu Gebers Angabe, daß Kupfer Tutia als Zusatz braucht, um leicht zu sublimieren, sei bemerkt, daß aus Kupfer-Zink-Legierungen bei hohen Temperaturen alles Zink abdestilliert werden kann, so daß das Kupfer zurückbleibt. Moissan hat solche Versuche im elektrischen Ofen vorgenommen. Auch bei der Messingherstellung verdampft immer etwas Zink, bzw. es oxydiert sich an der Luft zu Zinkoxyd, wodurch die betr. Räume durch weiße Dämpfe erfüllt werden. Es ist meines Wissens nie beobachtet worden, daß dabei Kupfer mitgerissen wurde. Dagegen ist es richtig, daß die Schmelzpunkte der Kupfer-Zink-Legierungen niedriger sind wie der Schmelzpunkt des Kupfers. Kupfer schmilzt bei 1080°, eine Kupfer-Zink-Legierung mit 50% Zink bei 912%. Was den Zusatz von Arsen betrifft, sei bemerkt, daß verschiedene Kupfer- bzw. Eisen-Arsen-Verbindungen bekannt sind. Beim Erhitzen einer Legierung mit 59,67% Kupfer unter Luftzutritt treten schon bei 180° Arsendämpfe auf. Nach zweistündigem Erhitzen auf 315° bleibt eine Masse mit 11,93% Arsen zurück. Das Arsen kann auch ganz aus der Legierung durch Erhitzen entfernt werden. Auch Arseneisenverbindungen geben beim Erhitzen Arsen ab, sublimieren also nicht unzersetzt. So auch z. B. das in der Natur vorkommende Arseneisen, Arsenikalkies $FeAs_2$, der beim Erhitzen ein Sublimat von Arsen gibt. Die Schmelzpunkte bzw. Erstarrungspunkte der Kupfer-Arsenverbindungen liegen viel tiefer als der Schmelzpunkt des Kupfers. Der Erstarrungspunkt einer Legierung, die 19,2% Arsen enthält, liegt z. B. bei 685° (Gmelin-Kraut, Handbuch). Geber kam es vielleicht besonders darauf an, leichter schmelzende Substanzen zu bekommen. Wenn er von der Sublimation des Markasits, der Magnesia und Tutia spricht, so waren die tatsächlich sublimierenden bzw. destillierenden Substanzen in der Hauptsache wohl Schwefel, vielleicht Arsensulfid, Arsentrioxyd, Arsen, sowie vielleicht Zink bzw. durch Oxydation an der Luft Zinkoxyd.

[73]) Descension. Das Wort Thimia wird im Lexikon Alchemiae von Ruland 1612 erwähnt: „Das Geschirr da man destilliert unter sich", also für die Descension. Daß die Bezeichnung Thimia mit dem griechischen Wort ϑυμιατήϱ, Räuchergefäß, zusammenhängt, möchte ich für möglich halten. In manchen Geber-Ausgaben findet sich übrigens statt Thimia das Wort Chimia oder Descensorium Chemiae.

[74]) Die hier von Geber beschriebene Descensionsmethode wurde bis in unsere Zeit angewandt. Sogar der Name hat sich erhalten. So geschah die Reduktion der Zinkerze in England früher nach einem Vorgang, der Destillatio per descensum genannt wurde. In dem dafür verwendeten Ofen wurden Tiegel aufgestellt, welche Galmei und Kohle enthielten und oben fest verschlossen waren. Der Boden war durchbohrt und mit einem Holzpflock verschlossen, der bald verkohlte und die Zink-

dämpfe hinausließ, die sich verdichteten. Das geschmolzene Metall tropfte auf darunter gestellte Gefäße (vgl. Roscoe-Schorlemmer, Anorg. Chemie, 2. Bd., S. 217 mit Abbildung).

Vielleicht hat Geber schon nach dieser Methode metallisches Zink erhalten. Die Beschreibung der Descensionsmethode bzw. des Verhaltens des schon reduzierten Metalls, das, ohne Anwendung der Descensionsmethode, bei längerem Erhitzen wieder von neuem verbrannt (oxydiert) wird, ist besonders klar und exakt.

[75]) Destillation. Quae per ascensum fit in Alembicum. Per ascensum Gegensatz zu der Descension. Die Dämpfe gehen in die Höhe (Elevatio) und kondensieren sich im Alembik. Die Flüssigkeit wird in der Vorlage aufgefangen. Der Alembik wird dicht, z. B. mit Lehm, auf das Destillationsgefäß, Cucurbita aufgesetzt. Z. B. die Destillation von Wein und Darstellung des Alkohols daraus, der Quinta Essentia des Weins. S. z. B. Brunschwick, Das Buch der wahren Kunst zu Distillieren (verschiedene Ausgaben von etwa 1500 ab). Über Destilliergeräte s. auch H. Schelenz, Berlin 1911, zur Geschichte der pharmaceutisch-chemischen Destilliergeräte.

[76]) „Medizinen" vor allem im alchemistischen Sinne.

[77]) Diese Methode ist die Destillatio descensoria, die früher für Herstellung von Pflanzenextrakten angewandt wurde und, wenn auch ohne diese Bezeichnung, in gewissen Formen heute noch angewandt wird.

Die einfachste, alte Form, wie sie von alten Autoren, z. B. von Joh. B. Porta, von Libavius u. a. beschrieben wird, ist folgende: Ein Glaskolben ist, durch ein durchbohrtes Brett od. dgl. gestützt, derart angebracht, daß der Hals nach unten geht und in ein zweites, normal aufgestelltes Gefäß mündet. Der obere Kolben enthält Pflanzenstoffe, z. B. solche, die ätherische Öle enthalten. Wird nun der obere Kolben erwärmt, so schwitzt das in den Pflanzen enthaltene Wasser, Öl usw. aus und gelangt nach unten in das Gefäß. Als Wärmequelle wurde auch die Sonnenwärme verwendet, zum Teil unter Verwendung von Brennspiegeln oder -gläsern. Eine gewisse Ähnlichkeit mit diesen alten Apparaten hat der Percolator, den man unter Verwendung von Lösungsmitteln zur Herstellung von Pflanzenextrakten, z. B. von sog. Fluidextrakten, heute benutzt.

[78]) Geber sieht auch das Filtrieren als Destillation an, d. h. als Abtropfen nach einem „in die Höhe steigen lassen" (Elevatio). Dies ist verständlich, da man in alter Zeit in der im folgenden beschriebenen Weise filtrierte. Die zu filtrierende Flüssigkeit steigt dabei, durch Wirkung der Capillarität, in einem Gewebe in die Höhe und tropft in ein vorgelegtes Gefäß. Der Versuch gelingt leicht, mit Stoff besser als mit Papier.

[79]) „einen irdenen Topf mit Asche" entspricht unserem Sandbad.

[80]) Die Destillationskunst in unserem Sinne ist in den ersten Jahrhunderten n. Chr. entstanden, wurde allmählich verbessert und näher erst in der 2. Hälfte des Mittelalters beschrieben, zuletzt auch in leichter verständlicher Weise (s. die sog. Destillierbücher). Im 1. Jahrhundert n. Chr. wurden zwar einige Öle, z. B. Terpentinöl aus Harzsäften, durch Destillation gewonnen, aber nur in denkbar primitivster Art: man hängte Wolle über die (offenen) Gefäße mit den zu destillierenden Substanzen und ließ sie die aufsteigenden Dämpfe absorbieren, was natürlich nur sehr unvollkommen gelang.

[81]) Bleimonoxyd, Massicot.

[82]) Bleioxyd schmilzt bei höherer Temperatur, über 400°, zu sog. Bleiglätte. Es ist aber kaum möglich, daß Geber diese Substanz mit metallischem Blei verwechselt hat. Man kann wohl annehmen, daß sein Blei bzw. sein Bleioxyd noch Schwefelblei enthalten hat. Dann geschah das, was man als „Röstreaktionsprozeß" bei der Verarbeitung von Bleiglanz PbS anwendet. Bleiglanz wird so weit geröstet, daß ein Gemisch von Bleioxyd und Bleisulfat entsteht (letzteres durch Oxydation aus Bleisulfid PbS). Wird dann weiter erhitzt, so entsteht metallisches Blei und Schwefeldioxyd, etwa nach den Formeln

$$2\,PbO + PbS = 3\,Pb + SO_2,$$
$$PbS + 3\,PbSO_4 = 4\,Pb + 4\,SO_2.$$

Wie man sieht, läßt sich diese scheinbar unrichtige Beobachtung Gebers, wie manche andere, gut erklären.

[83]) Zinnoxyd schmilzt bei starker Hitze zu einem rötlichen Glas (Klaproth). In der Glasfabrikation wird es bei der Herstellung von „Milchglas“ verwendet.

[84]) Geber sagt nichts Näheres über das verwendete „scharfe Salz“, und wir wissen auch nicht, welche Verunreinigungen die von ihm verarbeiteten Metalle enthielten. Es ist deshalb auch unmöglich, den hier angedeuteten Vorgang zu beurteilen und zu entscheiden, ob das angewandte „Salz“ überhaupt chemisch einwirkte, etwa chlorierend, oder ob nur eine Oxydation zu Bleioxyd bzw. Zinnoxyd stattfand, was wohl wahrscheinlicher ist.

[85]) Kupfer färbt die Flamme blau. Schwefel verbrennt mit bläulicher Flamme. Daher die Annahme aus dem Kupfer werde Schwefel frei (s. auch später unter Kupfer).

[86]) „nec fusionem competentem nec ingressionem habent“, d. h. keine richtige Reaktionsfähigkeit.

[87]) Es wurden vielleicht Quecksilber-Arsenverbindungen bzw. graue Gemische von Quecksilber und Arsen erhalten, die äußerlich an Bleiamalgam erinnern konnten.

[88]) Der Sinn der langen Ausführungen über die „Koagulation“ ergibt sich aus dem ersten Satze des Kapitels. Das Quecksilber enthält, wie die Alchemisten auf Grund der Aristotelischen Anschauungen (z. B. Meteorol. 4, 8) annahmen, Feuchtigkeit, die man durch geeignete Operationen entfernen kann, wie man das Wasser einer Lösung durch Eindampfen entfernt. Allerdings ist, wie Geber schreibt, die Quecksilbersubstanz „uniformis“ und gibt ihre „Feuchtigkeit“ nicht so leicht ab, wie etwa eine Salzlösung. Die Abtrennung dieser Feuchtigkeit, die „Koagulation“, gelingt aber doch, wenn man die richtigen Methoden kennt. Diese will Geber zeigen. Sein Ziel ist, das Quecksilber in festes Metall, und zwar besonders „in substantiam solarem vel lunarem“ umzuwandeln. Aus Gebers Angaben geht klar hervor, daß er die Darstellung von Amalgamen, von Quecksilberoxyd und verschiedenen Quecksilberverbindungen kannte, wenn er natürlich auch zum Teil andere Vorstellungen damit verbinden mußte wie wir.

Aber Geber sagt deutlich genug, daß diese Substanzen nicht die wahren und gesuchten Produkte der „Koagulation“ sind, sondern die aus dem Quecksilber gewonnenen festen oder sogar edeln Metalle, z. B. mit Hilfe der „Medizinen“.

Daß Geber und andere Alchemisten bei solchen Arbeiten Metalle erhalten haben könnten, die ursprünglich in dem verarbeiteten Quecksilber gelöst waren, sei nebenbei bemerkt. Eine hinreichende Erklärung für die Angaben Gebers kann und soll dies nicht sein.

[89]) Das ist die Anwendung von „Circulationsgefäßen“, deren Wirkung etwa die des Arbeitens mit dem Rückflußkühler ist. Wenn die Gefäße, d. h. die zwei Aludel gut und dicht miteinander verbunden waren, so konnte auch der Fall eintreten, daß unter Druck erhitzt wurde. Derartige Apparaturen wurden schon sehr früh angewandt (siehe z. B. H. Schelenz, Destilliergefäße, Berlin 1911).

Über die Methode des „Fixierens“ bei den alten Chemikern findet sich in neueren Werken so gut wie nichts. Die Fixierung ist die Darstellung nicht flüchtiger Verbindungen aus flüchtigen Substanzen. Das einfachste Beispiel einer „Fixierung“ ist die des Quecksilbers. Wird das Quecksilber lange „unter Rückflußkühlung“ erhitzt, also z. B. wie bei Geber in einem Glasgefäß mit langem Hals, so entsteht Quecksilberoxyd, das fest ist und nicht flüchtig, also „fixiertes“ Quecksilber. Das wäre der einfachste Fall einer Fixierung. Die eigentliche Fixierung im Sinne der Alchemisten geschieht durch Einwirkung verschiedener Substanzen aufeinander. Der höchste Grad der Fixierung des Quecksilbers war für die Alchemisten die Fixierung bzw. Koagulation zu Gold mit Hilfe der „Medizin“.

Ein weiterer Zweck der Fixierung war, wie Geber hier sagt, der, ebendiese „Medizinen“ in solcher Form herzustellen, daß sie nicht sublimierten, sich nicht verflüchtigten, wenn man sie den geschmolzenen bzw. glühenden Metallen zusetzte. Geber sagt hier selbst, daß die Fixierung je nach der Art der zu fixierenden Substanzen verschieden ist. Das sieht man aus seinen folgenden Angaben. Viele Mißverständnisse waren bei den mangelhaften Kenntnissen und den unreinen Materialien, die verarbeitet wurden, unausbleiblich. Wenn Geber Schwefel und Arsenik „fixierte", so sind viele Möglichkeiten vorhanden. So kann er z. B. Schwefel mit Metallen erhitzt — und Sulfide erhalten haben. Ein „Fixieren" war es auch in gewissem Sinne, wenn er Pyrite, Kiese, erhitzte, die dabei Schwefel abgeben. Aus dem zurückbleibenden Sulfid sublimiert dann, bei Luftabschluß, kein Schwefel mehr, und das Ausgangsmaterial, z. B. „Markasit", ist dann in gewissem Sinne „fixiert". Noch mehr trifft dies zu, wenn Geber diese Kiese und Blenden „durch Calcination und Reduktion", d. h. durch Rösten und Reduzieren, zu Oxyden bzw. zu Metallen verarbeitet hat. Es handelte sich also allgemein darum, flüchtige Substanzen durch verschiedene Operationen in nicht flüchtige überzuführen. Das Gegenteil davon, d. h. zur Fixatio, war die „Volatilisatio", d. h. die Überführung nicht flüchtiger Körper in flüchtige Substanzen. Als Beispiel sei die Darstellung von sublimierbarem Eisenchlorid aus Eisen, durch Einwirkung von Salmiak, Chlorammon, genannt. Der Gedankengang der alten Chemiker war dabei der, daß flüchtige Salze wie Salmiak, den man z. B. über Eisen sublimierte, ihre Flüchtigkeit auf das Eisen übertragen. Vgl. darüber z. B. die Angaben bei Libavius, sowie Daniel Sennert, De Chymicorum ... Consensu etc. Frankfurt 1655.

Bezeichnungen wie „fixes Salz", „fixes Alkali" im Gegensatz zu flüchtigem Alkali (Ammoniak) haben sich bis in neuere Zeit erhalten. Im Französischen: Sel fixe, Sel volatile.

Vgl. z. B. Ettmüller, Nouvelle chymie, Lyon 1693. Baumé, Manuel de chymie, Paris 1766 u. a.

[90]) Ceration. Geber gibt selbst an, daß die Ceratio das Weichmachen einer nicht schmelzenden Substanz ist. Der Gedankengang ist ähnlich wie bei anderen Gelegenheiten: Quecksilber ist flüssig und enthält viel Feuchtigkeit, die man auf harte, schwer schmelzende Körper überträgt, um sie weich und leichter schmelzend zu machen. Der Ausdruck Ceratio bedeutet also das Weichmachen (Wachs) bzw. Leichtschmelzbarmachen. E. v. Lippmann schreibt über den Ausdruck ἐγκήρωσις, der dem Wort Ceratio entspricht, daß er sich ursprünglich auf die Palette bezog, auf der die Farben von den griechischen Malern mit Wachs gemischt wurden. Aber auch bei den griechischen Alchemisten wird der Ausdruck ἐγκήρωσις wohl dasselbe wie später bei Geber bedeutet haben, nämlich Weichmachen, Leichtschmelzbarmachen. Im späteren Mittelalter und in der neueren Zeit scheint die Methode der „Ceration" vergessen worden zu sein. Auch in Werken über die Geschichte der Chemie ist darüber nichts angegeben.

[91]) Schwefel und Arsenik werden immer zusammen genannt und als Genossen u. dgl. bezeichnet. Dies ist um so begreiflicher, als wohl meistens die Sulfide des Arsens, Realgar, Sandarach, As_2S_2, und Auripigment As_2S_3 verwendet wurden, die in der Natur vorkommen und seit alter Zeit bekannt sind.

[92]) Verderbende Einwirkung, corruptio, auf Metalle, im Gegensatz zu veredelnder Einwirkung, perfectio, bzw. unedle und edle Eigenschaften der Metalle s. die späteren Anmerkungen.

[93]) Im lateinischen Texte: „videmus argentum vivum argento vivo magis adhaerere et eidem magis amicari."

Die Bemerkung bezieht sich offenbar auf die auffallende Kohäsionsfähigkeit des Quecksilbers, auf die leichte Vereinigung einzelner Quecksilberteile. Der Gedankengang im folgenden ist etwa der:

Quecksilber vereinigt sich leicht mit Gold und Silber. Man kann daraus schließen, daß diese Metalle eine ähnliche Natur haben wie das Quecksilber — „ipsa esse suae naturae magis".

Gold und Silber enthalten in erster Linie Quecksilber als Urbestandteil und besitzen eben dadurch ihre edeln Eigenschaften. Es folgt daraus, daß das Quecksilber das vollkommenste Veredelungsmittel — „perfectivum perfectissimum" — sein muß.

Geber zieht aus dieser Überlegung den weiteren Schluß, wie aus anderen Stellen hervorgeht, daß man diejenige Substanz, die bei der Darstellung der veredelnden „Medizin" vor allem gebraucht wird, den „Mercur", aus dem Golde gewinnen muß.

Gewöhnliches Quecksilber und „Urquecksilber", als Bestandteil der Metalle, werden von Geber nicht immer scharf unterschieden, was schon in der alchemistischen Literatur der Jahrhunderte nach Geber viele Irrtümer und Verwechslungen veranlaßte. Am Schlusse des Kapitels deutet der Autor diese Dinge übrigens an.

[94]) Quecksilber enthält oft andere Metalle, wie Blei, Zinn, Wismut. Man reinigt das Quecksilber heute mit verdünnter Salpetersäure, durch welche die Verunreinigungen stärker angegriffen werden als das Quecksilber.

[95]) Diese Beschreibung des Markasits zeigt noch deutlicher wie die obige (Sublimation des Markasits), daß es sich um arsenhaltige Pyrite handelt. Die erwähnte Weißfärbung des Kupfers geschah höchstwahrscheinlich durch Arsen, durch Bildung einer hellen Legierung, z. B. Cu_3As_2. Die Verwechslung mit Quecksilber geschah durch diese Weißfärbung. Verwechslung mit Amalgam. Die „Sublimation" war offenbar mehr eine Röstung, bei der Schwefel verbrannte. Metallglanz deutet ebenfalls auf Pyrite. Der Satz „Tutia ist der Rauch der weißen Metalle" deutet in diesem Zusammenhang auf Zink bzw. Zinkoxyd, das bei der Messingherstellung sich durch verdampfendes Zink an der Luft bildet und sich in Form eines weißen Nebels, z. B. in Messinggießereien („fabricae fabrorum" im lat. Texte) u. dgl. zeigt. Zink war als selbständiges Metall zur Zeit Gebers nicht bekannt, daher auch die unsichere Ausdrucksweise. Geber hat also das Schmelzen bzw. Gießen von zinkhaltiger Bronze oder von Messing beobachtet; über „Magnesia" s. oben.

[96]) Im Feuer abnimmt. Das trifft vor allem auf unreines, z. B. bleihaltiges Silber zu. Reines Silber siedet bei 1955^0.

[97]) Schwefel schmilzt bei $114{,}4^0$. Erhitzt man weiter, so wird er dunkel und zähe wie Harz und erst bei 400^0 wieder dünnflüssig. Ob Geber diesen Vorgang meint, ist zweifelhaft. Wahrscheinlich hat er doch stärker erhitzt, so daß er das Wiederflüssigwerden des Schwefels hätte beobachten müssen. Vielleicht bestand der nach der Calcination „nicht mehr schmelzende Schwefel" nur aus mineralischen Rückständen.

[98]) Die Stelle ist unklar. Man ersieht nicht daraus, ob der kalkähnliche Körper als Rückstand bei der Destillation des Schwefels zurückbleibt, d. h. ob es sich um Beimengungen des Schwefels handelt. Die Umwandlung des Quecksilbers „in eine Erde" bezieht sich vielleicht auf die Darstellung von Quecksilberoxyd. Die Angabe, daß das Quecksilber nach der Sublimation wie ein Metall schmilzt (fusionem dat metallicum), könnte sich vielleicht auf Metalle, z. B. Blei, beziehen, die das Quecksilber enthielt.

[99]) An anderer Stelle sagt Geber richtig, daß das Gold schwerer ist als das Quecksilber.

[100]) Die Bemerkung, daß das Quecksilber entweder mit seiner ganzen Substanz sich in der Hitze verflüchtigt oder ganz darin beständig bleibt — „quia aut cum tota sua substantia ex igne recedit, aut cum tota in illo permanens stat" — könnte sich vielleicht darauf beziehen, daß das Quecksilber entweder unverändert sublimiert, oder aber sich (bei Luftzutritt) in Quecksilberoxyd umwandelt.

Vielleicht meint Geber aber damit das reine „Urqecksilber", wie es im Gold nach seiner Ansicht enthalten ist. Die folgenden Sätze beziehen sich sicher auf diese Vorstellungen.

Man beachte den Satz: „Ipsum enim est, quod ignem superat, et ab igne non superatur; sed in illo amicabiliter requiescit, eo gaudens."

Dieser merkwürdige Ausspruch bezieht sich m. E. auf das wiederholt von uns so genannte „Urquecksilber", den hypothetischen Hauptbestandteil des Goldes, bzw. den aus dem Golde herzustellenden „Mercur", der seinerseits das Wichtigste bei der Darstellung der „Medizin" ist; und letzten Endes auf das Gold selbst. Dieser „Mercur", wie auch die „Medizin", muß im Feuer beständig sein, um bei der „Veredlung" richtig auf die „unvollkommenen" Metalle in der Hitze einzuwirken und sich nicht zu verflüchtigen.

Man wird bei diesem Ausspruche Gebers von dem Quecksilber „quod ignem superat, et ab igne non superatur" etc. lebhaft an die uralten merkwürdigen Fabeln über den Salamander erinnert.

Schon Aristoteles schreibt über ihn: Historia animalium 5, 19 als Beispiel von Tieren, die im Feuer existieren können, daß er das Feuer auslösche. Plinius 10, 188 spricht von der Unverbrennlichkeit des Salamanders. Dioscurides 2, 67 hält dagegen solche Ansichten für Torheiten.

Wie manche anderen aristotelischen Angaben, allerdings meist umgearbeitet und für die besonderen Zwecke verändert, in der alchemistischen Literatur wieder auftauchen, so wird auch der „Salamander" schon bei den griechischen Alchemisten (s. z. B. Berthelot, Les origines de l'alchimie) erwähnt, ohne Zweifel als Symbol für Körper, die im Feuer beständig sind, besonders für das Gold und für die umwandelnde Substanz, die „Medizin" u. dgl. Ebenso bei den späteren Alchemisten, bei denen bisweilen, wenn auch nicht häufig, im gleichen Sinne, die Bezeichnungen: „Salamandra Philosophorum", „Salamandra chymistica", „Salamandra rubicundissima" vorkommen.

Geber braucht zwar den Ausdruck „Salamandra" nicht; die Worte „ipsum enim est, quod ignem superat, et ab igne non superatur, sed in illo amicabiliter requiescit, eo gaudens" zeigen aber m. E., daß er dabei an Ähnliches dachte.

Bemerkungen über den „Salamander" finden sich das ganze Mittelalter hindurch, bis in die neuere Zeit. Von alten Autoren, die ihn erwähnen, meist ähnlich wie Aristoteles und Plinius, nenne ich S. Isidorus. — Auch im Talmud, in der Kabbala, sowie bei den Rosenkreuzern spielt der „Salamander" eine gewisse Rolle.

[101]) Schwefel verbrennt mit blauer Flamme, Kupfer färbt die Flamme bläulich, daher der Schluß Gebers aus Schwefel im Kupfer. Nicht fixer Schwefel ist gewöhnlicher Schwefel, fixer Schwefel ist Schwefel, als Urbestandteil der Metalle und, als solcher, z. B. im Kupfer, fest gebunden und im Feuer beständig.

[102]) An der roten Farbe des Kupfers und an seinem Verhalten im Feuer.

[103]) Oxyd.

[104]) Kupferacetat.

[105]) Per ebullitionem, d. h. Aufsteigen von Wasserstoffblasen.

[106]) Kupfer- bzw. Eisenvitriol.

[107]) Es handelt sich hier um das schon erwähnte Verdampfen von Zink aus geschmolzenen Kupfer-Zinkmischungen, vielleicht auch um Verdampfen von Arsen aus arsenhaltigem Pyrit. Inwieweit hierbei vielleicht andere Metalle mitgerissen werden, kann hier nicht erörtert werden.

[108]) Daß das Zinn z. B. beim Reiben oder Erhitzen einen eigentümlichen Geruch verbreitet, wird auch in neuerer Zeit berichtet. Das Knirschen entsteht, wie man annimmt, durch Aneinanderreiben der Krystallteilchen des Zinns. Bekanntlich existieren verschiedene „Modifikationen" des Zinns. So z. B. treten Strukturveränderungen bei niedriger Temperatur ein. Es bildet sich das sog. „graue Zinn", das, wie angegeben wird, ein niedrigeres spezifisches Gewicht hat und beim Erwärmen sich wieder in die gewöhnliche Modifikation umwandelt. Ob bei den Versuchen Gebers etwa eine Strukturveränderung des Zinns eingetreten ist, oder ob vielleicht zum Teil eine Verwechslung mit Blei vorliegt, kann hier nicht entschieden werden. Auch die folgenden Stellen sind unklar und scheinen darauf hinzudeuten, daß Geber vielleicht ein Gemisch von Blei und Zinn und vielleicht noch anderen Metallen in Händen hatte. Verwechslungen und Irrtümer kamen gerade bei Blei und Zinn in alten Zeiten ständig vor. Rohes Zinn kann Eisen, Kupfer, Antimon, Blei, Zink, Arsen, Schwefel, Molybdän, Wismut und andere Stoffe enthalten, die von Einfluß auf die Eigenschaften des Zinns sind.

[109]) Vielleicht hat Geber bei der „Calcination" mit Hilfe von Salzen wasserfreies Zinnchlorür $SnCl_2$ erhalten, das bei 606° siedet.

[110]) Z. B. an der dunkleren bläulichen Farbe.

[111]) „Der den Rauch gelb färbt." Das Blei fängt bei Rotglut an zu verdampfen. Bildung von gelbem Bleioxyd.

[112]) Der Begriff der „Medizinen", d. h. Reagenzien zur „Veredlung der Metalle", kommt auch schon bei griechischen Alchemisten vor, unter der Bezeichnung *φάρμακον*.

[113]) In der „Summa perfectionis" ist stets von der Umwandlung in ein „Corpus lunare" und „Corpus solare", aber nicht von der Umwandlung in „Lunam", „Argentum", „Sol" oder „Aurum" die Rede. Man wird daraus kaum den Schluß ziehen dürfen, daß der Autor bewußt nur die Darstellung gold- und silberähnlicher Metalle, bzw. Legierungen, die Ausführung von Metallfärbungen u. dgl. lehren wollte. Vielleicht wollte er aber doch einen Unterschied zwischen natürlichem Gold und Silber und künstlichen Produkten betonen.

[114]) „Durch sie werden nämlich die unvollkommenen Körper . . ." Diese Stelle ist für das Verständnis der alchemistischen Ideen, und der Geber-Schriften im besonderen, wichtig (vgl. z. B. die Anm. 188).

[115]) Vgl. Plinius 34, 47. „Sequitur natura plumbi, cuius duo genera, nigrum atque candidum."

[116]) Diese Ausführungen sind besonders durch die konsequente und logische Durchführung der alchemistischen Theorien interessant. Man sieht, wie die ganze Alchemie, die Lehre von der Umwandlungsmöglichkeit der Metalle, auf den Vorstellungen über den Aufbau der Metalle aus Quecksilber und Schwefel beruht, und man sieht weiter, wie durchdacht, in ihrer Art, die Methoden der Alchemisten, besonders in früher Zeit, waren.

[117]) Das hier von Geber erwähnte Behandeln der zu reinigenden Metalle mit Hilfe von Salzen u. dgl. wird auch in neuerer Zeit angewendet; z. B. wird geschmolzenes Blei mit chlorierenden und oxydierenden Substanzen, wie Kochsalz, Abraumsalze, Seesalz, Salpeter, Kalk usw. erhitzt (vgl. Rössing, Gesch. d. Metalle; John Percy, Metallurgie; Schnabel, Metallurgie). Auch das Raffinieren des Kupfers geschieht bisweilen mit Kochsalz, Abraumsalzen usw. Die Reinigung wird durch Oxydation der Verunreinigungen, wie Zink, Antimon, Arsen, bewirkt. Die oberflächliche Schicht, die dann die Verunreinigungen enthält, die „Krätze" wird abgeschäumt. Das Schmelzen des unreinen Bleis mit Salz kann u. a. das Entfernen von Zink in Form von Chlorzink bewirken. Kupfer, z. B. kupferhaltige Pyrite, kann durch oxydierendes Rösten und darauffolgendes chlorierendes Rösten mit Chlornatrium oder Abraumsalzen in Kupferchlorid übergeführt werden, das ausgelaugt wird. Aus der Lauge kann das Kupfer mit Hilfe von Eisen gefällt werden. Bei der Röstung sulfidhaltiger Erze bilden sich Sulfate, die sich mit Chlornatrium in Chlormetall und Na_2SO_4 umsetzen. Ähnliches bei Silber. Das von Geber hier, und sonst öfters, erwähnte Schmelzen mit Glas ist als ein „verschlackendes Schmelzen" zu bezeichnen, wie es auch heute noch angewendet wird. Man benutzt natürliche und künstliche Silikate, Schlacken, bisweilen Flußspat und selten Borax. Hierbei werden verunreinigende Oxyde u. dgl. entfernt, d. h. von den Silikaten aufgenommen.

[118]) Es werden hierbei, wie auch Geber bemerkt, flüchtige Substanzen entfernt, d. h. leichter verdampfende Substanzen, wie Arsen, unter Umständen auch Zink. Über die Art der Reduktion der Oxyde zu Metall bemerkt Geber hier nichts Näheres. Wahrscheinlich hat er das sog. Sal Tartari, d. h. durch Verbrennen von Weinstein, weinsteinsaurem Kali erhaltene, mit Kohle vermischte Kaliumcarbonat, dazu verwendet, vielleicht auch Kohle.

[119]) Diese Bemerkung bezieht sich vielleicht auf die Verschiedenheiten der Schmelzpunkte und Siedepunkte.

[120]) Geber bespricht hier die Behandlung der Erze und Metalle auf nassem Wege. Sehr interessant ist die Bemerkung über die Reduktion von Metallen aus ihren Lösungen. Man kann vielleicht annehmen, daß Geber z. B. die Reduktion von Kupfer aus Lösungen mit Hilfe von Eisen gekannt hat. Vielleicht war aber „reductio" in diesem Zusammenhange nicht immer „Reduktion" in unserem Sinne, sondern allgemeiner: Darstellung fester Substanz aus einer Lösung.

[121]) „Oder einen harten, schwer schmelzbaren Körper, . . ." Die Stelle lautet in den verschiedenen Ausgaben nicht ganz gleich. Petreius, Nürnberg 1541: „aut cum rebus duris et non fusibilibus, sicut est calx Marchesitae et Tutiae." Die Ausgabe Venedig 1542 bringt statt „calx" „Talc". Leyden 1668: „calx, marchesita et tutia." Man nimmt gewöhnlich an, daß „Talc" Glimmer oder dgl. ist, was hier nicht zutreffen kann. Vielleicht ist die Lesart „calx Marchesitae" richtiger.

[122]) Wenn Gebers Tutia Zinkerz bzw. Zink ist, so ist zu bemerken: Mit Zinn vermischt sich Zink leicht in flüssigem Zustand in allen Verhältnissen, d. h. sie lösen sich gegenseitig. Ebenso Zinn und Blei. Zink und Blei dagegen mischen (lösen) sich nicht in allen Verhältnissen, sondern es tritt in flüssigem Zustand Schichtenbildung ein. Ein flüssiges Gemenge von Blei und Zink zerfällt z. B. bei 500° in eine schwere untere bleireiche Schicht mit 10% Zink und 90% Bleigehalt und in eine leichte obere Schicht, die 97,5% Zink und nur 2,5% Blei enthält. Weiteres darüber s. Ledebur-Bauer, „Die Legierungen", Berlin 1919. Durch Zusatz anderer Metalle wird das Blei härter, auch durch Zusatz von Antimon und Arsen (Schrotmetall); sowie durch wiederholtes Schmelzen, durch Bildung von Suboxyd. Etwas Ähnliches erreichte Geber vielleicht auch durch Zusatz von „Markasit", wobei Härtung durch Arsen usw. eintreten konnte. Was die „Härtung ihrer weichen Substanz und die Erhöhung ihrer Feuerbeständigkeit", also die Erhöhung des Schmelzpunktes von Metallen, wie z. B. Zinn und Blei, betrifft, so ist zu bemerken, daß im allgemeinen Legierungen einen etwas niedrigeren Schmelzpunkt haben als ihr am schwersten schmelzbarer Bestandteil. Der Schmelzpunkt von Zinn bzw. Blei wird also durch Zusatz von Zink erhöht, noch mehr durch Zusatz von Kupfer. Andererseits schmilzt z. B. Messing (Zink-Kupfer) bei höherer Temperatur wie Zink und bei niedrigerer Temperatur wie reines Kupfer.

[123]) Hierbei werden die Metalle „raffiniert". Fremde Stoffe, wie Arsen, Antimon, Zink, werden an der Luft oxydiert. Die „Krätzen" werden durch Abschäumen entfernt. Allerdings wird auch ein Teil der Metalle (Blei, Zinn) selbst dabei oxydiert.

[124]) Es ist nicht klar, ob Geber beim ersten Stadium der „Präparierung" Erze, z. B. Bleiglanz, Zinnstein, oder schon die Rohmetalle, Blei und Zinn, verarbeitete.

[125]) Aus Zinnchlorürlösungen wird z. B. metallisches Zinn durch Zink abgeschieden (z. B. in tetragonalen Krystallen, sog. Zinnbaum). Ebenso Blei aus Bleinitrat, bzw. Acetatlösung, durch Zink. Vielleicht hat Geber also diese Methode schon gekannt. Bisher nahm man an, daß der „Zinnbaum", „Arbor Jovis" zuerst 1786 von Ilsemann dargestellt worden sei.

[126]) Die weiteren Bemerkungen über das Zinn sind nicht recht klar. Vielleicht handelt es sich um das Entfernen von Verunreinigungen aus dem Zinn, z. B. durch längeres Erhitzen („Polen"), wobei fremde Metalle oxydiert werden, wie schon oben erwähnt wurde. Vielleicht kamen auch Verwechslungen mit anderen Metallen vor.

[127]) Durch Zusatz von Zink wird das Blei, wie schon erwähnt, härter, und die betreffenden Legierungen, z. B. Blei-Zink, schmelzen bei höherer Temperatur wie reines Blei. Bei der „Härtung" durch „Markasit" ist vielleicht an die Einwirkung von Arsen zu denken, z. B. aus Arsenkies FeAsS stammend (s. auch Anm. 124).

[128]) Aus Kupfer-Zinklegierungen kann das Zink durch Destillieren entfernt werden. Kupfer bleibt zurück, da es erst bei 2100°—2300° siedet. Es können ferner dabei Verunreinigungen, wie Arsen, sublimieren.

[129]) Geber hatte wohl fein verteiltes Kupfer, vielleicht gefeiltes Kupfer, da er es innig — per minima — mit Schwefel mischen konnte. Es entsteht dann Schwefelkupfer Cu_2S. Wird Cu_2S bei Luftabschluß geglüht, so entsteht $Cu + CuS$. Bei beschränktem Luftzutritt, wie es bei Gebers Sublimation wohl der Fall war, wird Cu_2S zu SO_2, CuO und $CuSO_4$ verbrannt. Geber hat aber bei der Sublimation wahrscheinlich die öfters erwähnten Faeces, Zusätze, Salze u. dgl. angewendet, wodurch das Schwefel-Kupfer zu metallischem Kupfer reduziert wurde. Diese Wirkung hat z. B. Salpeter, sowie das wiederholt erwähnte Sal Tartari bzw. Oleum Tartari. Das Überführen des Kupfers in seinen „Kalk", d. h. Oxyd, durch „Calcinieren" kann ebenfalls das Entfernen flüchtiger Beimengungen bewirken und dadurch eine Reinigung.

[130]) Geber hat hier offenbar Arsen-Eisenverbindungen hergestellt, die bei niedrigen Temperaturen schmelzen.

[131]) Eisen und Blei mischen (lösen) sich in flüssigem Zustand gar nicht. Die beiden Metalle sondern sich in flüssigem Zustand in zwei Schichten übereinander. Wenn man z. B. bleihaltige Eisenerze im Hochofen verhüttet, so sammelt sich alles

Blei am Boden. Enthalten die Erze auch Silber, so geht dieses in das Blei über. Das Blei wird beim Schmelzen mit Eisen wohl auch sonstige Stoffe aufnehmen, so daß vielleicht von einer Reinigung des Eisens durch das Blei gesprochen werden könnte.

[132]) Diese Angabe ist unklar. Der lateinische Text lautet: Et est scilicet, ut solvatur argentum vivum praecipitatum, et solvatur corpus calcinatum, de cuius intentione sit indurari. Et hae ambae solutiones misceantur et ex eis alternata vice calcinatum corpus misceatur, terendo, et imbibendo, et calcinando et reducendo, quousque durum fiat et cum ignitione fusibile . . .

[133]) Das Sublimieren mit Arsenik ist wohl so zu verstehen, daß die betreffenden Metalle mit Arsenik, bzw. Arsensulfid oder metall. Arsen, unter einer Art Rückfluß, etwa im Zirkulationsgefäß, erhitzt wurden.

[134]) Aus Gebers Bemerkungen über das Weich- und Hartmachen von Metallen kann man erkennen, daß er offenbar leichter schmelzende Legierungen, z. B. Arsenide, hergestellt hat, z. B. Eisen-Arsenverbindungen, die wie oben erwähnt, leicht schmelzen. In der Natur kommt die Verbindung $FeAs_2$ vor, Löllingit. Bekannt sind ferner die künstlich dargestellten Verbindungen $FeAs$ und Fe_2As, sowie Fe_3As_2. Es sei bemerkt, daß der Schmelzpunkt des Arsenids Fe_2As bei 919^0 liegt, und daß die Verbindung bei dieser Temperatur unzersetzt schmilzt. Eisenarsenverbindungen schmelzen also bei viel niedrigeren Temperaturen als Eisen, sind aber kaum weicher wie reines Eisen, sondern spröde. Geber kam es aber wohl mehr auf leichtes Schmelzen an. Andererseits konnte Geber tatsächlich weiche Metalle mit Arsen härten, d. h. Arsenide herstellen, die sowohl wirklich härter waren wie das betreffende Metall als auch bei höherer Temperatur schmolzen. Im allgemeinen werden Metalle durch Arsenzusätze härter, und der Schmelzpunkt kann erhöht werden. Während z. B. Zinn schon bei 231^0 schmilzt, hat eine Zinn-Arsenlegierung mit 20% Arsen einen Schmelzpunkt bei 530^0. Allerdings sind solche Legierungen in der Hitze nicht dauerhaft, da sich Arsen verflüchtigt. Zinn-Arsenlegierungen sind auch härter als reines Zinn. Auch Zink wird durch Arsenzusatz härter. Es sei noch bemerkt, daß in neuerer Zeit arsenhaltige Legierungen, „Weißmetalle“, hergestellt wurden, die besonders widerstandsfähig sein sollen. Z. B. nach einem amerikanischen Patent 939 938 eine Legierung aus Kupfer, Zink, Nickel, Blei, Aluminium und Arsenik.

Auf Kupfer wirkt Arsen verschieden ein, je nach der Form, in der es im Kupfer vorhanden ist. Durch 0,1—0,5% Arsen wird das Kupfer sehr zähe und weich. Bei gleichzeitiger Gegenwart von Sauerstoff wird das Kupfer sehr hart und brüchig. Näheres darüber siehe Reinglass, Chemische Technologie der Legierungen, Leipzig 1919.

[135]) Geber sagt hier ausdrücklich, daß dies nur Umwandlungen erster Ordnung sind, d. h. erst die Grundlagen für die „Veredlung“.

[136]) Quecksilber reinigt man auch heute noch ähnlich, z. B. mit verdünnter Salpetersäure, durch Oxydation der Beimengungen.

[137]) Die Stelle lautet im lateinischen Texte: „. . . scilicet ut ab illis tollatur omnis superflua sulphureitas, omnisque terreitas immunda: Ita scilicet quod de commixto non separentur in fusione post projectionem medicinae alterantis illa.“ Es ist nicht ganz klar, ob mit dem Ausdruck „de commixto“ gesagt werden soll, daß außer dem umzuwandelnden Metalle und der „Medizin“ noch eine weitere Substanz vorhanden ist. Der Vorgang wäre dann unter Umständen so aufzufassen, daß das zu „veredelnde“ Metall mit einer anderen, beigemischten (commixto) Substanz zusammengeschmolzen werden soll. Auf diese Mischung würde dann die „Medizin“ bei der „Projektion“ einwirken, etwa wie ein Katalysator, der durch seine Gegenwart das Reagieren zweier Komponenten aufeinander bewirkt. Es wäre auch möglich, daß der Autor sagen will: „Die umzuwandelnden Metalle sollen so rein sein, daß die zugesetzte Medizin sich mit ihnen vereinigt.“ Bei der Übersetzung wurde diese Auffassung zum Ausdrucke gebracht. Das Wort „Medicina“ entspricht, wie schon erwähnt wurde, dem „φάρμακον“ der griechischen Alchemisten. Ursprünglich waren es wohl Präparate, mit denen Metallfärbungen u. dgl. ausgeführt wurden. Das ganze Mittelalter hindurch, bis in die neuere Zeit, spielt die „Medizin“ und ihre „Projektion“ eine große Rolle in der

Alchemie. Meist wurden andere Bezeichnungen, wie „Elixier", „Stein", „Stein der Weisen" (lapis philosophorum) gebraucht. Die alchemistische Literatur bringt außerordentlich viel darüber. Vgl. z. B. Libavius, Alchymia, Frankfurt 1606; besonders „Commentariorum Alchymiae ..." Pars Secunda. Vgl. auch meine Anmerkungen zum „liber investigationis".

[138]) Geber unterscheidet hier zwischen einer Metallfärbung (z. B. durch Arsenik) und wahrer Umwandlung.

[139]) Cineritium, Aschenprobe, eine der Proben auf Edelmetall, s. dort.

[140]) Der Sinn ist der: Das Quecksilber soll gewissermaßen gerade die richtige Konsistenz bekommen und diese auf die weichen und harten Metalle übertragen. Der niedrige oder hohe Schmelzpunkt eines Metalls hängt, nach Geber, von dem Gehalt mehr oder weniger „feuchten" Quecksilbers ab. Deshalb soll dieser Feuchtigkeitsgrad des Quecksilbers durch die „Fixierung" reguliert werden, bevor man es auf die zu veredelnden Metalle einwirken läßt.

[141]) Verzögert das Schmelzen, nämlich das Schmelzen des Metalles, das durch Einwirkung dieser „Medizin" erhalten wurde. Die „Medizin" ist, infolge ihrer Zubereitung bei starkem Feuer, weniger „feucht", und das damit umgewandelte Metall schmilzt deshalb schwer.

[142]) Hier sind offenbar Weißfärbungen von Kupfer und Eisen mit Arsenik gemeint.

[143]) Diese Stelle lautet im Text: Et huiusmodi est omne additamentum coloris Solis, et Lunae, aut Veneris (in manchen Ausgaben Veneri) commixtorum, super furnum cementi positum, ut ziniar et similium. Das Wort „ziniar" ist eine arabische Bezeichnung für Aerugo aeris, Grünspan, siehe z. B. Ibn Baithar, Heil- und Nahrungsmittel, aus dem Arabischen übersetzt von I. v. Sontheimer, Stuttgart 1840, Bd. 1, S. 540. Französische Übersetzung v. Leclerc. Richtiger ist Zingâr, bei Leclerc: Jendjâr. Die Transskription Sontheimers lautet: Zandschar. Auch Libavius erwähnt das Wort und sagt, daß es Grünspan bedeute. Ebenso Toxites, Onomasticon 1574. Ibn Baithar erwähnt bei „Zandschar" (Zingâr) an erster Stelle die Bemerkungen des Dioscorides über diese Substanz, die bei den Griechen Xyston genannt werde. Dioscorides schreibt im V. Buch, Kap. 91 περὶ ἰοῦ ξυστοῦ. ξυστός ist „geschabt", ὁ ἰός ist dagegen die Bezeichnung für Rost an Eisen und an Kupfer, z. B. auch bei Theophrast. Die Ausdrucksweise Gebers ist hier nicht ganz klar, doch kann der Grünspan gemeint sein, der sich auf Kupfer bildet (Kupferacetat). Geber meint hier vielleicht oberflächliche gold- und silberartige Metallfärbungen, die zum Teil vielleicht mit Lacken ausgeführt wurden. Auch heute wird bisweilen noch Grünspan, Kupferacetat hierzu verwendet. Es sei hier nur auf ein bei Buchner, Metallfärbungen, 1920, S. 342 unter Nr. 748 gebrachtes Rezept verwiesen. Entwässern von Kupferacetat, Anrühren mit Terpentinöl und Versetzen mit Kopallack und Erwärmen. Der Lack wird auf das Metall aufgestrichen. Durch darauffolgendes Erwärmen wird grüne, dann gelbe, goldgelbe, dann braune Farbe erhalten, je nach der Temperatur. Die Färbung entsteht durch Bildung von Kupferoxydul. Ähnlich war wohl auch der Vorgang bei Geber.

[144]) Geber betont hier die dauerhafte („perpetue") Färbung, aber ohne eigentliche Veredlung. Es handelt sich also hier wahrscheinlich um Vergolden und Versilbern, vielleicht um Herstellung von gold- und silberfarbigen Legierungen.

[145]) „Solvitur etenim primo Argentum vivum praecipitatum et solvitur similiter Veneris calcinatio, et hae ambo solutiones commiscentur in unum." Was Geber mit diesem „präcipitierten Quecksilber" meint, ergibt sich aus Kap. 53 (Koagulation).

„Coagulatur igitur (Argentum vivum) ex frequenti illius praecipitatione (ad fundum) cum violentia sui ignis." Es war höchst wahrscheinlich rotes Quecksilberoxyd, vorausgesetzt daß Quecksilber, ohne Zusatz anderer Reagenzien, bei Luftzutritt längere Zeit erhitzt wurde. In späterer Zeit wurde das Quecksilberoxyd „Mercurius praecipitatus per se" genannt (d. h. ohne Anwendung anderer Reagenzien). Noch gegen Ende des 18. Jahrhunderts scheint man besonderen Wert darauf gelegt zu haben, die Bildung dieses „Mercurius praecipitatus" zu studieren. So behandelt der spätere Greifswalder Professor Christ. Ehrenfried Weigel in seiner 1771 gedruckten Göttinger Doktordissertation: „Observationes Chemicae et Mineralogicae" ausführlich die Darstellung des roten Quecksilberoxyds durch sehr langes Erhitzen von Quecksilber in einem Kolben mit langem Rohr, ganz ähnlich wie Geber, „Mercurii in Pulverem Conversio per Solum Ignem" und „Ex purissimo hoc mercurio ... paravi multorum mensium spatio Mercurium (sic dictum) per se praecipitatum ..."

Der Ausdruck „Praecipitatio" wird in diesen Fällen in einer Bedeutung gebraucht, die dem ursprünglichen Sinne des Wortes etwas nahekommt. Praecipitatio, das Herabfallen, von praeceps, kopfüber. Das in einem Gefäß mit hohem Hals bzw. Aufsatzrohr erhitzte Quecksilber verdampft, steigt in die Höhe, kondensiert sich wieder und fällt auf den Boden zurück.

In späterer Zeit wurden auch andere Quecksilberpräparate als „Präcipitat" bezeichnet, z. B. Quecksilberchlorür (Kalomel), bisweilen wohl auch Quecksilbernitrat, oder Präparate, die daraus sowie aus Quecksilberchlorid dargestellt wurden, z. B. mit Salmiak bzw. Ammoniak und kohlensauren Alkalien. Heute versteht man unter weißem, unschmelzbarem Präcipitat den Körper $NH_2 \cdot HgCl$, der aus Quecksilberchloridlösung durch Ammoniak gefällt wird und den schmelzbaren weißen Präcipitat, der auf gleiche Weise, bei Gegenwart von Chlorammonium, entsteht, $Hg(NH_3Cl)_2$ (Hofmann u. Marburg).

Das von Geber hier erwähnte, durch präcipitiertes Quecksilber weißgefärbte Kupfer ist wohl Kupferamalgam, d. h. Kupfer, das mehr oder weniger oberflächlich in Amalgam übergeführt wurde. Dies geschieht z. B. mit Hilfe von Quecksilbernitratlösung, mit der man Kupfer reibt. Das Kupfer überzieht sich dabei mit einer silberglänzenden Schicht. Mit Hilfe der anderen von Geber genannten umständlichen Methoden wurden wohl ebenfalls Amalgame hergestellt.

Die Eigenschaft des Arseniks, Kupfer weiß zu färben, wurde sehr früh erkannt. Die Weißfärbung ist durch Bildung einer Arsen-Kupferlegierung bedingt: Kupfer-Arsenide. Ein dünner Niederschlag von metallischem Arsen dagegen gibt eine schwarze Färbung (s. Buchner, Metallfärbung). Ein Kupfer-Arsenid mit 37,2% As-Gehalt ist fast weiß mit einem schwachbläulichen Ton (Näheres S. Gmelin-Kraut, Handbuch). Geber kann metallisches Arsen, arsenige Säure oder Arsensulfid verwendet haben. Metallisches Arsen und Arsensulfid verbrennen an der Luft. Arsendampf verbrennt oberhalb 400° zu Arsentrioxyd. Soweit heute Arsenlegierungen überhaupt noch hergestellt werden, setzt man das Arsen dem geschmolzenen Metall, z. B. Kupfer, in der Weise zu, daß man es mit Papier umhüllt oder auch mit Kupferfolie, um das Verdampfen und Verbrennen zu verhindern. Über Metallfärbungen auf nassem Weg, mit Arsenik, und anderen Mitteln s. Buchner, Die Metallfärbung.

Auch wenn Geber Schwefelarsen oder arsenige Säure verwendet hat, kann er damit Metallarsenide erhalten haben. Aus As_2S_3 wird durch Erhitzen mit Metallen Arsen reduziert. Leitet man Dämpfe von As_2S_3 über glühendes Eisen, Silber oder andere Metalle, so entziehen ihm diese den Schwefel, und Arsen wird frei. Bei Überschuß von Metall entsteht Arsenmetall (s. z. B. Ladenburg, Handwörterbuch). Auch durch Zusammenschmelzen von Metallen mit arseniger Säure entstehen Arsenmetalle. So wurde z. B. früher sog. weißer Tombak durch Zusammenschmelzen von Kupfer mit arseniger Säure hergestellt. Gegen die Oxydation wurde hierbei, unter einer Decke von Borax, Glaspulver oder dgl. geschmolzen.

146) Kupfer-Zinklegierung, Messing usw.

147) Auf nassem Wege stellt man heute Messing- oder bronzeähnliche Färbung durch oberflächliche Legierung her, z. B. durch Reiben einer Zinkfläche mit einer Mischung von kohlensaurem Kupfer und Salmiaklösung usw. (s. Buchner).

148) Auch aus dieser Stelle geht wohl ziemlich sicher hervor, daß Gebers „Markasit" arsenhaltiges Erz ist und der „sublimierte Markasit" Arsen.

149) Eisen und Arsen. Wie schon an anderer Stelle bemerkt, können leichtschmelzende Eisenarsen-Legierungen hergestellt werden. Das Arsenid Fe_2As schmilzt unzersetzt bei 919° (Näheres s. Grube, Das Eisen und seine Verbindungen, Dresden und Leipzig 1917).

150) Ob Eisenamalgam hier in Frage kommt, ist zweifelhaft. Wie Geber an anderer Stelle richtig sagt, läßt sich Eisenamalgam nur durch einen „Kunstgriff", d. h. auf Umwegen, darstellen.

[151]) Eisen und Silber vermischen sich in geschmolzenem Zustand nach manchen Angaben nicht. Nach anderen Angaben erhält man durch Zusammenschmelzen von Silber mit 0,35% Eisen eine weiße, sehr harte Legierung, aus der das Eisen nur schwer entfernt werden kann. S. Gmelin-Kraut. Wie sich Verbindungen Eisen-Arsen + Silber-Arsen, die Geber offenbar hergestellt hat, verhalten, ist mir nicht bekannt. Die Bemerkung, daß sich diese Körper nicht mehr leicht voneinander trennen lassen, ist ein Zeichen dafür, daß Geber seine Produkte gründlich geprüft hat. Aus der Silber-Eisen-Legierung (ohne Arsen) lassen sich auch nach neuen Berichten die Bestandteile nur schwer trennen.

[152]) Geber hat vielleicht in umständlicher Weise Eisen-Arsenid hergestellt. Ebenso vielleicht mit „Markasit“ usw.

[153]) Diese Bemerkung zeigt ziemlich deutlich, daß es sich um Kupfersulfat handelt, das in der Natur durch Verwitterung von schwefelhaltigen Kupfererzen entsteht. Aus dem Altertum und Mittelalter stammen zahlreiche Notizen über Kupferverbindungen. Begreiflicherweise kamen aber viele Verwechslungen vor, z. B. auch mit Eisenvitriol. Die Bezeichnung Stillicidium bei Geber bezieht sich auf abtropfende Kupfersulfatlösung aus verwitternden Erzen. Eine ähnliche Bezeichnung wie gumma cupri findet sich viel später, im 17. Jahrhundert, bei Boyle. Er beschreibt die Einwirkung von Quecksilberchlorid (Sublimat) auf metallisches Kupfer in der Hitze, wobei eine brüchige Masse entsteht (Kupferchlorür), die er mit Harz bzw. Gummi vergleicht und Gummi cupri, Gummi metallinum usw. nennt (Boyle, De Origine Qualitatum et Formarum. Experimentum secundum. Opera Varia, Genf 1682, Bd. 2, S. 108ff. S. auch Kopp, Gesch. d. Chemie, Bd. IV, S. 171).

[154]) Die Bemerkung Gebers, daß das präcipitierte Quecksilber (Quecksilberoxyd) durch starkes Erhitzen zinnoberrot wird, kann vielleicht so gedeutet werden, daß sein Produkt zunächst noch metallisches Quecksilber (oder Suboxyd?) enthielt und beim weiteren Erhitzen zu reinem, rotem Oxyd wurde. Nach manchen Berichten (s. z. B. Klaproth, Chemisches Wörterbuch, 1807) wird das Quecksilber beim Erhitzen an der Luft „nach und nach schwarz und dann rot“. Solche Beobachtungen, die, wie oben angegeben, erklärt werden können, hat wohl auch Geber gemacht. Die Färbung des Quecksilberoxydes kann außerdem von der mehr oder weniger krystallinischen Struktur abhängig sein. Man erhält, je nach der Herstellungsweise, bräunlichrote Pulver, oder krystallinische, körnige, lebhaft rote Präparate (s. z. B. Gmelin-Kraut, Handbuch). Da Geber seine Quecksilberpräparate für Metallfärbungen verwenden wollte, so sah er in erster Linie auf die Farbe des Quecksilberpräcipitates, die er unter Umständen, durch Zusatz von Zinnober, lebhafter machte, etwa so, wie man Farben für die gewöhnlichen Zwecke mischt. Oder er nahm nur Zinnober. Der weitere Vorgang ist nicht klar. Wenn Geber durch die Sublimation mit Schwefel Quecksilbersulfid erhalten hatte und dieses „in scharfem, auflösendem Wasser“ lösen wollte, so mußte er „Königswasser“, Salpeter-Salzsäure, anwenden. Hierbei scheidet sich unter Umständen Schwefel ab, und es entsteht vielleicht, im weiteren Verlaufe der Manipulationen, eine Färbung durch Bildung von Schwefelsilber. Da aber die angewandten Substanzen sicher nicht rein waren, sondern wohl noch andere Metallverbindungen u. dgl. enthielten, so liegt auch die Möglichkeit anderer Vorgänge nahe, Bildung von Legierungen usw. Gelbfärbung entsteht z. B. durch Arsen.

[155]) Zu den geheimnisvollen Bemerkungen Gebers über die Sublimation des Vitriols sei nur gesagt, daß es sich vielleicht um Bildung von Schwefelsäure und SO_3 aus Eisenvitriol, durch Erhitzen, handeln könnte. Geber hatte wahrscheinlich ein Gemisch von Kupfer- und Eisenvitriol in Händen. Andererseits könnte er vielleicht aus dem zurückbleibenden Fe_2O_3, Eisenchlorid hergestellt haben, z. B. mit Salmiak. Mit dem Eisenchlorid hat er dann vielleicht die oben erwähnte „trübe, gelbliche Färbung“ des Silbers erhalten.

[156]) „Aut medicinam componunt, quae ei quod non est, aequipollet cum alteratione sua, et quae nec mundo confert, nec mundi partibus, donec motor in sublimi naturae mobili quieverit incorruptus.“ Die Stelle, die übrigens in dem Münchener Cod. lat. 353 nicht vorkommt, bezieht sich auf Aristotelische Vorstellungen: Gott bewegt von der Peripherie aus die Welt. Avicenna, an den Geber hier wohl dachte,

führt den Gedanken in seiner Bearbeitung der Aristotelischen Metaphysik weiter aus und denkt sich an der Spitze der ganzen Weltentwicklungsreihe den ersten selbst unbewegten Beweger, und außerhalb des Bewegers, den Fixsternhimmel, die Planeten, Sonne, Mond und Erde (s. Constantin Sauter, Avicennas Bearbeitung der Aristotelischen Metaphysik, Freiburg 1912). Geber will mit diesem pathetischen Satz nur sagen, daß die „Medizin", die andere Leute hergestellt haben, sofern sie anders ist als die seinige, in alle Ewigkeit der Menschheit nichts nützen wird.

[157]) Die „weichen" Metalle haben zu viel „Feuchtigkeit", brauchen also eine „Medizin", die ihnen diese nimmt, um die Metalle schwerer schmelzbar zu machen. Die betreffende „Medizin" soll also selbst keine „Feuchtigkeit" enthalten und muß deshalb bei „verzehrendem Feuer" hergestellt sein, damit sie gewissermaßen ihren Mangel an Feuchtigkeit auf die „zu feuchten, weichen", leicht schmelzenden Metalle überträgt.

[158]) Mutantes minime, sed imitantes. Solche Wortspiele, die sich nicht übersetzen lassen, kommen bei Geber öfter vor; z. B. etwas weiter oben: „Non sophisticum sed solificum".

[159]) Geber bespricht hier die Vorzüge von chemischen Reaktionen „auf nassem Wege", während, wie man sieht, sehr vieles auf trockenem Wege, durch Sublimieren, Calcinieren u. dgl. gemacht wurde. Das ist begreiflich, da die chemischen Operationen sich hauptsächlich aus metallurgischen Prozessen entwickelten. Außerdem war es nicht leicht und erst auf Grund größerer Kenntnisse und Erfahrungen möglich, Lösungsmittel, wie Säuren u. dgl. herzustellen.

[160]) „Primo igitur administrationis modum Lunaris medicinae narremus. Et est, ut accipias lapidem illius notum . . ." Zur Erklärung vergleiche man „Liber fornacum" Kap. 19: „Quae autem sunt medicinae, . . . sufficienter demonstratum est in libro nostro perfecti magisterii, ubi demonstravimus . . . lapidem nostrum de argenti vivi substantia esse procreandum, . . . Hic vero practicam manifeste reserabimus enodatam, et est, ut studeas Lunam vel Solem resolvere in aquam suam siccam, quam vulgus Mercurium vocat . . ."; vgl. ferner Liber fornacum Kap. 23 u. 25 und „De investigatione perfectionis", Kap. 12: „. . . concludimus, lapidem nostrum nihil aliud esse quam spiritum fetentem et aquam vivam (quam et siccam aquam nominavimus) . . .".

Aus diesen und anderen Stellen bei Geber geht hervor, daß der „lapis", der „Stein" aus der „reinen Substanz des Quecksilbers" (nicht zu verwechseln mit dem gewöhnlichen Quecksilber) hergestellt werden soll. Da nun dieses reine oder, wie wir es wiederholt nannten, „Urquecksilber", nach alchemistischer Auffassung, in reinster Form im Silber und Gold enthalten ist, so ergibt sich weiter, daß der „Stein" aus Silber und Gold dargestellt werden muß. Das aus den Metallen, besonders aus Gold, gewonnene „Urquecksilber" wurde bisweilen „Azoth" genannt. Ausführliches darüber bei Libavius. Vgl. auch Paracelsus, z. B. „Liber Azoth", „Sulphur", „Salz" und „Azoth Mercurius". Azoth, wahrscheinlich aus dem arabischen az-zāûq (zāwuq auch zā ûq), identisch mit persisch zibuq = Quecksilber. Siehe Murray, Engl. Dictionary, 1888 und Lane, Arab.-Engl. Lexikon, London 1867, S. 1270. Diese Metalle werden zu diesem Zwecke aufgelöst. Vgl. auch: „De inventione veritatis", Kap. 21. „Primo dissolve Lunam calcinatam in aqua dissolutiva . . . et devenient lapilli admodum cristalli fusibiles, et hoc est argentum reductum ad Mercurium nostrum fixum et fusibilem..." Und weiter Kap. 22: „Medicina vero Solaris fit ex Sole dissoluto, et praeparato ad modum Lunae . . ." Da nun Geber die Darstellung auflösender Flüssigkeiten beschreibt (vgl. z. B. „De inventione veritatis", Kap. 23: „nam dissolutiva est multum . . fit autem multo acutior, si cum ea dissolveris quartam salis ammoniaci, quia solvit Solem, Sulphur et Argentum"), und zwar die der Salpetersäure und des „Königswassers", so kann kein Zweifel sein, daß der oben genannte „Mercur" mit Silbernitrat, bzw. Goldchlorid, identisch ist, bzw. daß diese Substanzen bei der Herstellung der „Medizinen" verwendet wurden. Die Angaben über diese Darstellung in den folgenden Kapiteln sind so dunkel, daß jeder Erklärungsversuch zwecklos ist. Die Bemerkungen über die „solare Medizin" sind, wenn möglich, noch geheimnisvoller, und Geber kann mit Recht sagen, daß er seine Lehre verhüllt vorgetragen hat.

Es sei wiederholt bemerkt, daß Geber hier immer von der Herstellung eines corpus solificum et lunificum spricht. Geber gebraucht hier nie unzweideutig die Ausdrücke Sol und Luna. Andererseits beschreibt Geber im folgenden die Proben, durch welche seine Veredlungsprodukte von „unedlen" Metallen unterschieden werden können. Diese Produkte sollten sich also, nach Gebers Ansicht, wie Gold und Silber verhalten.

[161]) Die hier von Geber angegebenen Proben sollen zeigen, ob bei den Metall=umwandlungen tatsächlich Gold und Silber erhalten worden sind. Diese Proben, wie Cineritium, Cementation, sind Teile der sehr alten Probierkunst, der Dokimasie. Das Wort δοκιμασία bedeutet Prüfung, Untersuchung, zunächst im allgemeinen Sinne. Ob es im Altertum schon für technische Untersuchungen gebraucht wurde, ist nicht sicher. Immerhin kommt die Bezeichnung δοκιμαστής, der Prüfende, für den Prüfenden von Maß und Gewicht vor.

Die Cineritiumprobe Gebers (von Cinis, Asche, weil das Gefäß aus Asche u. dgl. hergestellt wird) entspricht der Kupellation, einem Verfahren, das, besonders früher, angewandt wurde, um Silber= und Golderze und Legierungen zu „probieren", d. h. ihren Gehalt an Silber und Gold festzustellen, bzw. um Silber und Gold von Kupfer, Blei usw. zu trennen.

Man schmilzt z. B. eine solche Legierung mit Blei zusammen, und zwar in einem Schälchen, das, wie es Geber schon angibt, aus Asche hergestellt ist (Kupelle oder Capelle). Das Blei wird dabei oxydiert, die Bleiglätte löst Kupferoxyd und andere Metalloxyde auf, die Oxyde werden von dem porösen Gefäß eingesaugt, Silber bzw. Gold bleibt zurück.

Ähnlich kann Silber hüttenmännisch aus Erzen, durch „Verbleiung" und „Treib=prozeß", gewonnen werden. — „Feinbrennen" des Silbers.

Das Daraufblasen der Flamme, das Geber erwähnt, bewirkt ein oxydierendes Schmelzen, wobei (s. oben) Bleioxyd entsteht. Zum Teil tritt Verschlackung der „unedlen" Metalle ein, die Geber ebenfalls erwähnt. Die Anwendung von Borax, über die Geber berichtet, geschieht, um diese Verschlackung zu erleichtern. Flüchtige Stoffe, wie Arsen und Schwefel, verflüchtigen sich zum größten Teil in der Hitze. Ähnliche Verfahren wurden, auch hüttenmännisch, schon im Altertum angewendet. (Über antike Berichte vgl. Blümner, Technologie u. Terminologie, Bd. 4, S. 136, S. 150). Sehr interessant ist ein Bericht des Diodor, Lib. 3, 105 u. 106 nach Agathar=chides von Knidos, über Goldgewinnung). In lateinischer Übersetzung: „In confiniis Aegypti vicinaeque Arabiae et Aethiopiae . . ." „Id (das mechanisch gereinigte, rohe, unreine Gold) tandem opifices alii certo modo et pondere congestum ad se recipiunt, receptum in fictiles urnas condunt, proque conditi ratione, plumbi massam, salis grana, pauxillum stanni, furfuremque hordeaceum (Gerstenkleie) adjiciunt. Tum apto obstructum operculo, et limo diligenter circumlitum, continue per 5 dies et noctes in fornace coquunt . . . purum putumque aurum . . . ex illis redit. Haec est illa auri circa extremam Aegypti oram praeparatio" (nach der Ausgabe Amsterdam, Sumpt. Jac. Wetstenii 1746). Von eigentlicher Wirksamkeit ist dabei das Erhitzen mit Blei. Aller=dings konnte unter Umständen der Zusatz von Salz die Bildung von Chlorsilber aus vorhandenem Silber bewirken. Der Vorgang ist also in gewissem Sinne auch eine Cementierung, s. dort. Über „analyt. Operat. auf trockenem Wege" vgl. Kopp, Gesch. d. Chemie, Bd. 2, S. 36ff. Ferner: Edm. v. Lippmann, Alchemie.

Gebers Angaben über die Proben sind besonders klar. Im späteren Mittelalter und in der neueren Zeit wurden diese Methoden sehr wichtig. Vgl. darüber z. B. die Bergwerksbücher von Georg Agricola und Lazarus Ercker. Ferner die vielen „Probier=" und „Kunstbüchlein" und die Schriften von Alonso Barba, z. B. „El arte de los metallos", Madrid 1640; vgl. auch das moderne Probierbuch von Kerl=Krug, Leipzig 1908.

[162]) Die von Geber erwähnten Metalle schmelzen bei folgenden Temperaturen:

Zinn	231,5°	Kupfer	1080°
Blei	327°	Roheisen	1075°—1275°
Silber	960°	Schmiedeeisen	1400° u. höher.
Gold	1060°		

[163]) Cementation. Caementatio, wohl von caementum (caedere) Stein, weil zerstoßene Ziegelsteine bei den betreffenden Operationen verwendet wurden. Der Vorgang und die Bezeichnung hat sich, wie so vieles andere, bis in unsere Zeit erhalten.

Noch M. H. Klaproth, in seinem Chemischen Wörterbuch, Berlin 1807, beschreibt die Cementation des Goldes, im Prinzip ganz ähnlich wie Geber. Der Zweck ist: silber- oder kupferhaltiges Gold soll gereinigt, d. h. von Kupfer oder Silber befreit werden. Nach Klaproth werden vier Teile Ziegelmehl, ein Teil Eisenoxyd (aus Eisensulfat hergestellt und noch sulfathaltig) und ein Teil Kochsalz, mit Gold, das in dünne Bleche ausgeschlagen ist, in einem nicht glasierten irdenen Gefäße, mit Deckel, 16—18 Stunden erhitzt. Es bildet sich Kupfer- und Silberchlorid, während das Gold unverändert bleibt (s. die Anmerkungen zu „Cineritium").

Über die Bildung von Natriumsilberchlorid durch Glühen von Silber mit Ziegelmehl und Kochsalz in porösen Tiegeln, und die amerikanische Scheidung des Silbers vom Golde, vgl. Gmelin-Kraut, Handbuch Bd. 5, Abt. 2, S. 94. Die Bezeichnung Cement, in ähnlichem Zusammenhange, findet sich noch im „Cementstahl", der durch schichtenweises Erhitzen von Eisenplatten mit Holzkohlenpulver im „Cementierofen" (in Tongefäßen) hergestellt wird.

Geber unterscheidet zwei Arten der Cementation. Bei der einen Art werden die zu prüfenden Metalle, Legierungen usw. mit Salzen u. dgl. erhitzt, bei der anderen, einfacheren Art — „pauco administrationis modo" — werden sie allein, ohne Zusätze, erhitzt. Im ersteren Falle konnten sich Chloride und andere Verbindungen der „unedeln" Metalle, sowie vielleicht Chlorsilber, bilden, während Gold zurückblieb. Im zweiten Falle wurden die unedeln Metalle oxydiert, während Silber und Gold zurückblieben, die dann wohl getrennt wurden.

Ich mache hier auf einen Punkt aufmerksam, der bei der Beurteilung alchemistischer Berichte wichtig sein kann. Glühte man stark mit Silber legiertes, und dadurch mehr oder weniger helles, Gold mit Eisenvitriol, Kochsalz und Ziegelmehl, wie es Geber beschreibt, so entstand oberflächlich Chlorsilber, das schmilzt und von dem Ziegelmehl aufgesaugt wird. Das Metall, das in Wirklichkeit vielleicht nur wenig Gold enthielt, konnte dadurch eine Oberfläche wie reines Gold bekommen, wodurch, absichtlich oder unabsichtlich, Täuschungen möglich wurden.

Von älteren Autoren, die über die verschiedenen Proben schreiben, nenne ich noch Libavius, Alchymia, Frankfurt 1606, Kap. XXII, S. 380. Seine praktischen und theoretischen Ausführungen über alle Teile der alten Chemie und Alchemie sind immer interessant.

[164]) D. h. die Umwandlung der Metalle ist dann nicht gelungen. Man sieht dies daraus, daß das Produkt bei niedrigerer oder höherer Temperatur schmilzt als Silber und Gold.

[165]) Eine bläuliche Flammenfärbung würde wohl eher auf Verunreinigungen, z. B. auf Kupfer, deuten. Vielleicht ist das grünliche Leuchten des geschmolzenen Goldes gemeint.

[166]) Bei 600° beginnt die Rotglut, bei 800° Kirschrotglut. Dann Gelbglut. Über 1200° Weißglut. Da Silber bei 960° und Gold bei 1060° schmilzt, also zwischen Rotglut und Weißglut, sind die Bemerkungen Gebers richtig. Ebenso auch die über das Eisen, das über 1200° bei Weißglut schmilzt, abgesehen vom Roheisen, das niedrigeren Schmelzpunkt hat. Kupfer schmilzt bei 1083°, also ähnlich wie Gold. Zinn schmilzt bei 231,5, Blei bei 327°, beide also weit unter der Temperatur der sichtbaren Glut.

[167]) Diese Ausblühungen sind Kupfersalze aus kupferhaltigem Silber und Gold. Geber hat wohl die Metalle besonders den Dämpfen von Essig, vielleicht auch von anderen Säuren, ausgesetzt und die entsprechenden Acetate und Ausblühungen anderer Salze erhalten, z. B. „Grünspan". Bei der Untersuchung von Blei, auf diese Weise, kann Geber Bleiweiß, basisches Bleikarbonat $Pb_3(CO_3)$ 2 OH_2 erhalten haben, durch Einwirkung von Kohlensäure (aus der Luft) auf Bleiacetat.

[168]) Ablöschen. Das in Kap. 95 erwähnte „Sal ammonicium" kann auch vielleicht krystallisiertes Steinsalz bedeuten. Gebers Beobachtungen kommen darauf hinaus, daß „unedle" Metalle Oxyde, Sulfide usw. bilden, während Silber und Gold unverändert

bleiben und auch Farbe und Gewicht nicht ändern, im Gegensatz zu unedeln Metallen. Dies gilt nur für reines Silber und Gold, während sich auf kupferhaltigen Silber- und Goldlegierungen schon beim Glühen an der Luft, ohne sonstige Einwirkungen, eine trübe Oberfläche von Kupferoxyd bildet. Man entfernt diese Schicht von geglühtem Silber, z. B. durch Kochen mit einer Lösung von Weinstein und Kochsalz, — von Gold, mit Salpetersäure, oder Salpetersäure und Schwefelsäure (Weißsieden, Gelbsieden). Ebenso stellt man auf Silber- und Goldlegierungen eine oberflächliche dünne Haut von reinem Silber und Gold her.

[169]) Geber schildert hier die Metallsulfide und zeigt, wie man die Metalle dadurch unterscheiden kann.

Gold verbindet sich nicht direkt mit Schwefel und behält deshalb beim Behandeln mit Schwefel seine Farbe. Die anderen Metalle bilden mehr oder weniger dunkle Schwefelverbindungen.

Silbersulfid Ag_2S, Zinnsulfid SnS, Cuprosulfid Cu_2S. Das natürlich vorkommende Sulfid, Kupferglanz läuft farbig an.

[170]) Auf trockenem Weg entsteht Cu_2S, das verschiedenes Aussehen haben kann, je nach der Art der Herstellung, wie Geber richtig beobachtet hat. Es werden meist schwärzliche Produkte erhalten, aber auch bläuliches Cu_2S, z. B. beim Zusammenreiben von fein verteiltem Kupfer und Schwefel.

[171]) Wahrscheinlich hat hier Geber die Bildung von Zinnoxyd und Bleioxyd beobachtet.

[172]) Mit der Bezeichnung Antimon sind hier vielleicht Zinnoxyd und Bleioxyd gemeint. Ruland in seinem Lexikon Alchemiae sagt: Antimonium . . . ist zweierlei. Eins ist das Gemeine Schwartz saturni Art. Das andere ist weiß . . . ist Jovis Geschlecht.

[173]) Diese Stelle ist besonders bemerkenswert, weil sie so klar, deutlich und eindringlich das Erforschen der Natur im Gegensatz zum Bücherstudium, empfiehlt. Nur bei Roger Baco findet sich Ähnliches, wenn auch nicht ganz so scharf ausgedrückt, in dem Satze: „Sine experientia nihil sufficienter sciri potest" (Opus Majus, 6. Abschn.)

[174]) „. . . Sed indigent praeparatione tali, qua eorum partes magis subtilientur, et a corporalitate sua ad spiritualitatem reducantur fixam. Cuius praeparationis intentio est, ex eis facere corpus spirituale fixum, hoc est multo magis attenuare et subtiliare quam erant prius." Die Stelle bezieht sich auf den, hier mehrfach erörterten, alchemistischen Grundgedanken, aus den Edelmetallen Silber und Gold ihre typischen Bestandteile zu gewinnen. Da die „vollkommenen Metalle" Gold und Silber, nach alchemistischer Auffassung, in der Hauptsache aus „fixem" Quecksilber bestehen und wenig „fixem Schwefel", so war das Präparieren des Goldes, wie es hier erwähnt wird, für Geber identisch mit der Gewinnung einer subtilen Substanz, die dem „fixen Quecksilber" mindestens sehr nahe stand und deshalb, in alchemistischem Sinne, noch „vollkommener" war als das Gold selbst. Daß diese Substanzen, modern chemisch betrachtet, offenbar Silbernitrat und Goldchlorid waren, wurde an anderen Stellen schon erwähnt.

[175]) congeletur, eindampfen oder krystallisieren lassen.

[176]) Sal alcali, wohl Pottasche.

[177]) Sal gemmae. Diese Bezeichnung kommt in griechischen und byzantinischen, von Berthelot herausgegebenen Rezepten usw. vor, aus dem 8. Jahrhundert und aus späterer Zeit. Das Wort gemma bedeutet Edelstein, auch Perle, ursprünglich „Auge", z. B. am Weinstock. Nach Lippmann (Alchemie) ist Sal gemmae = Steinsalz. Es ist möglich, daß das Wort gemma, das wie gesagt, Edelstein bedeutet, auf das krystallartige durchscheinende Steinsalz übertragen wurde.

[178]) „Super porfidum", Porfidum spätlateinisch = Porphyr, italienisch = Porfido, wohl eine Art Reibschale. „Porphyr", in solchem Zusammenhange, deutet, nach E. v. Lippmann, fast stets auf ägyptische Herkunft der Vorschriften.

[179]) Jamen-Alaun, eine Herkunftsbezeichnung, Arabien. Die Bezeichnung „Alaun aus Jemen" findet sich schon bei älteren arabischen Autoren, z. B. im „Steinbuch des Aristoteles". Vgl. die Ausgabe v. Ruska, Heidelberg 1912. Siehe auch E. v. Lippmann, Alchemie.

[180]) Schwarzer Atrament ist wahrscheinlich Eisenvitriol, Eisensulfat.

[181]) Cuperosa, wahrscheinlich = cupri crosa substantia, cuprum erosum (durch Säure zerfressen). Kupfervitriol, vielleicht auch „Grünspan“ u. dgl.

[182]) vgl. Liber fornacum Kap. 20. Geber schildert hier die „Präparierung“ der „unvollkommenen Körper“, wie Zinn, Blei, Kupfer, Eisen. Der Zweck der Präparierung ist der, das betreffende „unvollkommene Metall“ in eine „subtilere“ Form zu bringen, was jedoch mit der „Veredlung“ oder „Umwandlung“ nicht identisch ist. Es soll dabei ein „Elixir“ gewonnen werden, das aber durchaus nicht das gleiche Präparat ist wie die veredelnde Substanz, die „Medizin“, sondern, wie eben schon angedeutet, nur die reinste Form der „unvollkommenen Metalle“.

Auf diese Präparate soll dann das „Ferment“ einwirken, das seinerseits gewissermaßen ein wirksamer Extrakt aus Silber bzw. Gold sein soll und mit dem, in der „Summa perfectionis“ wiederholt genannten „lapis“, „Mercur“, „unser Stein“ (Silbernitrat, Goldchlorid) identisch sein wird. Durch die gegenseitige Einwirkung von Elixir und Ferment soll dann erst die „Medizin“ entstehen. Nach der Anschauung der Alchemisten war das „Elixir“, das sozusagen den reinsten Auszug der „unvollkommenen“ Metalle darstellt, erst die „Materie“, mit dem sich das „Ferment“, die „anima“, „Forma“ der edeln Metalle, Silber und Gold, verbinden mußte, um die „Medizin“ entstehen zu lassen, die erst die Kraft hatte, „unvollkommene Metalle“ in Silber und Gold „umzuwandeln“. Wenn für „Ferment“ auch der Ausdruck „anima“ gebraucht wurde, so wollte man damit das feinste, edelste Präparat bezeichnen, das man aus den Edelmetallen Silber und Gold herstellen konnte, das Typische dieser Metalle, frei von unreinem Nebensächlichem, ebenso wie das „Elixir“ das reinste aus den unvollkommenen Metallen gewonnene Präparat war. Wenn ferner für „anima“ auch der Ausdruck „forma“ gebraucht wurde, so geht dies auf Aristotelische Anschauung zurück.

Die Form ist bei Aristoteles das Typische, das Wesen von allen Dingen. Die höchste reine Form ist Gott, und auch die Seele ist eine „Form“. Die Vereinigung von Materie und „Form“ erinnert ferner an die Lehren der Stoiker, bei denen die „Form“ ein „Wirken“ ist, das mit der Materie zur Einheit verbunden ist. So sagt z. B. der Neuplatoniker Porphyrios in seiner Schrift „Eisagoge“: „Die Dinge bestehen aus Materie und Form“. Bei den Neu-Pythagoreern ist die „Materie“ das „Unreine“, die Ursache des Unvollkommenen, im Gegensatz zum Geist, zur reinen Form, (hier zahlensymbolisch als „Einheit“ und „Zweiheit“ bezeichnet).

Man sieht hier besonders deutlich, wie alchemistische Anschauungen aus philosophischen Ideen entstanden sind. Das reinste, typische, gewissermaßen die Seele der Edelmetalle, besonders des Goldes, die „anima“, „forma“, soll auf die „materia“ der unedlen Metalle übertragen werden und sich mit ihr vereinigen. Wenn man nun die Schilderung Gebers vom modernen, chemischen Standpunkt aus betrachtet, ergibt sich kurz gesagt folgendes: Geber geht von Erzen oder Rohmetallen aus, und stellt daraus die betreffenden Oxyde her. Aus den gereinigten Oxyden stellt er durch Reduktion die betreffenden Metalle in reinerer Form dar. Aus den reinen Metallen stellt er dann, wie wir in der Summa perfectionis gesehen haben, Metallchloride und andere Metallsalze her, die er auflöst. Diese Salze bzw. Salzlösungen von Zinn, Blei, Eisen, Kupfer sind nun offenbar die Substanzen, die Geber z. B. als Elixir bezeichnet. Diese Produkte sind für ihn gewissermaßen verfeinerte Extrakte der unvollkommenen Metalle und enthalten, nach seiner Auffassung, die Grundbestandteile der Metalle, „fixes“ Quecksilber und „fixen“ Schwefel in konzentrierterer, reinerer Form. Diese präparierten „unvollkommenen“ Metalle (Elixir, „Materie“), werden in einer besonderen Form, der „Pasta“, angewendet (die Anweisung hierzu im „Liber fornacum“). Andererseits werden die „vollkommenen Metalle“ Silber und Gold „präpariert“ offenbar durch Darstellung von Silbernitrat und Goldchlorid („Lapis noster“, „Mercur“, „Anima“, „Ferment“). Durch die Einwirkung dieser beiden Komponenten soll dann erst die „Medizin“ entstehen, welche die „Veredlung“ der „unvollkommenen Metalle“ bewirken soll. Man könnte daran denken, daß durch die Einwirkung von Metallsalzlösungen auf Goldchlorid bzw. Silbernitrat kolloidales

Gold bzw. Silber entstanden, Präparate, die in der Alchemie, wie ich glaube, von Bedeutung waren.

[183]) „Haec enim aqua lapis noster est, et argentum vivum de argento vivo, et sulphur de sulphure, et corpus spirituale factum et subtiliatum sive attenuatum." Vgl. hierzu die früheren Anmerkungen, auch 184.

[184]) Ähnliche Gefäße wie der „botus barbatus" sind in alten syrischen Schriften erwähnt, „But ber But" genannt (persisch: Tiegel auf Tiegel). Zwei aufeinandergesetzte Tiegel, der eine mit durchlöchertem Boden, wohl auch für descensionsartige Operationen, Behandlung flüchtiger Stoffe (s. Berthelot, La chimie au moyen âge, E. v. Lippmann, Alchemie).

[185]) Durch die „Descension" wird metallisches Zinn erhalten, durch Verwendung von Reduktionsmitteln, wie Kohle oder „Sal tartari" bzw. „oleum tartari", d. i. der sog. schwarze Fluß, kohlehaltige Pottasche, durch Glühen aus Weinstein hergestellt. Bei anderer Anordnung des Versuchs wurde vielleicht Zinnoxyd erhalten. Bei dem Erhitzen mit Salmiak hat Geber dann Zinndichlorid erhalten, $SnCl_2 + 2\,H_2O$, weil der Salmiak NH_2Cl sich in der Wärme in Ammoniak und Salzsäure spaltet. Letztere wirkt auf das Zinn ein.

[186]) „Donec fuerit in pondere aequali, vel circiter."

[187]) Es ist nur scheinbar ein Widerspruch, daß die Substanz an einen kühlen, feuchten Ort im Freien, oder in einen Ofen bzw. in Mist, also in die Wärme gebracht werden soll. Es handelt sich um eine hygroskopische Substanz, die im Freien, in feuchter Luft Wasser anzieht. An einem warmen Ort dagegen genügt schon das Krystallwasser der Substanz, um sie zu verflüssigen. Auf Zinnchlorür, das, wie oben erwähnt, Geber offenbar erhalten hat, paßt die Beschreibung des Flüssigwerdens sehr gut, da sich Zinnchlorür in $^1/_3$ seines Gewichtes Wasser löst, und andererseits bei etwa 40^0 in seinem Krystallwasser flüssig wird. Die Wärme des Mistes war also ganz geeignet dafür. Im Zinnchlorür gewann Geber nun allerdings ein Reagens von vielseitiger Wirkung, da es z. B. ein kräftiges Reduktionsmittel ist und auch Silber und Gold aus ihren Lösungen reduziert. Die sorgfältige Aufbewahrung empfiehlt Geber wohl wegen der Wichtigkeit der Substanz, aber auch deshalb, weil die konzentrierte Lösung, die Geber herstellte, bei Wasseraufnahme, d. h. weiterer Verdünnung, infolge Bildung von basischem Chlorid $2\,Sn(OH)Cl + H_2O$ sich trübt.

[188]) Der Vorgang bei der von Geber beschriebenen „Präparierung" des Bleis ist etwa folgender: Es entsteht zuerst ein graues Pulver, das ein Gemisch von fein verteiltem metallischem Blei und Bleioxyd PbO, oder nach anderer Ansicht Bleisuboxyd Pb_2O ist. Da bei der Behandlung dieses Pulvers mit Quecksilber kein Blei extrahiert bzw. kein Bleiamalgam gebildet wird, so scheint die letztere Ansicht richtiger zu sein. Bei weiterem Erhitzen, wie es Geber beschreibt, entsteht Bleioxyd PbO. Der weitere Verlauf hängt von der Temperatur ab. Bei ca. 900^0 schmilzt das Bleioxyd zu einer Masse, die Bleiglätte bzw. Massicot genannt wird, bei den Alten λιϑάργυρος. Diese Substanz, ebenfalls nichts anderes als PbO, meist eine schuppige Masse, hat gelbliche oder rötliche Farbe, Silber- bzw. Goldglätte. Wird das Bleioxyd PbO aber längere Zeit auf $300-500^0$ erhitzt, so entsteht Pb_3O_2, rote Mennige, das minium der Alten, das Geber wohl meint. Es ist aber auch möglich, daß er rötliche Bleiglätte herstellte. Die Beschreibung der weiteren Behandlung mit Salz, Alaun, Essig, ist nicht recht klar. Vielleicht war es eine mechanische Reinigung, etwa eine Art von Schlämmen. Die Reduktion des Bleioxyds, z. B. mit Kohle, oder dem schon erwähnten „schwarzen Fluß" erfolgt sehr leicht.

$$PbO + C = Pb + CO$$
$$\text{und}\quad PbO + CO = Pb + CO_2.$$

Die weitere Behandlung, das Erhitzen mit Salmiak, hat die Bildung von Bleichlorid $PbCl_2$ zur Folge. Während nun Zinnchlorür sehr leicht löslich ist, löst sich Bleichlorid bei 15^0 in 110 Teilen, bei 100^0 erst in 30 Teilen Wasser. Nun steigert aber starke Salzsäure, wie sie ja bei der Darstellungsweise Gebers, mit Salmiak, vorhanden ist, die Löslichkeit. Der Schluß lautet: „Ipsa enim est aqua argenti vivi et sulphuris, proportionabiliter facta, . . ." D. h. das Produkt besteht aus den Urbestandteilen Quecksilber und Schwefel, ohne Verunreinigungen, und dient zur Darstellung des „roten Elixirs", auf das nun das „rote Ferment", d. h. das Ferment aus Gold, einwirken muß, damit die „Medizin" für die Umwandlung „unvollkommener" Metalle in Gold entsteht. Dementsprechend wird das „weiße Ferment" aus Silber hergestellt. Das Resultat der Einwirkung des „weißen Ferments" auf das „weiße Elixir" (z. B. aus Zinn) bzw. die „weiße Pasta", war dann die „Medizin" für die Umwandlung in album, d. h. in Silber.

[189]) Gebers Behandlung des Kupfers mit Salz ist wohl als eine Art chlorierende Röstung aufzufassen. Genau kann die Reaktion nicht angegeben werden, da wir weder den Reinheitsgrad des von ihm verarbeiteten Kupfers, noch denjenigen des von ihm verwendeten Salzes kennen. Sein „Kupfer" kann verschiedene Verunreinigungen enthalten haben und verschiedene Beimengungen. Ebenso kann sein Salz Verunreinigungen enthalten haben, wie z. B. Sulfate, so daß verschiedene Reaktionen denkbar sind. Es sei noch bemerkt, daß nach neueren Angaben Chlornatrium beim Erhitzen in trockener Luft Chlor abspalten soll (Sanderval, Compt. rend. 116. cit. nach Gmelin-Kraut). Ferner ist zu beachten, daß Chlornatrium mit dem Material des Tiegels Natriumsilicate bildet, wobei Chlor frei wird. Es ist dies der Vorgang beim Glasieren z. B. des Steinguts mit Kochsalz. Bei dem Verfahren Gebers, Kupferplättchen mit Salz im Tiegel zu erhitzen, gab es also verschiedene Möglichkeiten. Beim Erhitzen wird sich wahrscheinlich auch Kupferoxyd gebildet haben und das Resultat des Erhitzens im Tiegel war wohl ein unreines Kupferchlorid und Kupferoxyd. Durch Erhitzen mit Salmiak, Chlorammonium, stellte dann Geber aus dem vorher etwas gereinigten Produkt reineres Cuprochlorid CuCl dar, da Chlorammon bei höherer Temperatur in $NH_3 + HCl$ dissoziiert ist. Hierauf beruht die Anwendung des Salmiaks beim Löten, wobei die Metalloberfläche von Oxyd gereinigt wird.

Das Endprodukt der ziemlich langwierigen Behandlung des Kupfers durch Geber war also mehr oder weniger reines Cuprochlorid CuCl, das später, im 17. Jahrhundert z. B. von Boyle beschrieben und als resina cupri oder cuprum gummatosum bezeichnet wurde. CuCl zersetzt sich an der Luft bzw. in feuchtem Zustand, wobei u. a. Cuprichlorid $CuCl_2$ entsteht.

[190]) „Ponatur sub divo . . ." unter freien Himmel. Es wäre auch möglich, daß eine Glasglocke oder dgl. gemeint ist.

[191]) „corpus spirituale", spiritual im Gegensatz zu körperlich. D. h. das Gold ist aus seinem metallischen festen Zustand in eine feinere Form gebracht (Goldchlorid und seine Lösung). Über Elixir, Ferment usw. s. die früheren Anmerkungen. Geber hat hier wohl sicher Goldchlorid $AuCl_3$ hergestellt. Die Bemerkung, daß man beim Silber alles wie beim Gold machen soll, ist sonderbar, da sich Chlorsilber ganz anders verhält wie Chlorgold und schwer löslich ist. Leicht löslich ist Chlorsilber in Ammoniakwasser. Denkbar wäre ferner, daß Geber eine Lösung von Chlorsilber in konzentrierter Chlorammonium(Salmiak-)-Lösung bekommen hat. Wahrscheinlicher ist es aber, daß Geber mit der gleichen Behandlung des Silbers das Lösen desselben, wie er an anderer Stelle sagt, „in seinem Lösungsmittel", d. h. in Salpetersäure meint.

[192]) „hoc est corpus perfectum attenuatum . . ." (vgl. die früheren Anmerkungen). „Verdünnt" in dem Sinne, daß das Metall, z. B. das Gold, in eine beweglichere, nicht mehr starrmetallische, sondern für chemische Operationen verwendbare, d. h. reaktionsfähige, Form gebracht wird. Dies geschieht durch das „Präparieren" der Metalle, und zwar sowohl der „unvollkommenen Metalle" als der „vollkommenen", also der Edelmetalle Silber und Gold. So wird aus Gold chemisch verwertbares Goldchlorid hergestellt, das im Vergleich zu metallischem Gold ein verdünntes „spirituales" Gold darstellt. Dasselbe gilt auch für andere Metallsalze.

[193]) Dieser Satz, d. h. die Anschauung, daß alle „vollkommenen" und „unvollkommenen" Körper ursprünglich die gleichen Grundbestandteile haben, ist, wie schon früher gesagt wurde, die Grundlage der Metallverwandlungslehre und -Versuche. Wer nicht die Anschauung hat, daß z. B. die Metalle „Elemente" sind, d. h. einfache, nicht zusammengesetzte Körper, hat das Recht, „Umwandlungen" der Metalle in einander für möglich zu halten und zu versuchen. Wenn die Wissenschaft nicht, oder

noch nicht, fähig ist, „Elemente" zu zerlegen oder aufzubauen, so ist dies noch kein Beweis für die Unmöglichkeit an und für sich. Es sei an die Zerlegung des Kalis und an die Darstellung des metallischen Kaliums durch Davy im Jahre 1808 erinnert. Das Kali hatte man vorher für eine einheitliche Substanz gehalten. Die Zweifel Davys und eine neuartige Versuchsanordnung setzten ihn in die Lage, eine grundlegende neue Tatsache zu finden und „die Substanz, die er suchte", herzustellen, wie er in den Phil. Tr. 1808 sagt.

Es sei ferner an die Erfolge der Radiumforschung erinnert. — Die Geschichtsschreiber der Chemie und Alchemie haben sich besonders an der alten Anschauung gestoßen, nach der die Körper aus Quecksilber und Schwefel bestehen sollen. Die Annahme dieser hypothetischen Grundbestandteile, die übrigens nicht als identisch mit dem gewöhnlichen Quecksilber und Schwefel angesehen werden, war ein Teil eines Lehrgebäudes, ein Erklärungsversuch und ein Rahmen für beobachtete Erscheinungen, nicht anders wie manche Anschauungen und Hypothesen der modernen Wissenschaft, die man in der Zukunft vielleicht auch zum Teil sonderbar finden wird.

[194]) Nach der Ausgabe Nürnberg 1541, Invest. S. 17: „Et per hanc considerationem per nostrum exercitium invenimus, corruptionem imperfectorum accidentaliter supervenisse, quae materiae novam et corruptam dedit formam." Der Sinn dieser Ausführungen ist der: Manche Körper, z. B. Metalle, wie Blei usw., sind deshalb „unvollkommen", weil ihre Grundbestandteile, Quecksilber und Schwefel, unrein sind, und zwar nicht von Ursprung an (nicht essentiell), sondern „accidentaliter", accidentiell, unwesentlich, zufällig. Sonst wäre überhaupt keine Umwandlung möglich. Wie dieser Begriff des „accidentiellen" sich vielleicht zuerst bei Aristoteles findet (man vergleiche Metaphysik iv 30 latein. Ausgabe: „Accidens dicitur, quod inest alicui . . . non tamen neque necessario . . ."), so hat die ältere Alchemie offenbar auch den Begriff der „Corruptio" auf Aristotelischen Ideen aufgebaut. Auf die Lehren der vorsokratischen Philosophen, z. B. des Anaximander, kann hier nicht eingegangen werden. Vgl. H. Diels, Vorsokratiker. Ferner z. B. Feller, Die Philosophie der Griechen.

Aristoteles nimmt an, daß Wärme und Kälte, als wirkende Prinzipien (im Gegensatz zu Trockenheit und Feuchtigkeit, als leitende Prinzipien), das Entstehen und Vergehen, Generatio-Corruptio, — γένεσις-φθορά — bewirken. Vgl. Meteorol. iv. „Principio igitur . . . generatio, atque ei opposita per naturam corruptio, ab his potentiis (calor et frigus) efficitur." „Corruptio" bedeutet auch, passiv, einen verdorbenen Zustand, ein Verdorbensein, und man findet diesen Begriff später, einerseits in der medizinischen Literatur, andererseits in der Alchemie. Dies ist verständlich, wenn man sieht, daß Aristoteles der γένεσις — generatio, außer der φθορά — corruptio, im allgemeinen, die σῆψις — putrefactio gegenüberstellt, „omnis enim corruptio quae natura fit, ceu senectus et arefactio, ad eam (putrefactio = Fäulnis) ducit" (Meteorol. iv. 1).

Diese Gedanken des Aristoteles werden von Galenos, und später z. B. in den medizinischen Werken des Avicenna auf praktisch-medizinische Dinge, z. B. Fieber, angewandt. Vgl. z. B. die latein. Übersetzung der medizin. Werke des Avicenna (von Gerardus Cremonensis), Canon Medicinae, Lib. iv. Fen 1, Tract. 2, Cap. 1. „De febribus putridis" und besonders die Anmerkungen dazu, die ganz in Aristotelischem Geiste geschrieben sind. (Nach der Ausgabe Venedig 1595, Junta.) Ebenso greifen die alten Alchemisten auf diese Aristotelischen Ideen zurück. Dinge und lebende Wesen werden von der „Corruptio" erfaßt und verdorben, also auch die Grundstoffe Quecksilber und Schwefel, und damit die Metalle, die dadurch „verunreinigt" und „unvollkommen" werden (im Gegensatz zu den „vollkommenen" Metallen, Silber und Gold, die wir ja heute noch als „Edelmetalle" bezeichnen). Es ergab sich daraus weiter der Gedanke, die Metalle von dieser „corruptio" und „putrefactio" zu reinigen und sie zu veredeln (daher in der Alchemie „perfectio" im Gegensatz zu „corruptio"), und weiterhin die Idee, die „Medizin", die diese Veredlung bewirken sollte, auch als Heilmittel für den erkrankten menschlichen Organismus, oder als Stärkungsmittel oder Verjüngungsmittel gegen die „corruptio" des Alters, die Aristoteles ja besonders erwähnt, anzuwenden. Man sieht daraus, wie alle diese Dinge sich logisch entwickelt haben, und wie weitgehend die Alchemie mit ihren Lehren auf griechischen philosophischen Vorstellungen beruht, die im Altertum und Mittelalter bis in die neuere Zeit Geltung hatten.

195) „De mediorum mineralium praeparatione". „Mittlere Mineralien" sind solche, die zwischen „spiritus" und Metallen stehen.

196) Hier heißt es im Text ausdrücklich „in Solem et Lunam", während in den bisher gebrachten Schriften nur die Ausdrücke „Corpus solificum et lunificum" gebraucht werden.

197) Zoza, Sosa = Alkali (s. Anm. 269 S. 184).

198) Alkalisalz. Calcis vivae unum et extraunt totum lixivium et distillunt (sc. per filtrum) et congelant. Calx viva ist eigentlich ungelöschter Kalk, im Gegensatz zu Calx exstincta, gelöschter Kalk. Durch das erwähnte Extrahieren mit Wasser wurde der gebrannte Kalk gelöscht, oder es wird gleich gelöschter Kalk verwendet. Die Asche enthält Kaliumkarbonat. Die Reaktion verläuft nach der Formel:

$$K_2CO_3 + Ca(OH)_2 = 2\,KOH + CaCO_3.$$

199) Zur Darstellung von Chlorammonium (Salmiak) wurden in alten Zeiten hauptsächlich tierische Exkremente benutzt, z. B. in Ägypten solche von Kamelen. Der Salmiak ist hier teilweise schon im Organismus gebildet, teils entsteht er beim Verbrennen der betreffenden Stoffe aus stickstoffhaltigen Verbindungen, wie Harnstoff, und wird dann aus dem Ruß gewonnen, der beim Verbrennen dieser Stoffe entstanden ist.

Auch beim Verbrennen von Holz, Harz u. dgl. bildet sich Salmiak, der dann im Ruß enthalten ist, neben verflüchtigten, nicht verbrannten, teerartigen Produkten, Phenolen, Kreosot u. dgl.

In neuerer Zeit wurde noch Salmiak nach dem Lüttichschen Verfahren durch Verbrennen eines Gemisches von Kohle, Kochsalz, tierischen Abfällen usw. gewonnen. Dieses Verfahren ist vielleicht der letzte Ausläufer der uralten Methoden für die Darstellung des Salmiaks. Heute kommt wohl nur noch die Fabrikation aus Gaswasser in Betracht. — Die von Geber angegebene Methode war noch nach Jahrhunderten gebräuchlich. Boerhaave, Elementa Chemiae, Leyden 1732, und Leipzig 1753, bespricht ausführlich die Darstellung von Salmiak aus Ruß u. dgl.

Schweiß, der hier von Geber und auch sonst bisweilen von alten Autoren in ähnlichem Zusammenhang erwähnt wird, hat nach Camerer, Zeitschr. f. Biologie 41, 1901, zit. nach Landois-Rosemann, Physiologie S. 271, folgende Zusammensetzung: Wasser 98, Trockensubstanz 1,7—2,1, Gesamtstickstoff 0,137—0,188, Harnstoff 0,051, Ammoniak 0,011—0,012, Asche 0,866—1,042, Chlornatrium 0,66—0,78%.

Diese kleine Stelle bei Geber ist nicht uninteressant, denn sie spricht dafür, daß diese Schriften im Süden, unter wärmerer Sonne, entstanden sind, oder daß Geber die Stelle von einem anderen, vielleicht arabischen Autor übernommen hat. In Mitteleuropa wird die Transpiration selten so stark sein, daß jemand auf den Gedanken käme, sie praktisch zu verwerten.

Sal tartari ist in der Hauptsache Kaliumkarbonat, das durch Verbrennen von Weinstein entsteht.

200) Wenn Geber den Rückstand des eingedampften Urins „calciniert", d. h. wahrscheinlich geglüht hat, so erhielt er nur die mineralischen Bestandteile, wie Chlornatrium. Bei gelinderem Erhitzen, z. B. nur Trocknen der Rückstände, ein Gemisch von organischen Stoffen.

201) 1. Schwarzer Atrament wahrscheinlich Eisenvitriol. 2. Cuperosa wahrscheinlich Kupfervitriol. Atramentum (ater = dunkel, schwarz) ursprünglich jede schwarze Feuchtigkeit, besonders Tinte. Wohl identisch mit *μελαντηρία* des Dioscurides, der schreibt: Eine Art Melanteria verdichtet sich an den Mündungen der Gruben, in denen Kupfer gewonnen wird ... usw. (Berendes, Dioscurides, Stuttgart 1920). Auch Plinius 34, 32 glaubt, daß atramentum sutorium (sutor Schuster, weil der Atrament zum Schwarzfärben des Leders benutzt wurde) aus Grubenwässern von Kupfergruben gewonnen werde. Wahrscheinlich war es eisenhaltiges Kupfervitriol. Eisenvitriol gibt mit Tannin oder Galläpfelauszug gerbsaures bzw. gallussaures

Eisenoxydul, das farblos ist, aber an der Luft in blauschwarzes Oxyd übergeht. Da das atramentum sutorium zum Schwarzfärben des Leders verwendet wurde, so ist es sicher, daß diese Substanz Eisenvitriol oder wenigstens eisenvitriolhaltig war. Auch heute wird Eisenvitriol noch für das Schwarzfärben von Leder verwendet und heute noch in Gerbereien als „Schwärze" bezeichnet. Man sieht, wie derartige alte Anwendungen, sogar mit den alten Bezeichnungen, sich durch Jahrtausende erhalten. Hierzu sei auch noch bemerkt, daß sich der Ausdruck „Atramentenstein" noch als lokale Bezeichnung für ein, durch Verwitterung aus Schwefelkies entstandenes Gemenge von Eisen- und Kupfersulfat findet, und zwar im „alten Mann" bei Goslar a. Harz (s. Fehling, Handwörterbuch d. Chemie). Eine größere Schrift „De Atramentis" von Caneparius erschien London 1660. Vgl. auch Journal f. prakt. Chemie II, Bd. 86, S. 305.

[202]) Römischer Vitriol ist nach Ruland, Lexicon Alchemie, gleich Atramentum viride, also wahrscheinlich Eisenvitriol, vielleicht in reinerer Form. Sehr oft ist „römischer Vitriol" in Wirklichkeit „römischer Alaun" aus Tolfa bei Civitavecchia.

[203]) Bleiweiß, cerussa plumbi. Basisches Bleikarbonat $Pb_3(CO_3)\ 2\ (OH)_2$. Mit dem Namen spanisches Weiß wurden im Laufe der Jahrhunderte verschiedene Präparate bezeichnet, im späteren Mittelalter und in der neueren Zeit, z. B. Wismutsalze, wie basisches Wismutnitrat. Der betreffende Satz im lateinischen Text ist nicht ganz klar: De albo hispanico, Stanni, minio eodem modo fit ... Wenn die Worte albo hispanico und Stanni zusammengehören, handelt es sich um Zinnoxyd. Die rote, aus Grünspan (basisches Kupferacetat) erhaltene Substanz ist Cu_2O, Cuprooxyd. Aus der roten Lösung, die aus Eisenoxyd mit Essig entsteht, fällt beim Erwärmen das Eisen als Eisenoxydhydrat aus. Dies soll durch die Gegenwart anderer Salze verursacht sein. Reines, gut ausgewaschenes Eisenoxydhydrat, mit Essigsäure übergossen, gibt nach einiger Zeit eine tiefrote Lösung, die beim Eindampfen eine glasige rote, amorphe Masse zurückläßt, von der Zusammensetzung $Fe(C_2H_3O_2)_3$. Wird aber eine neutrale Ferriacetatlösung 10 Stunden und mehr bei Wasserbadtemperatur erwärmt, so entsteht basisch essigsaures Eisen und auch $Fe(OH)_3$ in glänzenden, bräunlichen, kleinen Krystallen. Eingehendes darüber mit Literaturangaben s. G. Grube, Das Eisen und seine Verbindungen 1917. Da Geber sicher keine reinen Materialien hatte, wird er wohl sicher Eisenoxydhydrat als Endprodukt erhalten haben (Eisencrocus). Die Bezeichnung Crocus martis findet sich noch in neuerer Zeit z. B. bei pharmaceutischen Bezeichnungen. S. z. B. Boerhaave.

Bleiglätte, Bleioxyd, in Essig gelöst, gibt neutrales Bleiacetat, Bleizucker $Pb(C_2H_3O_2)\ 3 + 3\ H_2O$, in großen, wasserhellen Prismen krystallisierend.

Bleiacetat ist also nicht, wie in manchen Lehrbüchern gesagt wird, erst seit dem 15. Jahrhundert bekannt, vorausgesetzt, daß die vorliegende Schrift, De Inventione Veritatis von dem Autor der Summa Perfectionis, d. h. etwa aus dem 13. Jahrhundert, stammt. Auch heute noch wird Bleiacetat aus Bleiglätte hergestellt. Geber kann auch basische Bleiacetate erhalten haben, sog. Bleiessig, der durch Anwendung von mehr Bleioxyd auf die gleiche Menge Essigsäure, entsteht, bzw. durch Lösen von Bleioxyd in Bleizuckerlösung. Auch diese Salze können in Krystallform dargestellt werden. Aus der Lösung scheidet sich, auf Zusatz von kohlensäurehaltigem Wasser, basisches Bleikarbonat ab, was Geber vielleicht auch schon beobachtet hat. Bleiacetate (aus Bleiweiß und Essigsäure) waren auch schon den griechischen Alchemisten bekannt.

Ob Geber unter Antimonium dasselbe versteht, wie die späteren Chemiker, d. h. unser Antimon, läßt sich nicht nachweisen, da jede Beschreibung der Substanz fehlt. Vielleicht hat er Antimontrioxyd Sb_2O_3, bzw. Tetroxyd Sb_2O_4 durch Rösten von Sb_2S_3, Antimonsulfid, Antimonglanz, dargestellt. In Wasser lösen sich jedoch die beiden Oxyde nur schwer. Möglicherweise hat aber Geber auch andere Mineralien und Präparate, wie z. B. Wismut, als Antimon bezeichnet.

Lapis lazuli, Lasurstein, ein schwefelhaltiges Natriumaluminiumsilikat, von schöner, blauer Farbe, früher als Schmuckstein und als Malerfarbe verwendet. Seit Beobachtungen Gmelins 1828 und anderer Forscher wird die Verbindung künstlich hergestellt. „Ultramarin". Das Mineral ist seit alten Zeiten bekannt und wohl sicher identisch mit dem „Sapphir" der Alten. S. z. B. Plinius 37, 39, der den darin vorkommenden vorleuchtenden „Goldstaub" erwähnt. In Wirklichkeit sind es Teilchen von Pyrit. Über den Namen bringt Kopp einige Bemerkungen in seiner Geschichte der Chemie Bd. 4, S. 67. Nach ihm soll das Wort Lasur aus dem Persischen stammen und blaue Farbe bedeuten. Lasur = vom persischen lağwerd (siehe Lippmann „Alchemie"). Im 6. Jahrhundert brauchte, wie Kopp erwähnt, der Grieche Leontius die Bezeichnung λαζούριον für eine blaue Farbe. Für Lasur wurde später öfters das Wort Azur gebraucht, das ja heute noch bisweilen als Bezeichnung für eine schöne blaue Farbe angewendet wird. Es sei hierzu noch bemerkt, daß im Alt-Griechischen das Wort ὁ λάοος Stein bedeutet. Das Wort Lasur könnte vielleicht daher stammen.

Der Lapis Haematites, von αἱματίτης blutig, von αἷμα Blut, λίθος αἱματίτης Blutstein. Dioscurides, Kap. 143, περὶ αἱματίτου λίθου gibt an, daß der Stein blutunterlaufene Augen sowie Blutspeien heile. Dasselbe bei Plinius. Sicher gab die rote, blutähnliche Farbe des Steines in alten Zeiten Veranlassung dazu, ihn als blutstillendes Mittel zu gebrauchen. Hämatit ist identisch mit Roteisenerz, roter Glaskopf, Blutstein. Seiner chemischen Zusammensetzung nach, Eisenoxyd Fe_2O_3. Heute wird als blutstillendes Mittel bekanntlich Eisenchlorid verwendet.

Die Bezeichnung Bolus kommt von dem griechischen Wort ἡ βῶλος, Erdkloß. Heute versteht man in der Therapie (s. z. B. Deutsches Arzneibuch) unter bolus alba weißen Ton. Armenischer Bolus war eine besonders geschätzte Sorte, die auch als Untergrund für Vergoldungen verwendet wurde (s. darüber z. B. Lippmann, Alchemie S. 560). Noch 1777 wird im Lexicon Medicini des Stephan Blancardus der rote armenische Bolus als besonders gebräuchlich erwähnt.

Unter Lösen und congelieren ist hier offenbar „Schlemmen" zu verstehen.

[204]) Dies ist die Darstellung von Alkalisulfiden und die von fein verteiltem Schwefel, sog. Schwefelmilch.

[205]) „Faeces" sind bei Geber feste, nicht sublimierende Körper. Geber bezeichnet mit dem Worte „faeces" insbesondere die Materialien, die er als Zusätze bei der Reinigung, z. B. bei der Sublimation mancher Körper, wie des Quecksilbers, verwendet. S. z. B. die betreffenden Kapitel in der „Summa perfectionis".

Der Ausdruck „faeces" wurde deshalb hier meistens mit dem Worte „Zusätze" wiedergegeben, etwa in dem Sinne wie „Zuschläge" in der Metallurgie. Hier sind mit „faeces" offenbar die hier erwähnten Materialien, Eisenoxyd, Alaun usw. gemeint. Es werden hier so verschiedenartige, nicht genau bezeichnete Stoffe vermischt und verarbeitet, daß es zwecklos erscheint, die Produkte näher definieren zu wollen, die schließlich erhalten wurden. Dasselbe gilt für den Inhalt des Kap. 7 über den Arsenik.

[206]) Das Produkt dieses Verfahrens ist Quecksilberchlorid, „Sublimat". In späterer Zeit stellte man diese Verbindung durch Erhitzen von Quecksilber, Kochsalz, Salpeter und calciniertem Eisenvitriol, also ohne Alaun, her, wobei sich außer Quecksilberchlorid, — Natriumsulfat, Kaliumsulfat, Eisenoxyd und Stickstoffoxyd bilden. Die Bemerkungen Gebers in Kap. 8 sind vielleicht mehr bekannt geworden, wie der übrige Inhalt seiner Schriften. Man findet sie z. B. in manchen modernen Lehrbüchern, meist als einziges Beispiel der chemischen Kenntnisse Gebers, angeführt. Es wird hier in ziemlich klarer Weise die Darstellung von Quecksilberchlorid, „Sublimat", geschildert. Der Vorgang läßt sich etwa durch folgende Formel ausdrücken, wobei die Verwendung von calciniertem Eisensulfat angenommen wird.

$$\begin{aligned} Hg + 2\,NaCl + 2\,KNO_3 + 2\,Fe_2O_3,\ 2\,SO_3 \\ = HgCl_2 + Na_2SO_4 + K_2SO_4 + NO_2 + Fe_2O_3\,. \end{aligned}$$

[207]) Über Markasit vgl. die früheren Anmerkungen.

[208]) Tutia ist, wie wiederholt bemerkt, höchst wahrscheinlich Zink, bzw. zinkhaltiges Erz.

[209]) Bei der hier kurz geschilderten Behandlung des Quecksilbers mit Vitriol und Salpeter, bzw. Alaun und Salpeter, hat Geber offenbar Mercurinitrat, $Hg(NO_3)_2$, erhalten, aus dem sich, z. B. beim Eindampfen der Lösung, und überhaupt beim Behandeln mit Wasser, basische Salze bilden. Z. B.: $Hg(NO_3)_2\ 2\,HgO\,.\,H_2O$, das sich beim Behandeln mit Wasser bis zur Bildung von Quecksilberoxyd zersetzt.

Ebenso bildet sich rotes Quecksilberoxyd aus Quecksilbernitrat durch mäßiges Erhitzen:

$$Hg(NO_3)_2 = HgO + 2\,NO_2 + O.$$

Der „rote Praecipitat", der also auch kaum etwas anderes war, wie mehr oder weniger reines, rotes Quecksilberoxyd, vielleicht vermischt mit Quecksilbernitrat bzw. basischen Quecksilber-Nitraten, wurde im Mittelalter und später auf oben beschriebene Weise hergestellt.

[210]) si vis ad album — si vero ad rubeum, silber- bzw. goldartige Färbungen.

[211]) Als Endprodukt bei der Präparierung des Zinns wurde vielleicht eine Zinn-Zinklegierung erhalten, die höheren Schmelzpunkt hat, wie reines Zinn. Darauf bezieht sich wohl der Satz: „Sieh, ob sich das Metall richtig im Feuer verhält." D. h. ob es schwerer schmelzbar geworden ist.

[212]) destruere, construere bezieht sich, wie der letzte Satz des Kapitels, auf das Auflösen der Metalle, auf das Reduzieren der zuerst erhaltenen Präparate, Salze u. dgl., und auf die Herstellung der Medizin, bezw. auf die Veredlung der „unvollkommenen" Metalle. Die Metalle, auch Silber und Gold mußten aufgelöst, „zerstört" werden, um zum „Mercur" („Azoth" u. dgl.) und damit zum künstlichen Aufbau von Silber und Gold zu gelangen.

[213]) Die „Festtafel" ist natürlich die Metallveredlung.

[214]) Eisen gibt mit Arsen, wie wiederholt bemerkt, Arsenide, z. B. $FeAs_2$ und Fe_2As_3, von heller Farbe. Arsenmetalle bilden sich beim Zusammenschmelzen von Arsen mit Metallen und auch bei der Anwendung von arseniger Säure, sowie von Arsensulfid, z. B. bei Gegenwart von reduzierenden Substanzen. Hiermit scheint das Verfahren Gebers am meisten Ähnlichkeit zu haben. Arsenmetalle entstehen auch aus Lösungen von Metallsalzen durch Arsenwasserstoff, oder auch aus Arsenchlorürlösung und Metallen. Die Arsenide haben metallähnliche Eigenschaften und zwar um so mehr, je „edler" das betreffende Metall ist.

[215]) Bei der hier beschriebenen Weißfärbung des Kupfers entstehen, wie beim Eisen gesagt wurde, „Arsenide", hier also Kupferarsenverbindungen.

Kupfer-Arsenlegierungen, die eine schöne weiße Farbe und große Härte haben, allerdings auch beträchtliche Sprödigkeit, wurden in neuerer Zeit bisweilen hergestellt. An der Luft laufen solche Legierungen bald bräunlich an. Man stellte sie durch Zusammenschmelzen von 70 Teilen Kupferfeilspänen und 30 Teilen Arsen her, meist in besonderen Öfen, um das Austreten der giftigen Dämpfe zu verhindern (s. Krupp, Die Legierungen).

Die weiteren Angaben Gebers beziehen sich auf eine ziemlich umständliche Darstellungsweise von metallischem Kupfer, wobei es besonders auf die Erzielung einer frischen, rein metallischen Oberfläche von schöner, roter Färbung ankam. Bei Verwendung von „Tutia" wurden messingähnliche Produkte erhalten.

Zu der, von Geber öfters erwähnten, Reduktion mit „Oleum tartari" ist folgendes zu bemerken: Tartarus, auch Tartarum genannt, ist eine alte, etwa seit dem 11. Jahrhundert vorkommende Bezeichnung für weinsteinsaures Kali. Angeblich soll „Tartar" die arabische Bezeichnung für Weinstein sein [s. Kopp, Gesch. d. Chem. Bd. 4 S. 347]. Tartarum: Entstellung des persischen durdijj = Bodensatz, s. Lippmann, „Alchemie".

Aus dem weinsteinsauren Kali HOOC . CHOH . CHOH . COOK wurde nun durch Glühen, schon in früher Zeit, kohlensaures Kali dargestellt, ohne daß man sich natürlich über die chemischen Vorgänge dabei, oder über die Natur des Weinsteins bzw. des Endproduktes, klar sein konnte.

Das Glühen des Weinsteins geschah öfters unter Zusatz von Salpeter, der hier die Verbrennung unterstützt, z. B. in eisernen Gefäßen, wobei, je nach dem angewandten Verfahren, der sog. „weiße Fluß" oder der „schwarze Fluß" erhalten wurde. Letzteres Produkt enthielt noch unverbrannte, aus der Weinsteinsäure stammende Kohle, welche die Masse schwarz färbte. Die Bezeichnung „Fluß" deutet auf die alte Verwendung der Produkte als Fluß- und Reduktionsmittel. In alter Zeit wurde nun, wie auch bei Geber, dieses Produkt, seiner Herstellungsweise aus „Tartarus" nach, als

Sal tartari bezeichnet. Die konzentrierte, wässerige Lösung ist das „Oleum tartari" Gebers. Z. B. das an der Luft zerflossene Produkt (Kaliumcarbonat). Geber hatte also ein unreines, kohlehaltiges kohlensaures Kali in Händen, das sowohl als Reduktions= wie als Fluß= und Verschlackungsmittel gebraucht wurde.

Unter anderem wirken solche alkalische „Zuschläge" auch als schützende Hülle für geschmolzene Metalle, die dadurch in reinerer Form erhalten werden.

Es könnte auch sein, daß Geber nicht erst das „Sal tartari", also kohlensaures Kali, aus dem weinsteinsauren Kali durch Glühen dargestellt hat, sondern daß er beide Operationen, die Darstellung des kohlensauren Kalis, in Gestalt etwa des „schwarzen Flusses", und die Reduktion der Metalloxyde, zusammen ausführte, in der Weise, daß in der Hitze aus den zugesetzten, weinsteinsaures Kali enthaltenden Stoffen, wie roher Weinstein, zunächst mit Kohle vermischtes kohlensaures Kali sich bildete, das dann auf die Metalloxyde einwirkte. Der Zusatz von Salpeter könnte darauf hin= deuten, da er die Verbrennung des Weinsteins unterstützt. Bleiglätte, die ebenfalls von Geber hier genannt wird, wendet man bei reduzierenden Schmelzverfahren auch heute bisweilen als metallhaltigen Zuschlag, „Vorschlag", an, in dem Sinne, daß sie andere Metalle aufnehmen sollen, z. B. bei Silber (über Weinstein s. bei Kopp, Gesch. d. Chemie Bd. 4).

216) „Et invenies corpus eius album pro medicina suscipienda", diese Präparierung bzw. Weißfärbung des Kupfers, soll also erst eine Vorstufe für die eigentliche Ver= edlung sein, die erst durch Anwendung der „Medicin" vor sich geht.

217) Es handelt sich hier um „Grünspan", Kupferacetat bzw. basische Salze. Je nach der Darstellungsweise werden bläuliche oder grüne Produkte erhalten. Der grüne Grünspan enthält nach Berzelius (Lehrbuch d. Chem. 1835, Bd. 4) basische Salze.

218) Die bläuliche Farbe rührt wohl von Kupfer her, mit dem das angewandte Silber legiert war.

219) Phyala, Phiala, eigentlich Trinkschale mit breitem Boden, z. B. bei Plinius.

220) Zoza. Sosa, arabisch „Sus" = Alkali bzw. die Alkali=Pflanzen, Salsola Kali usw. (s. Anm. 269).

221) Offenbar konzentrierte Alkalilösungen, die auf der Haut ein glattes, „ölartiges Gefühl" verursachen. Der Gedankengang dabei ist der, daß ölartige Stoffe anderen Körpern, z. B. Metallen, die Eigenschaft geben sollen „weich" zu werden und leichter zu schmelzen. Es wird hier in ganz naiver Weise „Öl aus Eiern" mit „Öl von Alkali" verglichen und in gleicher Weise verwendet wie dieses.

222) Der Vorgang ist nicht klar. Da Geber als Ausgangsmaterial auch Silber anwendete, erzielte er vielleicht schließlich eine Versilberung des Zinns oder eine Legierung des Zinns mit Silber. Bei der letzten Methode, bei der auch die Dar= stellung von Salpetersäure erwähnt wird, ist der Vorgang am deutlichsten erkennbar, obwohl Geber unnötig umständliche Manipulationen angibt, vielleicht, wie auch sonst bisweilen, absichtlich, um den eigentlichen Vorgang zu verschleiern.

223) Salpetersäure und Silbernitrat.

224) Projicere super Saturnum praeparatum ad album. Das Blei wird zuerst zu „weißem Metall" — ad album — präpariert und dann durch die „Medizin" weiter „veredelt". Der Schlußsatz des Kapitels lautet: Tunc minue Saturnum in suo triduo, et fac ut in Jove. In suo triduo würde heißen: In einem Zeitraum von 3 Tagen viel= leicht ist die Stelle Triduo falsch und es soll Tritura heißen. Der Satz würde dann so lauten wie in unserer Übersetzung. Andernfalls müßte es etwa heißen: „Dann löse das Blei in einem Zeitraum von 3 Tagen auf ...

225) Aqua dulci, wohl im Gegensatz zu Salzwasser bzw. zu angesäuertem Wasser.

226) Bei dieser umständlichen Prozedur entsteht Goldchloridlösung; im weiteren Verlaufe entstehen dann wohl Vergoldungen.

227) „Devenient lapilli ad modum cristalli fusibiles." Eine deutliche Beschreibung der Darstellung von krystallisiertem Silbernitrat. Auch interessant durch die Be= zeichnung „Mercur", die sich hier nicht auf Quecksilber im gewöhnlichen Sinne bezieht, sondern auf die reine Quecksilbersubstanz, die als Urbestandteil im Silber enthalten sein soll, und nach alchemistischer Auffassung deshalb durch Präparieren

von Silber und Gold gewonnen werden kann, um sie auf präparierte „unvollkommene" Metalle einwirken zu lassen.

[228]) Diese Bemerkungen beziehen sich auf die Darstellung von Salpetersäure. Der Zusatz „Cum rubigine alembici" ist nicht klar. Rubigo ist ein roter Ansatz, z. B. Rost. Der Schluß des Satzes: „Denn sie löst stark auf" deutet darauf hin, daß es sich bei „Rubigo alembici" um eine Sicherung gegen die auflösende Wirkung der Säure handelt, etwa bei der Verbindung der Dichtung zwischen Gefäß und Vorlage. Kopp (Gesch. 3, S. 217), der diese Stelle erwähnt, bringt „Cum rubedine alembici" und meint, es handle sich vielleicht um Destillation bei rotglühendem Destilliergerät.

Gebers Bemerkung über den Zusatz von Salmiak bezieht sich auf die Darstellung des „Königswassers". Schwefel wird durch „Königswasser" zu Schwefelsäure oxydiert.

[229]) Durch Schwefel und Arsenik soll den Metallen „mineralische Feuchtigkeit" zugeführt werden, so daß sie „weich" werden und leichter schmelzen. Geber sieht ein, daß die erwähnten Öle keine chemische Wirkung haben, auch nicht in dem Sinne, wie seiner Ansicht nach Schwefel und Arsenik wirken. Die Öle sollen vielmehr die „Medizin" einhüllen und dadurch verhindern, daß sie vor ihrer Einwirkung auf die zu veredelnden Metalle verbrennt.

[230]) debes cooperculum sublimatorii facere cum magno libero concavo cannali interius admodum alembici sine naso.

[231]) Aus der nebenstehenden Zeichnung aus Libavius, Alchymia, ersieht man, wie die Angaben Gebers gemeint sind. Das Sublimationsgefäß steht ganz im Ofen, die röhrenförmigen Aufsätze z. T. Das Sublimationsprodukt setzt sich in dem kugelförmigen Aufsatz, dem „Alembik", an. Oder es wurde noch einfacher auf das Sublimationsgefäß ein kegelförmiges Gefäß aufgesetzt, an dessen Wänden sich innen die sublimierten Substanzen ansetzten. In ähnlicher, einfachster Weise benutzt man heute für kleine Sublimationsversuche im Laboratorium einen Glastrichter, den man über eine kleine Schale stellt, in der die Substanzen erhitzt werden.

[232]) (Zu der Zeichnung Athannor, nach Libavius, Alchymia 1606, S. 167.)

A. Aschenraum.

B. Feuerraum.

C. Luftlöcher, nach Bedarf mit Lehmstopfen verschlossen.

Bei D ist der Feuerraum von dem oberen Teil des Ofens, dem „Ergasterium", in welchem das Gefäß mit den betreffenden Substanzen erhitzt wird, durch eine Platte getrennt, die eine Öffnung hat.

Bei F gehen quer durch das Ergasterium zwei eiserne Stäbe, auf denen eine Platte ruht, die durchlöchert ist, um die Hitze durchzulassen. Auf diese wurde das Calcinationsgefäß oder dgl. gestellt.

G. Abnehmbarer Deckel des Ofens mit Handgriffen, oben mit Abzugsöffnung.

Bisweilen war etwa bei B. ein Rauchabzugsrohr. Die Gefäße mit den Substanzen, die erhitzt wurden, kamen also wenig oder gar nicht in direkte Berührung mit dem Feuer, sondern nur mit der heißen Luft, im Gegensatz zum Reverberationsofen.

Die Bezeichnung Athannor kommt von dem arabischen Wort al Tannur = der Ofen. In den arabischen Schriften des Dschabir Ibn Hajjan wird z. B. mit diesem Wort ein Ofen bezeichnet, der für chemisch-alchemistische Arbeiten verwendet wurde. Bisweilen war der Athannor wie ein Füllofen gebaut, so daß er dauernd in Tätigkeit sein konnte. Daß aber daher, z. B. nach Kopp, Gesch. d. Chemie Bd. 2, der Name kommen solle (von ἀθάνατος unsterblich, ewig) ist ganz ausgeschlossen. Ausführliche Beschreibungen des Athannor und anderer Öfen, Apparate u. dgl. findet man bei Libavius, Alchymia S. 165 ff. S. auch H. Schelenz, Zur Geschichte d. pharmazeutisch-chemischen Destilliergeräte, Berlin 1911.

[233]) Calcination des Kupfers. Die „Calcinations"produkte müssen sehr verschieden gewesen sein, je nach dem das Kupfer allein oder mit Schwefel, oder mit anderen Stoffen erhitzt wurde. Das rote Produkt kann unter Umständen Cuprooxyd Cu_2O gewesen sein.

[234]) Tunc cum residentiam fecerit, evacua aquam caute, ne aliquid de corpore exeat lotionem. Der Satz ist wohl so aufzufassen, daß das Wasser vorsichtig abge-

gossen (decantiert) und durch frisches Wasser ersetzt wird, bis sich nichts mehr löst.

[235]) Auf ähnliche Weise stellt man heute Schrotkugeln her, indem man das geschmolzene Blei bzw. Bleilegierungen aus großer Höhe durch eine durchlöcherte Platte auf Wasser fallen läßt.

[236]) Über die Bedeutung der Bezeichnung „Fermentum" s. die früheren Anmerkungen.

[237]) Verfeinerung durch Abrauchen von Verunreinigungen, wie Arsen u. dgl.

[238]) Durch abdestillieren und wiederzusetzen des Wassers.

[239]) „reduc in corpus mundum ignitionem et cineritium expectans."

[240]) fac inde viride nobilissimum, Grünspan etc.

[241]) Wohl Cuprooxyd (Kupferoxydul).

[242]) Hier sind wieder die Grundbestandteile Quecksilber und Schwefel gemeint. Siehe: „Mercur" aus Silber.

[243]) Die Substanzen, die hier als „trockenes Wasser" und „Mercur" bezeichnet werden, sind also offenbar Silbernitrat und Goldchlorid. Vgl. auch „De inventione perfectionis" Kap. 21 „capilli ad modum cristalli fusibiles, et hoc est argentum reductum ad Mercurium nostrum fixum et fusibilem".

Wenn hier gesagt wird, daß der „Stein" aus der Substanz des „Quecksilbers" gewonnen wird, so ist darunter das „fixe" Quecksilber zu verstehen, das, wie hier oft gesagt wurde, als Urbestandteil der Metalle galt.

Es war also der tiefere Sinn der, dieses „fixe Quecksilber" zu gewinnen und bei der Veredlung der „unvollkommenen" Körper zu Silber und Gold zu verwenden, und zwar indirekt mit Hilfe der „Medizin", die ihrerseits, wie schon erwähnt, durch die Einwirkung des „Fermentes" von Silber und Gold auf die „Materie" der „unedeln" Metalle gewonnen wurde. Die „Fermente" in diesem Zusammenhange waren offenbar Silber- bzw. Goldlösungen, Silbernitrat bzw. Goldchlorid. Weiterhin entstanden vielleicht Präparate von kolloidalem Silber und Gold.

Da das „fixe Quecksilber" als Urbestandteil aller Metalle galt, der „unvollkommenen" und der „vollkommenen", so mußte es, nach der alten Auffassung, möglich sein, die „unvollkommenen" Metalle zu Silber und Gold zu „vervollkommnen", wenn es gelang, das Mischungsverhältnis von „fixem" Quecksilber und „fixem" Schwefel in den „unvollkommenen" Körpern derart zu ändern, daß das „fixe" Quecksilber überwog, gegenüber dem „fixen" Schwefel, der „verschlechternd" wirkte.

Die Bezeichnung „Ferment" wurde, wie man auch hier sieht, sowohl für Silber und Gold als Metalle, als auch für ihre Lösungen bzw. Salze gebraucht. Die schwarzen Teile sind offenbar unlösliche Verunreinigungen.

[244]) De regimine Jovis et Saturni. Die Behandlung von Zinn und Blei. Diese „Behandlung" der „unedlen" Metalle Zinn, Blei usw. besteht in der Darstellung der wiederholt erwähnten „Materie" dieser Metalle, bisweilen auch „Elixir" genannt. Hier, im liber fornacum, wird die Darstellung der „Pasten" von Zinn, Blei, Eisen usw. gelehrt, die eben die „Materie", das „Elixir", dieser „unedeln" Metalle enthalten. Auf diese Pasten soll das „Ferment" von Silber bzw. Gold einwirken, so daß das wiederholt erwähnte Zusammenwirken und Zusammenkommen von Ferment (anima, forma) und Materie stattfindet. Das Produkt ist das „generans generatum", die Substanz, die künstlich erzeugt wird, und ihrerseits wieder erzeugt (die „Medizin"). Am Schlusse des Kapitels kommt der Autor nochmals darauf zurück und sagt, daß das Endprodukt ein vollkommener, weißer Körper sei, der unbegrenzt seinesgleichen erzeugt. Das Endprodukt, das veredelte Metall, hat also nach alchemistischer Vorstellung selbst die Kraft, seinerseits wieder „unedle" Metalle zu „veredeln", und hat also die veredelnde Kraft der „Medizin", durch deren Wirkung es entstanden ist, selbst in sich aufgenommen und ist selbst zu einer „Medizin" geworden. Ähnliche Stellen finden sich häufig in alchemistischen Schriften, z. B. auch in solchen, die, wohl mit Unrecht, den Namen des Raimundus Lullus tragen, dem auch der Ausspruch zugeschrieben wird: „Mare tingerem, si Mercurius esset". Ein derartiger Gedanke steht natürlich im Zusammenhang mit der Vorstellung der unbegrenzten „Veredlung" von Metallen wie sie oben besprochen wurde. Über die philosophische Herkunft

solcher Ideen „Gleiches aus Gleichem" siehe bei E. v. Lippmann, Alchemie, sowie Abhandlungen und Vorträge II. Bd.

[245]) Geber spricht hier von seinen „Vorgängern", nennt aber leider weder hier, noch an anderen Stellen, irgendwelche Namen.

[246]) „His optime dissolutis" bedeutet wohl auflockern, verreiben, nicht aber „auflösen". Sonst hätte das folgende „fiat commixtio per minima" keinen rechten Sinn.

[247]) Orobus, eigentlich Kichererbse, wohl ein Glas- oder Tonkolben.

[248]) „corpus paratum ad augmentandum et tingendum". „Vermehrt" zu werden, wohl in dem Sinne, daß der betreffende Körper seinerseits wieder andere Metalle „veredelt".

[249]) „cum tota aqua sua", d. h. wohl, ohne einzudampfen bzw. abzudestillieren.

[250]) De fermento Lunae ad azymum. Die Bezeichnung „azymus" leitet sich von dem griechischen ζύμη Sauerteig, ζύμωσις das Säuern, in Gärung bringen, ab. ἄζυμος ist ungesäuert, z. B. ungesäuerte Brote [vgl. auch die modernen Bezeichnungen „Enzyme", „Zymase", das Gärungsferment der Hefe. Die Vorstellung einer Gold- oder Silbergärung begegnet uns schon bei den griechischen Alchemisten (s. Lippmann, „Alchemie")]. Wie schon in den Anmerkungen z. B. S. 170 auseinandergesetzt wurde, soll nach alchemistischer Auffassung das „Ferment", die „anima", „forma", also die „Seele" der Edelmetalle, Silber und Gold (die „anima" der Edelmetalle ist im „Ferment" enthalten bzw. verborgen) auf die „Materie" der „unvollkommenen" Metalle, einwirken, die in Gestalt der „Pasta" u. dgl. angewendet werden. Das „Ferment" soll gewissermaßen auf die „Pasta", auch μάζα das geknetete, der Teig, einwirken wie die Hefe, oder der Sauerteig auf den Brotteig. In diesem Sinne ist also „azymus" (von ἄζυμος das Ungesäuerte) die „Pasta" von „unedlen" Metallen, wie z. B. Blei, Zinn u. dgl., auf die erst das Ferment eines Edelmetalles einwirken soll. „Fermentum lunae ad azymum" bedeutet also dasselbe wie „Silberferment" für Blei, Zinn und dgl. Bisweilen, aber seltener findet sich in alchemistischen Schriften auch die Bezeichnung „sulphur azymum" für die zu fermentierende Substanz, d. h. für die zu verarbeitenden Präparate von Blei, Zinn usw. Das „unedle" Metall wird auch als „corpus" bezeichnet und die Fermentation als „Incorporation" der anima, der Seele, der Edelmetalle, in das „corpus", d. h. die „unedlen" Metalle. Vgl. hierüber z. B. Libavius, Alchymia, Frankfurt 1606, pag. 375. Ferner z. B. Artis Auriferae usw. Basel 1593, an verschiedenen Stellen, z. B. in dem dem Arnaldus de Villanova zugeschriebenen Rosarium Philosophorum.

[251]) . . . quousque fiant octo pondera, also wohl so, daß die 3 Teile Sublimat und 2 Teile Arsen 3 Teile der Bleiglättelösung aufsaugen sollen (dem Gewichte nach).

[252]) Wohl auf einer Marmorplatte, Reibschale oder dgl.

[253]) aqua ammoniaci. Es wird wohl, wie gewöhnlich, Salmiaklösung (Chlorammon), nicht Ammoniak gemeint sein.

[254]) In Kap. 29 „Ludi Mercuriales". Wir verzichten darauf, zu untersuchen, ob der Autor hier, im Gegensatz zu anderen Angaben, ausdrücklich oberflächliche Metallfärbungen lehren will, und deshalb den eigentümlichen Titel wählt.

[255]) Ob das „Testament" von dem gleichen Autor stammt wie die übrigen Schriften, insbesondere die „Summa perfectionis", erscheint dem Stil und dem Inhalt nach sehr zweifelhaft. Die Ausdrucksweise hat einen anderen Charakter, und die Methoden, z. B. das lange Erhitzen, sind andere. Wir bringen das „Testamentum" trotzdem, zum Vergleiche mit den anderen Schriften.

[256]) Nach diesen Angaben wurden also nicht nur die mineralischen Bestandteile des Blutes erhalten, sondern auch das zugesetzte Salz wurde damit zurückgewonnen, so daß die ganze Sache kaum einen Zweck hatte.

[257]) Reverberationsofen. Die Bezeichnung kommt von dem lateinischen Wort reverberare, zurückschlagen. Im Reverberationsofen wurden Substanzen stark erhitzt und zwar besonders durch direkte Berührung mit dem Feuer, z. B. zum Zwecke der Calcination. S. z. B. Ruland, Lexikon Alchemiae: Reverberatio est ignitio, corpora igne vivo reverberante et repercutiente in calcem subtiliorem reducens estque clausa vel aperta. . . Reverberatorium furnus est, in quo per flammam materialia calcinantur.

In Gebers „Testament" spielt das lange Erhitzen der Metalle eine große Rolle. Ebenso auch bei anderen alchemistischen und chemischen Autoren, auch in späterer Zeit. Über eine „Calcination" des Goldes bei starker Hitze wird öfters berichtet. So schreibt z. B. der Arzt Stephan Blancard in seinem Buche „Theatrum Chimicum", Leipzig 1700: „Gold zu calcinieren im Reverberir-Feuer. Man heißt dies ein reverberirt Gold, welches eine hohe Purpurfarbe hat, leicht und sehr fein ist. Dieses geschieht allein durch Feuer ... Vielmalige Calcination des Goldes tut so viel als reverberiren. Es sei mit der Amalgamation oder durchs Aqua Regis aufgeschlossen". Die Schlußbemerkung zeigt, daß das Produkt metallisches Gold war (allerdings in sehr feiner Verteilung), da ja sonst eine Amalgamation mit Quecksilber unmöglich gewesen wäre. Die Angaben in Gebers Testament, sowie die viel späteren Bemerkungen Blancards sind außerordentlich interessant, weil sie zeigen, daß man schon in früherer Zeit Metalle in sehr feiner Verteilung, vielleicht auch in kolloidaler Form, erhalten hat. Auch im 19. Jahrhundert hat man ähnliche Beobachtungen gemacht. Von besonderem Interesse sind die Angaben von Berzelius, Lehrbuch III. Bd., S. 175:

„Man hat angegeben, Gold verbrenne durch eine sehr hohe Temperatur zum purpurfarbigen Oxyd, z. B. durch elektrische Schläge, oder indem es dem brennenden Strahl von Sauerstoffgas und Wasserstoffgas ausgesetzt würde; dies ist jedoch größtenteils bloß eine optische Täuschung, welche daraus entstanden ist, daß das Gold in einer sehr strengen Hitze verflüchtigt wird, und wenn es sich wieder kondensiert sich in der feinsten mechanischen Verteilung absetzt, worin es purpurfarben aussieht ..."

Berzelius hielt also den purpurfarbigen Körper, der aus Gold durch starkes Erhitzen entsteht, für fein verteiltes metallisches Gold und hielt die Entstehung eines Oxydes auf solche Weise für unwahrscheinlich. Auch andere Forscher, wie Proust, Buisson, Figuier, erklärten den purpurfarbigen Körper, der aus Gold auf verschiedene Weise, z. B. beim Glühen mit Metalloxyden, entsteht, für höchst fein verteiltes Gold. Auch der eigentliche „Goldpurpur" ist, nach moderner Auffassung, ein Gemisch von sehr fein verteiltem Gold mit Zinnoxyd SnO_2.

Man kann also annehmen, daß der Verfasser des „Testaments" und andere alte Chemiker durch langdauerndes Glühen von Gold fein verteiltes Gold, „Goldpurpur"-ähnliche Präparate erhalten haben, und man kann ferner annehmen, daß verschiedene Präparate, z. B. rote Lösungen, bzw. Aufschwemmungen von kolloidalem Gold, in der Alchemie eine Rolle spielten.

Die weiteren Bemerkungen des Autors des „Testamentum" sind nicht ganz klar. Es ist aber anzunehmen, daß mit dem Weißwerden der Präparate das Verschwinden der roten Färbung gemeint ist, das bei der Veränderung von Lösungen, bzw. Aufschwemmungen von kolloidalem Gold eintritt. Die Entstehung von fein verteiltem Gold, bzw. von „Goldpurpur"-artigen Präparaten, bei langem Erhitzen von Gold, wurde sehr wahrscheinlich durch die Gegenwart anderer, „unedler" Metalle begünstigt, die in dem verwendeten Golde enthalten waren (Legierungen) und sich bei dem langen Erhitzen oxydierten. Daß durch die Gegenwart fremder Substanzen, Metalloxyde usw. die Bildung von kolloidalem Golde erleichtert wird, ist bekannt. Z. B. die Wirkung des Zinnoxydes bei der Bildung von „Goldpurpur".

Man sieht auch hier, wie manche scheinbar unerklärliche oder unwichtige Angaben alter Autoren sich gut erklären lassen. Man sieht aber auch, daß es nötig ist, die Arbeitsmethoden der Alchemisten und der alten Chemiker überhaupt nachzuprüfen.

[258]) „Erit Argentum vivum verum". Es ist hier nicht Quecksilber in unserem Sinne gemeint, sondern „fixes Quecksilber", der öfters erwähnte „Mercur", den der Autor aus Gold extrahiert zu haben glaubt und das er für die Herstellung der „Medizin" und für die „Veredlung" anderer Metalle verwenden will. In Wirklichkeit war das Produkt, wie oben ausgeführt, feinverteiltes Gold, kolloidales Gold, in anderen Fällen Chlorgold.

[259]) Je nachdem ohne Unterbrechung, Tag und Nacht, oder nur am Tage erhitzt wird.

[260]) „et mortificat alium mercurium vivum simili modo".

[261]) Mollificati, weich gemacht, in dem Sinne, daß das Kupfer dann leichter schmilzt. Es wurde offenbar zuerst eine Kupferlegierung, bzw. ein Kupferamalgam hergestellt. Dieses Produkt erst sollte dann in Silber „umgewandelt" werden.

262) Cambar ist nach Ruland, Lexicon Alchemiae, gleich Silber.

263) Auch das Eisen soll, wie oben das Kupfer, „weich gemacht" werden, bevor die „Umwandlung" vor sich gehen soll.

264) Diese eigentümlichen Bemerkungen über das Silber wurden teilweise etwas frei wiedergegeben, um sie verständlich zu machen. Der Satz: „durch eine Tinktur, die aus anderem Metall gewonnen wurde" ist z. B. eine freie Übersetzung der Worte: „cum tinctura aliena", „mit einer fremden Tinktur". Der Sinn des Ganzen ist: Da nicht nur aus Gold, sondern auch aus Silber eine „Tinktur" hergestellt werden kann, mit der Metalle „umgewandelt" werden können, so sollte man meinen, daß aus Silber eine Tinktur gewonnen werden könnte, die das Silber selbst in Gold umwandelt. Eine solche kann aber aus Silber nicht, oder nur sehr schwer, hergestellt werden. „Cum tinctura aliena" mit einer Tinctur aus anderem Metalle (Gold) gelingt die Umwandlung.

265) Sed modico tempore decoctum, ist so zu verstehen, daß die angenommenen Grundstoffe Quecksilber und Schwefel bei der „Entstehung der Metalle in der Erde" bei nicht genügend langer „Kochung" Zinn, bei längerer „Kochung" Silber ergeben. „Juliar" ist unbekannt, wohl ein Schreibfehler oder dgl.

266) Die „nichtfixe" „Feuchtigkeit", die das Zinn nach der Auffassung des Autors in sich enthält, soll durch „mäßige Kochung" eingedickt werden. Der zu kurzen Kochung in der Erde soll dadurch gewissermaßen nachgeholfen werden, siehe 265. Diese Feuchtigkeit hat das Zinn „vom Mercur, seinem Vater". Das Quecksilber enthält nach alchemistischer Auffassung viel Feuchtigkeit und hat diese auf das Zinn übertragen.

267) Also über einem schwachen Feuer.

268) Also im Gegensatz zu Zinn.

269) Euforbium. Die Bedeutung des Ausdruckes „Euforbium" an dieser Stelle, wird auf Umwegen durch folgendes klar. Ibn Beithar spricht in seiner „Großen Zusammenstellung", die von J. v. Sontheimer, Stuttgart 1842 in deutscher, und von L. Leclerc in französischer Übersetzung herausgegeben wurde (Notices et Extraits des Manuscrits de la Bibliothèque Nationale et autres bibliothèques Bde. 23, 25, 26.) An einer Stelle (Leclerc Nr. 10—11) von einer Pflanze Ibbufais, die auch bisweilen Abukabes genannt (bei Sontheimer Abukabis) und beim Waschen der Kleider verwendet werde. Ibn Beithar zitiert auch Dioscurides; und es zeigt sich, daß Ibbufais nichts Anderes ist wie ἱπποφαές, auch ἱπποφαίστον genannt, nämlich Euphorbia spinosa, stachlige Wolfsmilch (wohl als Mittel, vielleicht Abführmittel, für Pferde angewendet), auch bei Theophrast und Plinius. Ibbufais bzw. ἱπποφαές wird aber auch wie das Wort Ghasul angewendet, das Soda bedeutet. Andererseits wird Ghasul wie Uchnân gebraucht, das ebenfalls Soda bedeutet. Vgl. Sontheimer S. 53: „der Arten von Alkali (Pflanzen) gibt es viele. Alle gehören unter die Sauerpflanzen. Das Uchnân heißt Hordh" usw. Vgl. auch Leclerc Nr. 87 Uchnân = Soda. Uchnân ist Hordh, mit dem man Kleider wäscht. Nach einem anderen Autor: das Uchnân der Walker ist das Ghasul, mit dem man den Lack auflöst, mit dem man schreiben kann. Der von Ibn Baithar, wie oben erwähnt, zitierte Dioscurides sagt Kap. 159 (Berendes S. 456) περὶ ἱπποφαοῦς: Das Hippophaes, womit sie die Kleider walken, wächst am Meere und an sandigen Stellen. Es ist ein verzweigter, dichter, ausgedehnter Strauch mit großen, den Ölblättern ähnelnden Blättern; sie sind aber schmaler und weicher, dazwischen stehen trockene, weißliche, kantige Dornen . . . usw.

Es handelt sich hier um „Euphorbia spinosa". Aus diesen verschiedenen Angaben sieht man, daß verschiedene Pflanzen bzw. Pflanzenprodukte miteinander verwechselt wurden. Einmal handelt es sich um Euphorbia spinosa oder andere Euphorbiaceen, dann aber sind wieder alkalihaltige Pflanzen gemeint, die ebenfalls als „Euphorbia" bezeichnet wurden. Wenn hier im „Testamentum" von „Euphorbium" die Rede ist, so ist damit Alkali gemeint. Der Verfasser hat vielleicht einen arabischen Text übersetzt oder benutzt und dort vielleicht den Ausdruck Ibbufais gefunden, den er mit Euforbium wiedergab, statt mit Alkali, Soda oder dgl. Bei den oben erwähnten, alkalihaltigen Pflanzen handelt es sich um die zu den Chenopodiaceen gehörenden

„Salzkräuter", salsola Kali L. und salsola Soda, sowie auch die Salzmelde, Atriplex halimus, bzw. daraus gewonnene Produkte. Diese Pflanzen: Kräuter und Sträucher, wachsen an sandigen Orten, am Meere, auf salzhaltigem Boden, in Südeuropa, Nordafrika, an den Küsten, und auf Salzsteppen. Aus solchen Pflanzen wurden schon in alten Zeiten Kali- und Natronsalze bzw. -Lösungen gewonnen, und zwar offenbar nicht nur aus der Asche, sondern auch aus dem Safte. In der Schrift des Avicenna „de anima in Alchemia" z. B. Basel 1572, die aber nach moderner Auffassung mit dem arabischen Arzte Ibn Sina (geb. 980) nichts zu tun hat, heißt es pag. 134 der genannten Ausgabe: „Alcali est herba quaedam, a qua abstrahunt succum, et faciunt inde sal: et dicitur sosa: et est viridis cum magno folio in longitudine medii palmi, et spinosa multum. Faciunt foveam subtus terram, et extrahunt succum de ea, et implent foveam de illo succo: et illa est sosa ..."

Der Ausdruck Sosa bezieht sich in erster Linie auf die Pflanze (salsola Kali usw.), aber offenbar auch auf die daraus hergestellten Produkte, d. h. Alkalisalze bzw. -Lösungen. „Sosa" ist die Transkription für arabisch „Sus". — Freytag, Arabisches Wörterbuch sagt darüber (über „Sus"): „arbor quaedam in cuius radicibus dulcedo est, et in cuius ramis amaritudo". Der Ausdruck „Sosa" kommt auch bei Geber vor, „Zoza", siehe dort (s. Anm. 220 zu liber Inventionis).

Über Salsola Kali usw. schreibt der Botaniker E. Strasburger in seinem Buche „Streifzüge an der Riviera", Jena 1913, S. 188: „Für Hecken längst des Meeres findet vor allem die strauchartige, mehlig-weißgraue Salzmelde (Atriplex halimus) Verwendung. Sie folgt in Cannes dem Boulevard de la Croisette in seiner ganzen Ausdehnung. Diese Melde scheut weder die salzige Luft noch den salzigen Boden und führt reichlich Soda und Pottasche in ihren Geweben. Darin stimmen mit ihr auch noch andere Vertreter der Chenopodiaceen überein, unter denen Salsola Soda, Salsola-Kali und Salicornia-Arten sogar der Sodagewinnung dienen."

[270]) Alumen de Tabia, Alumen gattinum. Wahrscheinlich Alkali, und kein Alaun. Tabia-Alaun ist vielleicht eine Herkunftsbezeichnung, vielleicht Tabia (Tavium) (im alten Galatien, Kleinasien), heute Nefez Kjöi, östlich von Angora? Wahrscheinlich Alkali aus Salsola-Pflanzen (vgl. „Euforbium"), etwa aus dem Gebiete der Anatolischen Salzwüste? Gattinum, richtiger cattinum, hat mit Katze (Katzengrau?) wohl nichts zu tun. Wahrscheinlich Alumen catinum, in Pfannen getrocknetes, bezw. calciniertes Alkalisalz (Pottasche, Soda). Catinus (von κάτυλος, Pfanne) Pfanne, Schüssel usw. Vgl. Lemery, Dictionnaire univers. des drogues, Paris 1748. Salsola-Pflanzen in Frankreich kultiviert und Alkalisalze daraus gewonnen: „.... la Soude en pierre, qu'on a appellée autrefois en latin Alumen catinum .... Salicore ou Salicote, ou Alun catin ...." Lemery, a. a. O. Siehe S. 28. 398/99.

[271]) Wahrscheinlich wurde verhältnismäßig leicht schmelzbares Eisenarsenid erhalten.

[272]) Konzentrierte Salzlösungen.

[273]) Weingeist (Alkohol) wäre für das Lösen von Metallsalzen nicht geeignet. „Aqua vitae" ist auch eine alchemistische Bezeichnung für Präparate, die direkt oder indirekt die Metallumwandlung bewirken sollen, also für den öfters hier erwähnten „Mercur", wohl auch für die „Medizin", vgl. Libavius, „Mercurius noster est spiritus vitae". „Aqua tamen nostra indiges in principio, medio et fine. Dicitur aqua vitae, quia aegris metallis vitam largitur."

Wahrscheinlich auch geheime Bezeichnung für die Lösungsmittel für Silber und Gold, Salpetersäure und „Königswasser", mit deren Hilfe der „Mercur", Goldchlorid usw. gewonnen wurde.

Verzeichnis alchemistischer Ausdrücke

mit besonderer Berücksichtigung der Geber-Schriften.

Accidentalia (accidentale), accidentaliter (z. B. „superflua accidentaliter his superveniunt") = per accidens zufälligerweise. Zufällige, „überflüssige", unwesentliche Bestandteile (Verunreinigungen) von Stoffen, im Gegensatze zu Urbestandteilen. Erstere z. B. durch Calcination (s. dort) und Reduktion, letztere durch die Wirkung der „Medizin" zu entfernen.

Acerbus, herb, sauer.

Aes, Kupfer. — ustum, Kupferoxyd.

Affinitas, Verwandtschaft, Zusammenhang. Z. B. Eigenschaft der „Medizin" sich bei der „Projektion" mit dem umzuwandelnden Metall zu vereinigen und darauf einzuwirken, s. „Ingressio".

Agresta, Saft, Säure von (unreifen) Früchten.

agrestis, sauer, scharf.

Alaun, s. Alumen.

Album, ad album, Medicina ad —, Medizin für silberartige Färbung, für Umwandlung in Silber.

Album hispanicum, Spanisch. Weiß, verschiedene weiße Subst. z. B. Blei- und Wismutpräparate.

Alcahest, Alkahest, Alchahest, nicht bei Geber, bisw. Bezeichnung für „präparierter Mercur". In späterer Zeit, besonders nach d. 16. Jahrh. Bezeichnung für ein „menstruum universale solvens", ein vielgesuchtes Lösungsmittel für alle Körper.

Alcool, Alkool, nicht bei Geber, arabisch Al-kohl, feines Pulver, Augenpulver, A. Salbe (Schminke), besonders aus Schwefelantimon.

Alembik arab. W. Aufsatz auf Aludel, Cucurbita (Destillationsgefäße).

Alteratio, Veränderung, Umwandlung, d. Metalle.

Aludel, Arab. al Utal, Sublimationsgefäß.

Alumen, Alaun. Übertragen, Bezeichnung für metallfärbende Substanz, ähnlich wie „Tinctura", da Alaun in der Färberei angewandt.

Alumen Jameni, Herkunftsbezeichnung, aus Jemen, Arabien. Al. plumosum, Federalaun, „Fasergips"? Al. Rochae, Herkunftsbezeichnung, oder „Steinalaun", Franz. „Roche". Al. Romanum, Römischer Al. wahrscheinlich von Tolfa bei Civita Vecchia bei Rom.

Alumen de Tabia, oder Al. gattinum (richtiger wohl catinum, catinus, Pfanne u. dgl.). Wahrscheinlich Alkali, und kein Alaun. Tabia-Alaun vielleicht Herkunftsbezeichnung. Vielleicht Tabia (Tavium) (im alten Galatien, Kleinasien), östlich v. Angora? Wohl Alkali aus Salsolapflanzen, s. Anmerkungen S. 184.

Aluminositas, alaunartige Substanz, von verschiedenen Metallsalzen u. dgl.

Ampulla, eigentlich: Amp(h)orula (v. Amphora), Flasche, Kolben, ursprünglich mit zwei Henkeln.

Anima (metallorum), „Seele" der Metalle, besonders von Silber und Gold, gewissermaßen ein Extrakt derselben, ihre typischen Eigenschaften enthaltend, die dadurch auf „unvollkommene" Metalle übertragen werden sollen. Auch Vereinigung der Anima mit der „Materia" der unvollkommenen Metalle und Gewinnung der „Medizin" hierdurch.

Antimonium, Antimon, Schwefelantimon. Auch Bezeichnung für Pyrite, Markasit u. dgl. Auch mit Wismut und anderen Mineralien verwechselt.

Aqua cae(oe)lestina, A. permanens, nicht bei Geber, Flüssigkeiten, die den „Mercur" enthalten (s. dort), Lösung von Silber und Gold.

Aqua solutiva, dissolutiva, Säuren, z. B. Salpetersäure.

Aqua vitae, ähnl. A. permanens usw. Bezeichnung für Praeparate, die den „Mercur" enthalten. S. „Urquecksilber", Argentum vivum, Azoth. Lösungen von Silber und Gold. Wahrscheinlich auch Bezeichnung für deren Lösungsmittel, Salpetersäure und Königswasser, weil der „Mercur" durch Lösen mit ihrer Hilfe gewonnen wird. In gewöhnlichem Sinne = Weingeist, Alkohol.

Aqueitas, ähnlich wie Humiditas „wässerige Substanz" als Urbestandteil, z. B. des Quecksilbers.

Arcanum, ähnlich wie „Medicina" auch als Heilmittel.

Argentum vivum, Quecksilber, als gewöhnliches Quecksilber und als Urbestandteil der Metalle. „Fixes Quecksilber", „Urquecksilber". Vollkommene Metalle enthalten mehr Quecksilber, weniger Schwefel; unvollkommene Metalle umgekehrt. Fixes Quecksilber, Urquecksilber soll daher aus den vollkommenen Metallen Silber und Gold gewonnen („Mercur") und den unvollkommenen Metallen zugeführt werden, um sie zu veredeln. S. „Lapis", „Mercur", „superare".

Arsenicum, ἀρσενικόν, Arsen, Arsenik, Schwefelarsen. Als schwefelähnlich, daher wie dieser als Urbestandteil der Metalle angesehen.

Artifex, Künstler, praktischer Forscher auf alchemistischem Gebiete.

Ascensus, Gegensatz „Descensus", Aufsteigenlassen von Dämpfen bei der Destillation „in alembicum".

Asem, nicht bei Geber, ἄσημον (z. B. Leidener Papyrus). Ägypt. Asemu, ursprüngl. Legierungen. Minderwertigere Metalle und Legierungen durch wenig, besseres Asem vermehrt und verbessert. Dadurch später der Begriff „Ferment" damit verbunden, das auf die „Maza", „Pasta" einwirkt. S. Fermentum, Pasta.

Athannor, arab. Tannur, Ofen, eine Art Füllofen, für chemisch-alchemistische Zwecke.

Atramentum, ursprünglich Schwärze (ater), z. B. von sepia. Tinte. Schwarze Farbe aus Kohle, Ruß. Atrament. sutorium, Schusterschwärze, Vitriol, hauptsächlich Eisenvitriol. Von oft eisenvitriolhaltigem Kupfervitriol (oft Chalcanthum, χάλκανθος genannt) nicht scharf unterschieden. Atramentum viride, romanum, rubeum, s. Vitriolum.

Aurichalcum, Kupferlegierungen, besonders Messing.

Azot (Azoth, Azoch), wahrscheinlich aus arabisch az-āūzq; zāwūq, auch zā'uq (az = assimilierter Artikel al), identisch mit persischem zibaq, Quecksilber, entspricht dem aus Silber und Gold präparierten „Mercur", „Urquecksilber". Nicht bei Geber, viel bei Paracelsus.

Azymus, ἄζυμος, ungesäuert, panis sine fermento, Brot ohne Hefe, bezw. Sauerteig, ungesäuertes Brot, übertragen: die zu einer „pasta" präparierten unvollkommenen Metalle, auf die das „Ferment" (präpariertes Silber und Gold, „Mercur" usw. enthaltend) einwirken soll.

Baurac, Baurak usw., s. Borax.

beständig, beständig machen, s. Fixio usw.

Bolus, Tonerdesilikat, mehr oder weniger eisenhaltig, daher rotbraun oder rot. Für Farben gebraucht, Rötel. Ebenso armenischer Bolus, „lemnische Erde" (Dioscurides), auch u. a. in Sachsen, Schlesien vorkommend. Bolus alba, weißer Ton, Kaolin.

Borax, bisweilen Baurac, Baurak, Baurach, Bauratium, -Alkali auch Borax im heutigen Sinne.

Botus barbatus, persisch „but ber but", Tiegel auf Tiegel, Descensionsapparat (s. dort), für Reduktion von Metallen.

Cacabus, caccabus (κάκκαβος), Tiegel, Pfanne, Kessel.
Calamina, Galmei, Zink.
Calcinare, Erhitzen von Substanzen, besonders Metallen, für sich, oder auch z. B. mit Schwefel. Überführen in Oxyde, Sulfide.
Calcinatio, calcinare, Reinigen der Metalle durch Calcination und Reduktion, aber nur von „zufälligen" Verunreinigungen (s. accidentale). Von Natur aus vorhandene Unreinheit der „unvollkommenen Metalle" durch die „Medizin" beseitigt. Durch die Calcination wird die „Feuchtigkeit" der Metalle entfernt, die Metalle in Pulverform (Oxyde) gebracht. Calcination und Reduktion auch als Probe auf Silber und Gold.
Cedere, recedere, entweichen, sich verflüchtigen, z. B. von Substanzen bei der Cineritiumprobe, Kupellation.
Cementare, Cementatio, Cementum, Probe auf Silber und Gold, durch Erhitzen der Metalle mit Schwefel und anderen Stoffen, die unedle Metalle angreifen, Silber und Gold nicht.
Ceratio, Weichmachen (wie Wachs), behandeln schwerschmelzbarer Körper mit verschiedenen Stoffen, um sie leichter schmelzbar, und für chemisch-alchemistische Zwecke brauchbar zu machen. Z. B. behandeln mit Wachs, Ölen u. dgl. Vgl. „Oleaginitas". Auch mechanische Wirkung, um die „Medizin" usw. einzuhüllen und bei der „Projektion" vor dem Verbrennen zu schützen; s. a. incerare.
Cerussa (plumbi), Bleicarbonat, Bleiweiß.
Chalcantum, Chalcanthum, χάλκανθος, meist Bezeichnung für Kupfervitriol (oft eisenvitriolhaltig); wohl auch Grünspan, s. flos aeris.
Chimia s. Thimia.
Cineritium, Probe auf Silber und Gold, Kupellation mit Blei.
Cinnabari, cinnabaris, cinnabrium, Zinnober.
Citrinare, citrinatio, gelbfärben, z. B. Kupfer und Silber, oberflächlich, durch Legierung oder durch Umwandlung.
Claritas, z. B. — mundificativa, Eigenschaft der „Medizin", dem umzuwandelnden Metalle den richtigen, auch in der Hitze beständigen, Glanz zu geben.
Coagulare, Coagulatio, gerinnen machen, Vorgang, bei dem flüssige Stoffe in feste Form gebracht werden. In alchemistischem Sinne, besonders Koagulation des Quecksilbers zu Silber und Gold, „durch Wegnehmen seiner Feuchtigkeit". Ferner Koagulation fester Stoffe aus Lösungen, durch Eindampfen, oder auskrystallisieren lassen.
Combibere, einsaugen, aufnehmen, z. B. von Quecksilber durch Metalle.
Concha (vitrea), (Glas) Schale.
Construere, aufbauen; s. destruere.
Corpus, (fester) Körper, meist für „Metall", im Gegensatz zu „Spiritus", flüchtigen Substanzen, Quecksilber, Schwefel usw.
Corpus spirituale (fixum), verfeinerte, weniger körperhafte Form von Metallen, besonders Silber und Gold, durch „Präparieren" dieser Metalle erhalten. Gewinnung des „Mercur", „Argentum vivum" s. dort und bei „Azoth".
Corrosivus (corrodo, corrodere zernagen), ätzend, z. B. aqua corrosiva — Säure, von Lösungsmittel für Silber, Salpetersäure.
Corruptio, im philosophischen Sinne: Vergehen, im Gegensatz zu Werden, Entstehen — generatio. Im gewöhnlichen Sinne: Verderben, Verderbnis, passiv: Das Verdorbensein, z. B. (im chemischen Sinne) durch Verunreinigungen. Flüssigkeiten durch Reinigen (Destillation) vor Corruptio, Verderben, bewahrt. — Im alchemistischen Sinne von Metallen, die durch viel Schwefel, als Urbestandteil, verdorben, „unvollkommen" sind. Gegensatz „perfectio" der „vollkommenen" Metalle, Silber und Gold. Schwefel und Arsenik (Schwefelarsen) enthalten, als Ursache der „Corruptio", „verbrennliche Substanz und erdartige Verunreinigung". Dies auf „unvollkommene Metalle" übertragen. Oberflächliche Corruptio durch Calcination und Reduktion, tiefgehende, ursprüngliche durch „Veredlung" — Perfectio (aktiv) entfernt, durch die „Medizin".

Cribellare, sieben, z. B. cinis cribellatus — gesiebte Asche.

Crocus, Safran, Safranfarbe, — ferri (martis), Eisencrocus, Eisenoxyd. — veneris, Kupferoxyd (aes ustum).

Crusibulum, crucibulum, Schmelztiegel (italienisch crociulo, crogiulo, französisch cruche, deutsch — Krug?).

Cucurbita, Kürbis, Destillationsgefäß (Aludel).

Cuperosa, auch Cuperosum, wohl = cuprum erosum, oder cupri erosa substantia = (von Säuren) angefressenes, angeätztes Kupfer, Kupfervitriol, auch Grünspan.

Dealbare, dealbatio, dealbativus, Weißfärben, Silberähnlichmachen, in Silber umwandeln.

Depuratio, Reinigung der „unvollkommenen" Körper, s. „corruptio", „praeparatio", besteht z. B. im Zerstören der „überflüssigen Feuchtigkeit und der verschlechternden Substanz" durch Hitze, abwechselndes Calcinieren und Reduzieren, Auflösen in Säuren usw.

Descensio, Descensus, Absteigen, — Gegensatz: ascensus (bei der Destillation und Sublimation), Vorgang, bei welchem reduziertes, geschmolzenes Metall nach unten abfließt, während Schlacken usw. zurückbleiben. In neuerer Zeit: Reduktion von Zinkerzen „per descensum". Ferner Ablassen von Pflanzenextrakten usw. nach unten; z. B. mit „Perkolator". Descensorium, Apparat für Descension.

Destillatio, Distillatio, von destillare (distillare) eigentlich abtropfen. 1. Destillation in modernem Sinne; 2. per descensum, s. oben; 3. per filtrum, z. B. „mela granata destillata". Filtrieren und abtropfen lassen, z. B. des Saftes aus Früchten, durch Kapillarwirkung eines in eine Flüssigkeit eingetauchten Stückes Stoff (oder Papier).

Destillatorium, Apparat für Destillation.

Destruere, zerstören, abbauen; s. construere. Silber und Gold werden durch Lösen „zerstört", wobei der „Mercur" gewonnen wird. Durch diesen, bzw. die Medizin, neuer Aufbau (Synthese) von Silber und Gold (vervielfacht) aus unedeln Metallen.

Diana, gewöhnlich Luna, Silber.

Divum, der freie Himmel. Sub divo, unter freiem Himmel, vielleicht auch unter einer Glasglocke oder dgl.

Ebullitio, das Kochen, Wallen, Aufsteigen von Gasblasen, z. B. Wasserstoff beim Lösen von Kupfer in Säure.

Elixir, arabisch al-Iksir, Bezeichnung für die veredelnde Substanz, wie „Medicina", bisweilen für das verfeinerte Präparat aus „unvollkommenen" Metallen, wie „Materia". Aus der Vereinigung des Elixirs, in letzterem Sinne, mit der „Anima", dem „Ferment" aus Silber und Gold, entsteht die „Medizin", s. dort.

Examen, Examinatio, Prüfung, Probe auf das Gelingen der Umwandlung, bzw. auf Silber und Gold; s. Cementatio, Cineritium.

Exscoriatio (scoria), Entfernen der Schlacken, bzw. Oxydhaut, z. B. von geschmolzenem Blei.

Extensio, Ausdehnung, Dehnbarkeit von Metallen, besonders Gold. Metalle, die nach alchemistischer Anschauung viel Quecksilber enthalten, sind weich und dehnbar, solche mit viel Schwefel sind spröde.

Ex(s)tinctio, Ablöschen geglühter Metalle in Flüssigkeiten, Salzlösungen und schwefelhaltigen Substanzen. Eine der Proben auf Silber und Gold, bzw. auf das Gelingen der Veredlung, da sich besonders Gold hierbei nicht verändert.

Faex, Bodensatz, Hefe. Faeces (Feces), Bodensatz, Verunreinigungen von Wasser und anderen Flüssigkeiten, die durch Destillation davon gereinigt werden. Rückstände, Faeces vini, Weintrester, auch Weinstein, s. Sal tartari. Bei Geber auch Zusätze (Zuschlag) von Kalk, Metalloxyden u. dgl. z. B. bei Sublimationen.

Fermentum, Gärung, Gärungsmittel, Sauerteig. Ferment (ähnlich wie „Asem"). Alchemistische Bezeichnung für Präparat aus Silber und Gold, Fermentum lunare und solare (s. Lapis, Mercur, Argentum vivum, Forma, Anima), das auf die „Pasta" (Máza, μάζα) (die „Materia" enthaltend) aus „unvollkommenen Metallen" einwirken soll (wie Hefe oder „Sauerteig auf Brotteig), wodurch die „Medizin" entsteht.

Fixe Substanz, Hitzebeständige, im Gegensatz zu flüchtigen Substanzen; s. Fixio.

Fixio, Fixierung, das Beständigmachen flüchtiger Stoffe, durch Überführen in nicht-flüchtige Form. Z. B. Quecksilber in Quecksilberoxyd. Fixus, fix, beständig, nicht flüchtig. Fixes Quecksilber und fixer Schwefel, „Urquecksilber" und „Urschwefel" als Bestandteile der Metalle. Solcher fixer Schwefel ist rein und unverbrennlich; s. Sulphur.

Florere, blühen, ausblühen. Bildung von Salzen auf der Oberfläche von unedeln Metallen, z. B. bei Berührung mit sauren Dämpfen u. dgl., z. B. Flos aeris. Probe auf Edelmetalle. Bei reinem Gold keine Ausblühung.

Flos aeris = viride aeris, Grünspan, wohl auch Kupfervitriol; entspricht χάλκανθος = χαλκοῦ ἄνθος = Kupferblüte. „Ausblühung auf Kupfer", s. florere.

Flüchtige Substanzen, s. Spiritus.

Fovea, Grube, Vertiefung, z. B. in der Aschenschicht bei der Cineritiumprobe, Kupellation.

Fractio, z. B. vitium fractionis, der Fehler, die unangenehme Eigenschaft (Metalle) brüchig, spröde zu machen, bzw. brüchig, spröde zu sein.

Frangere (frango), zerbrechen, zerbrechlich, spröde machen (Metalle).

Fuga, Flüchtigkeit, fugitivus, flüchtig, z. B. substantia.

Fuligo, lignorum, Ruß. Herstellung von Salmiak daraus.

Furnus, Ofen. — Vitriariorum, Glasmacherofen, — Figulorum, Töpferofen. — Reverberationis, Ofen mit starker Hitze, die von den Wänden zusammen-gehalten und zurückgestrahlt wird. Calcination des Goldes im Glasmacherofen in 10 Tagen, ohne Unterbrechung; im Reverberations-Ofen in 3 Tagen.

Fusibilis, schmelzbar, cum ignitione, bei starker Hitze, schwer schmelzend.

Fusio, das Schmelzen, — lunaris, — solaris, wie Silber, wie Gold. Auch als Probe auf Silber und Gold, Beobachtung des Verhaltens der Metalle in der Hitze, vor und bei dem Schmelzen; s. Ignitio.

Gewicht, das richtige Gewicht, das Blei, Zinn usw. bei der Umwandlung bekommen sollen, nämlich das von Silber und Gold.

Gumma cupri, resina cupri, cuprum gummatosum, Kupferchlorür, wohl auch Kupfervitriol.

Humiditas, Feuchtigkeit, im alchemistischen Sinne z. B. die „Feuchtigkeit" des Quecksilbers. Auch eine der „Medizin" zukommende Eigenschaft, die sie auf das zu veredelnde Metall übertragen soll, um ihm richtige Schmelzbarkeit zu geben, d. h. die des Silbers, bzw. Goldes.

Ignibilis, feuer-, hitzebeständig, z. B. Kupfer und Eisen, die hoch erhitzt werden müssen, bis sie schmelzen und dabei nicht zerstört werden. Gegensatz, non ignibilia, Zinn und Blei, die leicht schmelzen und sich leicht dabei oxydieren.

Ignitio, starkes Erhitzen, Glühen, z. B. von Metallen, auch zur Prüfung auf Edel-metall. Fusibilis cum ignitione (Eisen, Kupfer) s. oben.

Imbibitio, Aufsaugenlassen von Flüssigkeiten durch Substanzen, wie Kalkpulver u. dgl., oft verbunden mit Verreibung, zwecks feiner Verteilung beigemengter Stoffe, wie Quecksilber.

Imperfectum (corpus), unvollkommenes unedles Metall, im Gegensatz zu Per-fectum corpus, Silber und Gold.

Incerare, mit Wachs, Ölen usw. behandeln, z. B. um die „Medizin" einzuhüllen und vor dem Verbrennen zu schützen.

Indurare, Induratio, Verhärtung von Metallen, z. B. bei ihrer „Entstehung durch lange Kochung in der Erde". Hierdurch entstehen „vollkommene Metalle". Diese „induratio" ist eine „causa perfectionis". Ebenso sollen „unvollkommene Metalle" durch „Präparierung" gehärtet werden.

Ingressio, Eintritt, Eingang, (chemische) Einwirkung, Reaktion. „Non alterat, quod non ingreditur", indifferente Stoffe wirken nicht (umwandelnd), d. h. Stoffe, die nicht in den umzuwandelnden Körper eindringen, sich mit ihm verbinden, haben keine (umwandelnde) Wirkung. Besonders von der „Medizin".

Inspissare, verdicken, verdichten, z. B. von Quecksilber, als Urbestandteil der Metalle.

Kalk, außer Kalk im modernen Sinne, auch Metallkalk, Oxyd, Sulfid usw.

Lamina, Platte, Scheibe, Blech von Metall.

Lapis, Stein, Lapis philosophorum, Bezeichnung für die umwandelnde Substanz, „Medizin", bei Geber meist für die Ausgangsstoffe dazu. Vorstufe für die „Medizin". Lapis (noster) aus Silber und Gold hergestellt, enthält den „Mercur", s. „argentum vivum", „Azoth". Vgl. Liber fornacum, Kap. 19. Ist im „Ferment" enthalten, s. dort. Enthält offenbar Silbernitrat bzw. Chlorgold.

Lapis aemathites, Hämatit, Roteisenstein.

Lapis lazuli, arabisch Lazuerd, Lazurd, persisch Lagwerd, Lasurstein.

Lato, Laton (nicht bei Geber) = aurichalcum, goldfarbiges Kupfer, „Elektron", Messing; franz. laiton.

Lavacrum, Waschung, Reinigung, z. B. von Metallen.

Limatura, Feilspäne, — ferri, Eisenfeile.

Lithargyrum, λιθάργυρος, Bleiglätte, — Oxyd. Bisweilen vielleicht auch silberhaltige Substanzen.

Lixivium, Lauge.

Luna, Silber (auch Diana; diese Bezeichnung nicht bei Geber).

Lunaris, Lunificus, Medicina lunaris, corpus lunare, silberähnlich, Medizin für Umwandlung in Silber.

Magisterium, von Magister, ursprünglich Amt, Lehramt, Lehre. Im alchemistischen Sinne (vielleicht von persisch Magusch = Magier?) Meisterschaft, Meisterstück, Kunst- der Metallumwandlung, ähnlich, aber in etwas höherem Sinne, als „ars", „artificium", d. h. mehr als ein gewöhnlicher chemischer Vorgang. Ferner der Vorgang der Metallumwandlung und Bezeichnung für die Substanz, welche die Umwandlung bewirkt („Medizin" usw.). Später auch Bezeichnung für andere Substanzen mit besonderer, z. B. Heilwirkung. Z. B. Magisterium bismuthi = Bismuthum subnitricum, bei Paracelsus Magisterium = arcanum. Vgl. Libavius, Magisterium liquorum, — hierher gehört das Aurum potabile —, Magisterium pulverum usw.

Magnesia, meist Bezeichnung für schwefelhaltige Erze, ähnlich wie „Markasit".

Markasita, Marchasita, Markasit, Kiese, Pyrite, Arsenopyrit usw. Später auch Wismut.

Mars, Eisen.

Materia, Stoff, Materie, Urstoff, z. B. „materia metallorum" z. B. für Quecksilber (Urquecksilber). Materia prima, „materia nostra", Ausgangsstoff für Herstellung der „Medizin" und auch Bezeichnung für diese selbst. Auch Bezeichnung für die Präparate aus „unvollkommenen Metallen" Blei, Zinn usw. im Gegensatz zu „Anima", „Forma", „Fermentum"; s. dort.

Medicina, eigentlich Heilmittel (φάρμακον) für „unvollkommene", gewissermaßen „kranke" Metalle. Die umwandelnde Substanz, 1. u. 2. Ordnung, mit Teilwirkung, 3. Ordnung mit Gesamtwirkung für die eigentliche Umwandlung in Silber und Gold. S. auch Anima, Forma, Ferment, Lapis, Materie, Mercur, Pasta. Auch Medizin, Heilmittel; vgl. auch Particular, Universal.

Mediocris substantia, mittlere Substanz, zwischen flüchtigen Substanzen und „Erdartigem". Z. B. „mittlere Substanz des Quecksilbers", die nach seiner „Reinigung", Entfernung der unreinen „erdartigen" und der flüchtigen „wässerigen" Bestandteile (durch Sublimation) gewonnen wird und löslich und reaktionsfähig ist. Z. B. Quecksilberchlorid = Sublimat.

Menstruum solvens, Menstruum universale, nicht bei Geber; angeblich Universallösungsmittel, s. Alkahest.

Mercur, Quecksilber, auch „Urquecksilber", „fixes Quecksilber", ferner Präparate aus Silber und Gold (lapis), „argentum reductum ad Mercurium nostrum fixum". S. auch Argentum vivum, Lapis, Fermentum, Anima, Aqua vitae.

Mercurius praecipitatus, Quecksilberoxyd, in neuerer Zeit auch Quecksilberverbindungen, wie $NH_2 . HgCl$ aus Ammoniak und Quecksilberchlorid.

Minerale, Mineralia, aus Mina, griechisch ἡ μνᾶ, μνᾶς, ion. μνέα, Fremdwort aus dem Semitischen, hebräisch maneh, ursprünglich Gewicht und Münze, z. B. mina auri. Im Mittelalter Mina = Metallader, dann Minera = Fodina und Vena, Grube, Erzader, Metall, Mineral. Ebenso Minerale, Mineralia für Metalle, Mineralien, in modernem Sinne (vgl. Du Cange, Glossarium. Walde, Latein. etymolog. Wörterbuch).

Mineralia media, mittlere Mineralien, zwischen Spiritus, flüchtigen Stoffen (s. dort) und corpus, Metall. — Salze, Alaun, Borax u. dgl.

Mineralien, mittlere Mineralien, s. Minerale, Mineralia.

Minium, Bleioxyd, Mennig.

Mixtio, Mischung, das Vermischen.

Mortificare, töten, z. B. des Quecksilbers, Argentum vivum, des „lebenden Silbers" durch Darstellung von Quecksilberoxyd, oder Chlorid (Sublimat), „quasi mortuum".

Mortuus, tot, s. mortificare. Auch Bezeichnung für nicht schmelzende Stoffe.

Multiplicatio, durch Präparierung des „Lapis" und der „Medizin" und deren Anwendung, werden, nach alchemistischer Auffassung, große, ja unendliche Mengen „unvollkommener Metalle" in Silber und Gold umgewandelt. Bisweilen findet sich die Ansicht, daß die veredelten Stoffe ihrerseits wieder weitere Mengen veredeln können, daher Vervielfachung.

Mundificare, reinigen, z. B. der „unvollkommenen Metalle" durch „Präparieren"; s. dort.

Natura, „in natura sua", z. B. von Quecksilber, eigentliches gewöhnliches Quecksilber, im Gegensatz zu „fixem" Quecksilber auch im Gegensatz zu „präcipitiertem Quecksilber" u. dgl. „Argentum vivum . . . non tamen est materia sive medicina nostra, in natura sua . . ." (Summa perfectionis, Kap. 30) und: „Est igitur Sol creatus ex . . . substantia argenti vivi, et . . . ex substantia . . . sulphuris fixissimi, a Natura sua mutati . . .".

Oleaginitas, ölartige Substanz, — Beschaffenheit, z. B. als Eigenschaft der „Medizin". Soll richtiges Schmelzen bewirken.

Oleum incerativum, weichmachendes Öl. Ölige, oder für das Gefühl ölartige Substanzen, sollten Metalle leichter schmelzend machen. Dienten auch dazu, die Medizin bei der „Projektion" einzuhüllen und vor dem Verbrennen zu schützen, s. Ceration, incerare.

Oleum tartari, — Salis alkali, — Salis petrae u. dgl., konzentrierte Lösungen von Salzen, Alkalien, z. B. an der Luft zerflossenes Kaliumcarbonat, das sich glatt anfühlt, s. sal Tartari.

Opus, das Werk der Metallumwandlung. — minus, medium, majus, die verschiedenen Stufen der Umwandlung, Metallveredlung. Opus majus, die eigentliche Umwandlung in Gold.

Orobus, ὄροβος, bisweilen Orobum, eigentlich Kichererbse, Wicke, Gefäß zum Erhitzen von Substanzen. Bei Toxites, Onomasticon zu Paracelsus, und Ruland, Lexic. Alchem. „Orobo", „metallisches Glas" (?).

Parapsis, Paropsis, παροψίς, Schüssel.

Particular, s. Universal, nicht bei Geber, Bezeichnung für eine geringere Form der umwandelnden Substanz, die nur ein Metall nur in geringen Mengen in Silber bzw. Gold veredelt.

Pasta, Präparat aus „unvollkommenen Metallen", z. B. Blei und Zinn, auf welches das Ferment (s. dort) aus Silber und Gold veredelnd einwirken soll. Pasta alba aus Blei und Zinn. Pasta rubea, rote Pasta, aus Blei und Kupfer; vgl. auch „Asem".

Patella, Schale, Schüssel.

Perdurare, ausdauern, aushalten, z. B. von einer Substanz bei einer Probe, z. B. Cineritiumprobe (Kupellation), s. dort.

Perfectio, Vervollkommnung, Vollkommenheit (Gegensatz zu Corruptio, s. dort), Veredlung, Umwandlung der Metalle. Viel Quecksilber als Urbestandteil bedingt Vollkommenheit, viel Schwefel das Gegenteil, „multa quantitas argenti vivi est causa perfectionis, multa vero sulphuris causa corruptionis".

Perfectus, — imperfectus, vollkommen, edel, bzw. unvollkommen, von Metallen, corpora perfecta, — imperfecta.

Phiala, Phyala, Flasche, mit langem, dünnem Hals.

Pinguedo, Fettigkeit, fettartige Substanz, Bezeichnung für Schwefel und Arsen, Pinguedo terrae.

Plumbum, Blei. — album, Zinn, Jupiter, — nigrum, Blei, Saturn. Plumbi examen, Probe mit Blei, Kupellation, Cineritium, s. dort.

Plumosus, federig, flaumig, z. B. alumen plumosum.

Pondus, Gewicht, z. B. verum pondus; pondus perfectum, das richtige Gewicht, das z. B. Eisen, Blei usw. bei der Umwandlung bekommen sollen, nämlich das von Silber und Gold.

Ponticus, scharf, sauer, z. B. von Früchten (vgl. Du Cange, Gl.)

Praecipitatio (ad fundum) z. B. von Quecksilber. Eine Art Erhitzen unter Rückfluß. Die verdampfte und, z. B. in einem langen Rohr, wieder verdichtete Substanz fällt auf den Boden des Gefäßes zurück, z. B. Darstellung von Quecksilberoxyd.

Praeparatio, Präparierung, Reinigung der „unvollkommenen Metalle", z. B. durch wiederholte Calcination und Reduktion, zur Vorbereitung für die Einwirkung der „Medizin". Herstellung von Metallsalzen, z. B. Chloriden. Ferner Präparierung von Silber und Gold, um sie „in eine feinere", „spirituelle" Form zu bringen. „Corpus spirituale fixum", s. corpus. Darstellung von Silbernitrat, Goldchlorid, kolloidalem Silber und Gold (?). Die Präparierung soll den „unvollkommenen Metallen" überflüssige Bestandteile nehmen, und fehlende ersetzen und die „Corruptio", die keine von Urbeginn gegebene, sondern mehr zufällig ist, beseitigen.

Principium, Principia, Principia naturalia, im alchemistischem Sinne, Urstoffe der Metalle, Quecksilber und Schwefel. Im weiteren Sinne die Grundlagen der alchemistischen Kunst, z. B. Arbeitsmethoden u. dgl.

Probatio, Proben auf Silber und Gold. Prüfung ob die Umwandlung gelungen ist, s. Cineritium, Cementatio.

Projectio (projicere), die „Projektion", das Daraufwerfen von Substanzen, besonders das Aufstreuen oder dgl. der umwandelnden Substanz, „Medizin", auf das zu veredelnde Metall.

Pulverisatio, umwandeln in Pulverform, besonders von Metallen, z. B. Blei, bei der Calcination (Oxydation).

Purificatio, Reinigung, z. B. von Flüssigkeiten durch Destillation.

Putrefactio, eigentlich Fäulnis, das Behandeln, Lösen usw. von Substanzen in der Wärme.

Quiescere, ruhen, sich ruhig verhalten, unverändert bleiben, sich nicht verflüchtigen oder zersetzen, z. B. bei den Proben auf Silber und Gold und in der Hitze. „Quousque argenti vivi quantitas in eo cum ignitione quiescat".

Rarefactio, z. B. per calcinationem, ähnlich wie „Pulverisatio", in Pulverform bringen.

Realgar, rotes Schwefelarsen.

Recedere (s. cedere), zurückgehen, z. B. von Metallen, die durch Reduktion „aus der Verbrennung mit Schwefel" (Sulfide) in die Form der betreffenden Metalle zurückgehen.

Receptaculum, Vorlage vor Destillationsgefäß.

Reductio, Überführen von Oxyden, Sulfiden usw. in Metall, z. B. „Reductio post calcinationem", meist mit „sal tartari" bzw. „oleum tartari", kohlehaltigem Kaliumcarbonat („schwarzer Fluß" u. dgl.). Auch als Probe auf Silber und Gold. Reductio auch allgemeiner: eine Substanz in irgendeine Form bringen, überführen.

Reverberare, Reverberatio, Zurückschlagen, s. Furnus reverberationis, Reverberationsofen.

Rocha, Rocca, s. Alumen Rochae, Stein; oder Ortsbezeichnung.

Sal, Salz. Sal ammoniacum, Salmiak, ursprünglich Steinsalz (Kochsalz, Chlornatrium) aus der Gegend des Tempels des Jupiter Ammon in Libyen. Sal alkali, Soda, Pottasche. — communis, Kochsalz. — Gemmae, wahrscheinlich Steinsalz. — nitrum, Salpeter, bisweilen wohl auch Soda. — Petrae (petrosus), Salpeter. Vielleicht auch manchmal Steinsalz. — Tartari, Weinstein, bzw. (unreines, kohlehaltiges) kohlensaures Kali, durch Verbrennen daraus hergestellt, s. auch Oleum Tartari.

Saturnus, Blei.

Scoria, Schlacke, Oxydhaut, z. B. auf schmelzendem Blei.

Seele der Metalle, s. Anima.

Sol, Gold, Solaris, Solificus, -artig, ähnlich. Medicina solaris, Medizin für die Umwandlung in Gold.

Solutio, Lösung, das Auflösen, z. B. in Wasser.

Sosa, Zoza, arabisch Sus, Alkali, bzw. Alkalipflanzen, Salsola Kali und Salsola Soda, und Präparate daraus.

Spiritus, flüchtige Stoffe, Schwefel, Arsenik, Quecksilber, Markasit, Magnesia, Tutia. Im Gegensatz zu nicht flüchtigen Stoffen, besonders Metallen.

Squama, Schuppe, Blättchen, z. B. von Oxydschicht auf erhitztem Kupfer.

Stillare, tropfen. Destillare, abtropfen, später: destillieren.

Stillicidium, von stilla (Tropfen) und cado (fallen), herabtropfende Feuchtigkeit. Stillicidium cupri, Kupfervitriol, entspricht dem „Tropfvitriol" (χάλκανθον σταλακτικόν) bei Dioscurides, 5. Buch, Kap. 114.

Stridere, knirschen. Stridor, das —, z. B. vom Zinn.

Sublimatio, Trennung, Reinigung fester, flüchtiger Substanzen durch Erhitzen, und Auffangen und Verdichten der Dämpfe. Wie die moderne Sublimation.

Subtilitas (spiritualis), Zartheit, Feinheit, z. B. als Eigenschaft der Medizin. Soll ihr Eindringen in das zu veredelnde Metall bewirken (s. Ingressio).

Sulphur, gewöhnlich Schwefel in modernem Sinne, und „Urschwefel", Urbestandteil der Körper, neben Quecksilber. Gibt den Metallen, z. B. Gold, die Farbe, daher Gold selbst ein „Sulphur tingens". Sulphur fixum = „Urschwefel". Sulphur non fixum = gewöhnlicher Schw. Sulphuris mixtio, vermischen, behandeln von Metallen mit Schwefel als Probe auf Edelmetall. Gold am wenigsten durch Schwefel angegriffen. Beobachtung der Farben der Produkte (Sulfide), reines Gold unverändert. Metalle, die wenig (fixen) Schwefel enthalten, bei der Cineritiumprobe (s. dort) nicht verbrannt. Gold.

Sulphureitas, Schwefelsubstanz. Als Bestandteil in Metallen, von Ursprung an oder zufällig vorhanden. Letztere kann durch gewöhnliche Operationen entfernt werden, „Sulphureitas superflua". Die Metalle dadurch gereinigt. Die ursprüngliche Schwefelsubstanz, „Sulphureitas fixa", durch Feuer nicht zerstört, unter Umständen durch die Wirkung der „Medizin" entfernt. Dies ist ein Teil der „Veredlung" der „unvollkommenen Metalle".

Superare, Überwiegen, z. B. bezüglich der Mengenverhältnisse von Quecksilber und Schwefel in Metallen. Je mehr das Quecksilber (als Urbestandteil) überwiegt, desto vollkommener ist das Metall. Ferner in der Bedeutung überwinden, aushalten, widerstandsfähig sein gegen . . . z. B. „Ignem superare", widerstandsfähig gegen die Einwirkung des Feuers sein. „Ipsum enim est, quod ignem superat, et ab igne non superatur, sed in illo amicabiliter requiescit, eo gaudens" (s. quiescere). Vom „Fixen Quecksilber", das, als Bestandteil der Metalle, besonders der „vollkommenen Metalle" diese vor dem Verbrennen schützt.

Superfluitas, z. B. terrea, überflüssige, überschüssige (erdige, erdartige) Substanz, unvollkommener Metalle, die bei der „Veredlung" beseitigt, vernichtet wird.

Susceptio, Aufnahme, Aufnahmefähigkeit, z. B. von Quecksilber durch Metalle, Alchemistische Auffassung, daß die Metalle, die viel (fixes) Quecksilber als Urbestandteil enthalten, auch leicht gewöhnliches Quecksilber aufnehmen (sich amalgamieren). Auch als Probe auf Silber und Gold, bzw. Probe, ob die Veredlung gelungen ist. Wenn ein Metall nicht leicht Quecksilber aufnimmt, ist es nicht Silber bzw. Gold.

Talk, persisch, angeblich ursprünglich für „Goldplättchen", wohl in Wirklichkeit für Mineral, das in schuppigen Stücken vorkommt. Wohl Talk in modernem Sinne. Talk läßt sich in dünne, perlmutterglänzende Blättchen spalten. — Talk bei Geber vielleicht auch Glimmer, oder andere Mineralien. Gips?

Tartarus, s. sal tartari.

Tenuitas, Feinheit, Zartheit, z. B. materiae u. a. als Eigenschaft der „Medizin"; s. auch Subtilitas.

Terra figens, erdartige, beständigmachende Substanz, bzw. Eigenschaft, z. B. der „Medizin", die derselben die Kraft gibt, die umzuwandelnden Metalle beständig, widerstandsfähig, z. B. gegen starke Hitze, zu machen.

Terreitas, erdartige Substanz, bzw. Verunreinigung, z. B. der „unvollkommenen Metalle". Metalle, die viel erdartige Substanz enthalten, lassen sich leichter calcinieren als andere. Gold daher schwer zu calcinieren.

Thimia, Gefäß für Erhitzen von Substanzen, besonders für die Descension (vielleicht von Thymiama Räucherwerk und Thymiaterium Räuchergefäß, θυμιατήρ, θυμιατήριον), manchmal Chimia genannt.

Tinctura, ursprünglich: Das Färben; tingo, tingere, färben. Alchemistische Bezeichnung für färbende, umwandelnde Substanz, bzw. Kraft, z. B. der Medizin. Gold selbst eine Tinktur, Tinctura rubedinis = für Rot(Gold-)färbung, Silber eine Tinctura albedinis = für weiß(Silber-)färbung, da die entsprechenden „Fermente" aus Gold und Silber gezogen werden; s. Ferment, Anima, Mercur. Auch Schwefel (fixer Schwefel) ist gewissermaßen eine Tinktur, da er den Metallen, z. B. Gold, die Farbe gibt. Andererseits Gold als „Sulphur tingens" bezeichnet.

Tinkâr, arabisch für Alkali, wohl auch Borax.

Transformare, umwandeln.

Transmutare, Transmutatio, Metallumwandlung.

Tutia, Zink, Zinkoxyd, Galmei. Ursprünglich Sanskrit (auch dort vielleicht Lehnwort) tuttham, für Vitriol? Dann Persisch (sogen. Neupersisch, von etwa 700 n. Chr. an, tutija, u. a. für ein Augenheilmittel (Zinkoxyd?). Seit etwa 650 n. Chr. aus dem Persischen in das Arabische übergegangen, von da Tutia in das Lateinische und in moderne Sprachen.

Universal, nicht bei Geber, Bezeichnung für die höchste Form der umwandelnden Substanz, die jedes Metall, in beliebigen Mengen in Silber und Gold veredeln soll.

Urquecksilber, nenne ich „fixes" Quecksilber als Urbestandteil der Körper, auch des gewöhnlichen Quecksilbers sowie der Metalle, zu denen das Quecksilber von den alten Alchemisten nicht gerechnet wurde (sondern zu den flüchtigen Stoffen, „Spiritus").

Usifur, Usufur, Zinnober.

Venus, Kupfer.

Viride aeris, = Aerugo aeris, Flos aeris, bisweilen Viride graecum, Viride hispanicum, Grünspan.

Vitriolum, Eisen bzw. Kupfervitriol, s. Atramentum, Stillicidium cupri, Cuperosa.

Vitriolum Romanum, nach Ruland, Lex. Alchem. = Atramentum viride. Eisenvitriol, oder Gemisch von Eisenvitriol und Kupfervitriol? Bisweilen auch Verwechslung mit Alumen Romanum; s. dort.

Vitriolum rubificatum, calcinierter, d. h. entwässerter und geglühter Eisenvitriol, durch basisches Sulfat, bzw. durch Eisenoxyd rot, bzw. rotbraun gefärbt.

Volatilis, flüchtig, im Gegensatz zu fixus, beständig; s. dort.

Ziniar, Zyniar, arabisch Zingâr, Zendjar, Aerugo aeris, Grünspan.

Zoza, s. Sosa. Alkali.

Namenverzeichnis.

Sachverzeichnis.

GPSR Compliance

The European Union's (EU) General Product Safety Regulation (GPSR) is a set of rules that requires consumer products to be safe and our obligations to ensure this.

If you have any concerns about our products, you can contact us on ProductSafety@springernature.com

In case Publisher is established outside the EU, the EU authorized representative is:

Springer Nature Customer Service Center GmbH
Europaplatz 3
69115 Heidelberg, Germany

Batch number: 10844827

Printed by Printforce, the Netherlands